Niederdruck-Stromrichterventile

Versuch einer Darstellung
von Wirkungsweise und Betriebseigenschaften
als Folge der konstruktiven Ausführung

Von

Dr. Ing. **Hans von Bertele**
Purley, Surrey, England
Privatdozent an der Technischen Hochschule, Wien

Mit 149 Textabbildungen

Springer-Verlag Wien GmbH
1952

ISBN 978-3-662-23237-8 ISBN 978-3-662-25256-7 (eBook)
DOI 10.1007/978-3-662-25256-7

Ursprünglich erschienen bei Springer-Verlag in Vienna 1952.
Softcover reprint of the hardcover 1st edition 1952

Herrn Professor **Walter Schottky**

gewidmet

Vorwort.

Dieses Buch hat bei seinem Werdegang mehrere Zwischenstadien durchlaufen. Es entstand aus dem Wunsch, den funktionellen Hintergründen der empirischen Gefäßentwicklung nachzuspüren, und ich verdanke in dieser Hinsicht meinem ersten Chef. Prof. Dr. Ing. W. Gauster-Filek, viele grundsätzliche Hinweise für das kritische Sichten und gegenseitige Abwägen bereits vorhandener Meinungen. Diese ersten, im Zuge der Glasgleichrichter-Entwicklung der Elin-A.G. in Wien gemachten Ansätze zu einer systematischen Erfassung der Stromrichter-Gefäßwirkung habe ich am 11. März 1938, dem Tag des Einmarsches der deutschen Truppen nach Österreich, in einem Vortrag am Außeninstitut der Technischen Hochschule Wien beschrieben. Im Drang der nachfolgenden politischen Ereignisse ist ihre Veröffentlichung unterblieben. Die Ideen aber wuchsen im Siemens-Stromrichter-Werk in Berlin weiter. Sie haben sich speziell bei der Entwicklung der neuen Einanodengefäße als fruchtbar erwiesen. Mit besonderer Förderung von Direktor Dr. H. Kerschbaum führten neu unternommene Versuchsreihen, die Sichtung vorhandener Versuchsergebnisse und zahlreiche Erörterungen einzelner Fragen des ganzen Komplexes mit erfahrenen Fachleuten zu einer allmählichen Klärung und Reifung der ursprünglichen Vorstellungen. Es waren besonders die Herren Dr. phil. M. Steenbeck, Dir. Dr. Ing. A. Siemens. Dr. phil. I. v. Issendorff, Dr. phil. W. Espe, Dr. Ing. Th. Wasserab, Dr. Ing. E. Schmidt und Prof. Dr. Ing. E. Schwarz von Bergkampf, die für die Erörterungen der fraglichen Probleme jederzeit Interesse an den Tag legten und damit das angestrebte Ziel leichter erreichen halfen. Für den internen Gebrauch im Hause Siemens bestimmte Berichte: „Das Wirkungsbild der Stromrichter-Gefäße“, „Die Entwicklung der erregten Einanodengefäße“

und schließlich eine umfangreiche, von Herrn K. Baudisch angeregte Zusammenfassung: „Hg-Dampf-Stromrichter-Gefäß-Theorie und Berechnung“ entstanden nacheinander. Einen Auszug aus letzterer habe ich 1946 als Habilitierungsschrift: „Das Leistungsvermögen von Hg-Dampf-Stromrichter-Gefäßen“ der Technischen Hochschule Wien vorgelegt. Dieselbe Arbeit war auch zur Drucklegung vom Springer-Verlag in Wien angenommen worden. Papiermangel und andere Schwierigkeiten der Nachkriegszeit ergaben aber eine mehrjährige Verspätung; als die Korrekturfahnen an meiner neuen Arbeitsstätte in Croydon eintrafen, erwies sich eine völlige Umarbeitung als unerläßlich. Vermehrte eigene Erkenntnisse, vor allem aber der Mangel jedweder Berücksichtigung der in den Kriegs- und Nachkriegsjahren in den westlichen Ländern erzielten Fortschritte auf dem Gebiet der Niederdruck-Ventile zwangen zu umfangreichen Erweiterungen. Die Bereitwilligkeit des Verlages, die mit dieser grundlegenden Umgestaltung verbundenen Mehrkosten im Interesse des Buches auf sich zu nehmen, muß ich ebenso dankbar anerkennen wie die mir in breitester Form von den verschiedenen, Stromrichter bauenden Industrien zuteil gewordene Unterstützung in Form von Bildern und technischem Material. In erster Linie bin ich der Leitung der Siemens-Schuckert-Werke in Erlangen für die weitherzige Freigabe der in den eingangs genannten Arbeiten enthaltenen umfangreichen, bisher unveröffentlichten Ergebnisse aus der Entwicklung des Stromrichter-Werkes in Berlin verpflichtet. Des weiteren bin ich den Herren Dr. I. Langmuir, L. Tonks und A. W. Hull von der General Electric, Schenectady, USA, Dr. J. Slepian von der Westinghouse, Pittsburgh, USA, Dr. Th. Boveri von Brown-Boveri & Co. in Baden, Schweiz, Dr. Uno Lamm von der Asea in Ludvika, Schweden, Dr. Dällenbach, Zürich, und Mr. H. H. Wittenberg von der Radio Corporation of America (RCA) sehr verbunden, daß sie mir auf meine Bitte in großzügiger Weise Bildmaterial und Sonderdrucke von Arbeiten, die während oder nach dem Kriege erschienen sind, zur Verfügung stellten. Noch zahlreiche andere Stellen und Freunde haben mit Rat und Bildmaterial dazu beigetragen, daß die angestrebte Vereinigung der verschiedenen heterogenen Seiten des Niederdruckventilgebietes zumindest in großen Zügen erzielt worden ist. Soweit einzelne Abbildungen besonders kennzeichnend für den Gang der Entwicklung erschienen, ist neben Angabe der Herkunft auch eine angenäherte Jahreszahl für das Ersterscheinen eingetragen.

Außer den bereits genannten Stellen ist noch folgenden Gesellschaften, Institutionen und Verlagen besonderer Dank für die Zustimmung zur Wiedergabe einzelner Abbildungen auszusprechen, und zwar:

Bell Telephon Laboratories, New York, und Van Nostrand Company, London, Abb. 59; Electrons, Inc. Newark, N. J., Abb. 48, 49.

136, 137; Elin-A.G., Wien, Abb. 113, 114, 120, 130, 132, 149; English Electric-Stafford, Abb. 34, 68, 77; English Electric Valve Company, Chelmsford, Abb. 9; Ferranti Ltd., Moston, Manchester, Abb. 43, 44; Hackbridge and Hewittic Electric Co., Ltd., Hersham, Surrey, Abb. 63; Metropolitan Vickers, Manchester, Abb. 69; Nevelin Electric Company, Ltd., Croydon, Abb. 61, 118; Atelier de Construction Oerlikon, Abb. 70, 81; N. V. Philips, Gloeilampenfabrieken, Eindhoven, Abb. 38, 39, 45, 76; Radio Corporation of America, Harrison, N. J., Abb. 117, 126; S. A. des Ateliers de Sécheron, Genf, Abb. 66; Verlag der E.T.Z., Abb. 50; Verlag der E. & M., Abb. 6, 7, 35, 62; Schweizer El. techn. Verein, Abb. 8 b und c; Julius Springer, Berlin, Abb. 11; J. E. E., London, Abb. 27, 80, 84, 86, 87, 90, 109, 115, 116; Hirzel-Verlag, Leipzig, Abb. 28, 30; Verlag von Ambrosius Barth, Leipzig, Abb. 12, 31; Royal Society, London, Abb. 13; American Physical Society, Abb. 21 und Tab. VII; A. J. E. E., Abb. 36, 37.

Alle übrigen Abbildungen sind meinen drei eingangs genannten und im Rahmen des Hauses Siemens entstandenen Arbeiten entnommen.

Zum Schluß soll auch noch der emsigen Mithilfe von Frau Weiser und verschiedenen Mitgliedern meiner Familie beim Maschineschreiben und Korrekturlesen gedankt sein.

Purley, im März 1952.

Hans v. Bertele

Inhaltsverzeichnis

Verwendete Symbole und zugeordnete Bedeutung.

Symbol	Bedeutung
a	Molekülradius
α	Zündverspätung
A	Richardson-Konstante
A	mechanisches Wärmeäquivalent
b	Beweglichkeit
β	Anodenimpuls-(Brenn-)Dauer
c	spezifische Wärme
c_f	Kondensationsfaktor
c	Wiedervereinigungs-Koeffizient
γ	spezifisches Gewicht; Sperrzeit, wenn auf Anodenspannung bezogen
C_1, C_2	erster bzw. zweiter Townsend-Koeffizient
C_1, C_2	Oberflächenbeteiligungs-Koeffizienten
d	Moldichte, Mol/cm^3
ϑ	Kathodenübertemperatur
δ	Kathodenoberflächentemperatur, stationär
D	Durchmesser von Konstruktionsteilen
D	Diffusionskonstante
$\frac{d}{dx}$	totaler Differentialquotient
e	Basis der natürlichen Logarithmen
e	Spannungsmomentanwerte
ε	elektrisches Elementarquantum
E	elektrische Energie
$\mathfrak{E}$	elektrische Feldstärke, Volt/cm
$\emptyset$	Valenz der Moleküle bzw. Atome
F	Querschnittsflächen
g	Erdbeschleunigung
g	Ionisierungsgrad
h	Schichtstärken
h	Planksches Wirkungsquantum
H	Ortshöhe
$\mathfrak{H}$	magnetische Feldstärke
i	lfd. Ordnungszahl (Notation)
i	Stromdichte, Amp/cm^2
I	Strom, Amp
j	Trägerneubildung in Volumseinheit
J_i	Besselfunktion i-ten Grades
k	Boltzmann-Konstante
k	Konstante
κ	Ionisierungsausbeutefaktor
$\varkappa$	Ionisationsexponent; $\varkappa = \text{Log}\, n$
K_a	Molekülkonzentration in Gemisch; $K_a = \frac{n_a}{n_a + n_b}$
l	Säulenlänge
λ	mittlere freie Weglänge; Wärmeleitfähigkeit (immer mit Materialsymbol indiziert)
m	Molekülmasse
m	Elektronenmasse
M	Molekulargewicht
M	Ionenmasse
n	Molekülzahl/cm^3
n_+, n_-	Trägerdichte (Zahl pos. bzw. neg. Träger/cm^3
n	Ionisation (Trägerpaare/cm^3)
N	Loschmidt-Zahl
ν	(Kreis-)Frequenz
w	wahrscheinlichster Wert der Molekülgeschwindigkeit
Ω	Widerstand, Ohm
p	Gas- bzw. Dampfdruck
p	Pulszahl
π	Ludolfsche Zahl
ψ	Elektronenaustrittsarbeit
P	potentielle Feldenergie
q	spezifische Dampfzuströmung, grm/cm^2/sec
Q	Dampfströmung durch Querschnitt, cm^3/sec
Q	Wirkungsquerschnitt
r	Radiusvektor in Polarkoordinaten
ρ	Righi-Leduc-Koeffizient
R	allgemeine Gaskonstante

σ Thomson-Temperatur-Koeffizient

s Anzahl der molekularen Stöße

S Spannungsschwellwerte für Entladungsübergänge

Θ Grenzschichtelektronentemperatur

t Temperatur, °C

t Zeitvariable

T absolute Temperatur, °Kelvin

T Zeitkonstante

U Voltäquivalent für thermische Geschwindigkeit

U kennzeichnende Spannungswerte

ü Anodenstromüberlappungswinkel

U_b Brennspannungsabfall (Lichtbogenabfall)

U_i Ionisierungsspannung

U_k Kathodenfall

U_w Voltäquivalent der Kathodenwärmeableitung

v Strömungsgeschwindigkeit

v_+, v_- Driftgeschwindigkeit der pos. bzw. neg. Träger

$\tilde{v}$ mittlere (quadratische) Molekülgeschwindigkeit cm/sec

v arithmetischer Mittelwert der Molekülgeschwindigkeit

V elektrischer Potentialunterschied, Volt

VI Vorionisation (Abkürzung)

w spezifischer Wärmeanfall, Watt/cm^2

W Wärmeanfall, Watt

y spezifischer Trägereinstrom, Amp/cm^2

y_+, y_- spezifischer Ionen- bzw. Elektroneneinstrom, Amp/cm^2

ln y natürlicher Logarithmus von y

η Zähigkeitskonstante (in Zusammenhang mit Druckgefällen Δp)

z Anzahl der Elementarquanten je Träger

Z Molekülzahl

x, y, z laufende Koordinaten in X, Y, Z Richtung

ξ, η, ζ mittlere Molekülgeschwindigkeiten in Richtung der Achsen XYZ

$\tilde{\xi}$, $\tilde{\eta}$, $\tilde{\zeta}$ mittlere (quadratische) Geschwindigkeiten in Richtung der Achsen des Bezugssystems.

I. Allgemeines über Stromrichter-Schaltsysteme.

I, 1. Das Leistungsvermögen von Stromrichtergefäßen.

Niederdruckstromrichtergefäße und speziell Quecksilberdampf-Stromrichtergefäße finden heute sehr ausgedehnte Anwendung in der Elektrotechnik. Anlaß hierfür sind teils die wirtschaftlichen Vorteile des guten Wirkungsgrades, der Anspruchslosigkeit und der Betriebssicherheit, teils die Möglichkeit, verschiedene elektrische Energie-Umformungen besonders einfach durchführen zu können. Trotz des umfangreichen Einsatzes und trotz der weitverbreiteten Kenntnisse des Anlagenaufbaues und der Gefäßkonstruktionen ist die Vertrautheit mit der Wirkung der Gefäße selber verhältnismäßig gering. Insbesondere sobald Fragen des Leistungsvermögens, d. h. Fragen nach den in einem besonderen Betriebsfalle durch ein bestimmtes Gefäß erzielbaren Strömen und Spannungen auftreten, erfolgt auch seitens der eigentlichen Stromrichter-Anlagenprojekteure Rekurs auf eine enge Gruppe von Gefäßspezialisten, da die mit ausreichender Sicherheit bewältigbaren Ströme und Spannungen weitgehend von den Eigenheiten des betreffenden Betriebsfalles abhängen.

Aber auch Gefäßspezialisten stehen oft vor schwierigen Entscheidungen, da ihnen keine aus den physikalischen Vorgängen abgeleiteten Gesetzmäßigkeiten zur Verfügung stehen, welche das Leistungsvermögen in einem praktisch noch nicht erprobten Fall voraussagen lassen. Sie sind daher weitgehend auf ihre unmittelbaren praktischen Erfahrungen beschränkt; Analogieschlüsse vom Verhalten von Maschinen oder Transformatoren und anderen elektrischen Geräten auf Stromrichtergefäße führen meist zu großen Enttäuschungen.

Die Vorzüge und Nachteile der einzelnen Stromrichtergefäßtypen und Gefäßbauformen — speziell der Eisengefäße — waren Jahre hindurch Gegenstand vielfacher Erörterungen. Nachdem aber die Entwicklung seit längerem auf einem Punkt angelangt ist, wo die verschiedensten Gefäßtypen ohne nennenswerte Unterschiede gleich zuverlässig im Betrieb stehen, erscheint für derartige Polemiken kein Anlaß mehr vorhanden. Hingegen drängt sich der Gedanke auf, daß die das äußere Bild bestimmenden Unterschiede der Formgebung sekundärer Natur wären und daß eigentlich allen Bauformen gemeinsame elementare Gesetzmäßigkeiten zugrunde liegen müßten, deren Herausschälen gleichzeitig auch die technisch wichtigsten Proportionen und Dimensionen besser erkennen lassen müßte. Die Grundlage für eine solche Analyse setzt einen Überblick über die sich in den Stromrichtergefäßen abspielenden physikalischen Phänomene voraus, wobei die Dimensions- und sonstigen apparativen Abhängigkeiten dieser Phänomene sorgfältig zu beachten sind.

Die Aufgabe, Vorstellungen und Mittel zu schaffen, die erkennen lassen, welche Grenzleistung bei bestimmten äußeren Verhältnissen von einem Stromrichtergefäß geboten wird, erscheint damit nach zwei Richtungen hin unbestimmt. Die erste führt zu der Frage, welche physikalischen Phänomene wirklich für die Beanspruchung eines Stromrichtergefäßes maßgebend sind, und die zweite dazu, wie die elektrotechnischen Arbeitsbedingungen auf diese kritischen, physikalischen Phänomene rückwirken. Der Weg zur Lösung dieser Fragen ergibt sich zwangsläufig, indem die Wirkungen der jeweils von außen bedingten, verschiedenen Ströme und Spannungen auf die innerhalb des Gefäßes sich abspielenden Vorgänge verfolgt werden. Hierzu muß aber ein Wirkungsbild zur Verfügung stehen, das die elementaren physikalischen Prozesse im Zusammenhang mit den apparativen Einzelheiten des Entladungsgefäßes darstellt.

Da die Niederdruck-Stromrichtergefäße im allgemeinen und die Hg-Dampf-Stromrichtergefäße im besonderen nur einen Sektor aus dem umfangreichen Gebiet der Stromrichter-Schaltelemente vorstellen, erscheint es zweckmäßig, vor Eingehen auf die speziellen Verhältnisse von Niederdruck-Stromrichtergefäßen selbst die grundsätzlichen Stromrichter-Schaltprobleme ins Auge zu fassen. Eine allgemeine Beschreibung der Schaltaufgaben ermöglicht es nämlich von vornherein, die wichtigsten diesbezüglichen Begriffe zusammenhängend und sinngemäß festzulegen, so daß sich dadurch besondere Erklärungen bei den folgenden Detailausführungen vermeiden lassen. Überdies ergibt eine Darstellung der Zusammenhänge mit benachbarten Gebieten Aufklärung über die Rolle und Bedeutung der speziell betrachteten Typen innerhalb des ganzen Zweiges der Technik und bietet die Anregung, Erfahrungen von Nachbargebieten heranzuziehen.

Noch vor diesen technischen Einzelheiten aber erscheint es angebracht, auf einen wesentlichen Unterschied zwischen Stromrichter-Gefäßbau und den meisten anderen Produktionszweigen elektrischer Maschinen hinzuweisen, der viele Eigenheiten und Schwierigkeiten der Vergangenheit verständlich machen dürfte: Der Stromrichter-Gefäßbau erfordert gleichzeitig und gleichberechtigt den Einsatz einer Vielzahl, teils dem Physiker- und teils dem Ingenieur-Bildungsgang angehöriger Wissensgebiete, und kann daher nur bei einer gleichzeitig technisch-maschinenmäßigen und physikalisch-apparativen Betrachtungsweise zu Erfolgen führen.

I, 1, 1. Die Sonderlage der Stromrichter-Gefäße in der Elektrotechnik.

Aus dem erforderlichen, breiten Erfahrungs- und Wisseneinsatz ist die bisherige, auf wenige große, mit reichen Mitteln versehene Industriegruppen beschränkte Stromrichter-Schaltsystem-Entwicklung zu erklären. Deswegen wurde auch in Unternehmungen mit weitgehend horizontaler Gliederung für die Stromrichter eine gewisse Ausnahme dahingehend zugestanden, daß Gleichrichtergruppen, Stromrichterwerke oder ähnliche Stellen gleichzeitig Planung, Entwicklung, Bau- und Betriebsüberwachung durchführen, so daß durch Zusammenfassung möglichst vieler Erfahrungen an einer Stelle den Eigenheiten dieses besonderen Zweiges der Elektrotechnik am ehesten entsprochen wird.

Speziell bei den großen Hg-Dampf-Stromrichter-Gefäßen macht der durch die empirische Entwicklung verursachte beträchtliche Aufwand an materiellen und ideellen Mitteln ganz besonders die Notwendigkeit einer starken Zentralisation verständlich. So erklärt sich anderseits aber auch die Zurückhaltung, unter diesen Umständen viele Einzelerfahrungen ohne nachweisbare Zusammenhänge bekanntzugeben. Die Praxis ist mit dem bisherigen Verfahren nicht schlecht vorwärtsgekommen. Das beweist am eindringlichsten die Vielzahl der bisher installierten Stromrichteranlagen, deren Gesamtleistung heute bei vorsichtiger Schätzung etwa um drei Millionen kW in Europa und fünf Millionen kW in Amerika liegen dürfte.

So wird es nicht uninteressant sein, die Eigenheiten einer Entwicklung, die bisher einer exakten Erfassung und Darstellung des Leistungsvermögens von Stromrichtergefäßen im Wege standen, etwas eingehender zu betrachten, denn es sind die allgemeinen Probleme der Stromrichtergefäße selbst. Ein solcher Rückblick läßt aber auch erkennen, welche Unsumme von persönlicher Aufopferung, Liebe und Enttäuschung erst neben der Arbeit und den Kosten die tatsächlich erzielten Erfolge ermöglicht hat.

I, 1, 1, 1. Vielzahl der an der Gefäßentwicklung beteiligten Spezialwissensgebiete.

Die Vielzahl der beteiligten Disziplinen wird eine Andeutung der verschiedenartigen unterlaufenden Probleme sofort klarmachen. Die Physik der Gasentladungen selber, die die grundsätzliche Aufklärung der Vorgänge bringen soll, ist an und für sich nicht einfach und keineswegs nach allen Richtungen hin abgeschlossen. Die Technologie des hohen Vakuums, die der Fertigung zugrunde liegt, hat in den letzten Jahren wohl immer wieder zu neuen, überraschenden Fortschritten und speziell im Röhrenbau zu manchmal kaum vorstellbaren Leistungen geführt.

bei den großen Dimensionen, wie sie vielfach die Stromrichtergefäße besitzen, ist aber die Beherrschung der Vakuumtechnik noch nicht bis zu gleichen Höchstleistungen gelangt. Dann sind verschiedene strömungstechnische, thermodynamische und gaskinetische Vorgänge mit dem Entladungsvorgang so eng verbunden, daß sie mit zu den wesentlichen Erscheinungen im Stromrichtergefäß gezählt werden müssen. Ferner reihen sich vorstellungsmäßig einfache, in ihrem wirklichen Verlauf aber komplizierte Wärme-Leitungs- und Abfuhr-Vorgänge an. Schließlich finden sich daneben noch weitere technologische und isolationstechnische Beanspruchungen und andere als sekundär zu bezeichnende Effekte. Das rechte Zusammenwirken alles dessen ermöglicht erst dem Gefäß, den Stromrichtungsvorgang zu bewältigen. Dabei soll die Unmöglichkeit einer Anlehnung an die Betrachtungsweise, die bei starkstromtechnischen Maschinen und Apparaten üblich ist, nicht übersehen werden. Obwohl bei Stromrichtergefäßen ein laufender Energiedurchsatz stattfindet, besteht keine Maschinenähnlichkeit, weil keinerlei Energietransformation über Magnetfelder und Wicklungen vor sich geht; obwohl das Stromrichten sich aus Schaltoperationen zusammensetzt, kann ein Stromrichtergefäß nicht als Schalter im geläufigen Sinne angesehen werden, da seine Beanspruchung laufend im Takt der Netzfrequenz erfolgt, Schalter aber nur in größeren Zeitabständen einmalig in Aktion treten.

I. 1. 1, 2. Zusammenwirken technischer und physikalischer Mentalität.

Niederdruck-Entladungsphänomene nehmen in den Fachbüchern der Entladungsphysik einen ansehnlichen Raum ein. Es ist zur Genüge bekannt, daß gerade aus den Beobachtungen an Stromrichtergefäßen grundlegende und wertvolle Erkenntnisse über Gasentladungen gewonnen worden sind. Trotz der erkenntnismäßigen Erfolge der Entladungsphysik verhält sich aber der meist von der technischen Seite kommende Gefäß-Konstrukteur der Theorie gegenüber ablehnend. Er führt als Begründung seiner Einstellung an, daß das Material der Physiker ihm bisher nicht die Möglichkeit gegeben habe, ein Gefäß für einen bestimmten Belastungsfall zu dimensionieren oder das Leistungsvermögen für eine bestimmte Form vorauszusagen. Diese Feststellung besteht offenkundig zu Recht und wird auch von den Entladungsphysikern im allgemeinen nicht abgestritten; sie sollte aber nicht zum Anlaß eines Vernachlässigens der physikalischen Seite werden, sondern vielmehr Wege bahnen helfen, die zu einer gegenseitigen Verständigung der beiden Richtungen führen. Die Notwendigkeit, sowohl technisch als auch physikalisch vorzugehen, ergibt sich ohne weiteres aus dem zwiespältigen Charakter der Stromrichter-Gefäße. Leistungs- und dimensionsmäßig fallen sie in den Maschinenbau: Fertigungs- und Prüf-Gänge erfordern Ingenieurarbeit; die Anpassung an die Erfordernisse der Anlagen, in welchen die Stromrichter eingesetzt werden, verlangt Vertrautheit mit dem Begriff des technischen Leistungsvermögens, welches ebenso wie die Beziehungen zwischen Leistungsvermögen und konstruktivem Aufwand dem Gedankenkreise des Ingenieurs angehört. Schließlich entspricht auch die Art, wie sich viele Beobachtungen ergeben, mehr den Gewohnheiten des Ingenieurs als des Physikers. Es treten nämlich manche Erscheinungen überhaupt nur in den ausgeführten Anlagen auf, wo sie im Gegensatz zu geplanten Laboratoriumsuntersuchungen nicht kontinuierlich oder auf Kommando, sondern vielfach nur unerwartet und in größeren Abständen sich ergeben. Alles dies erklärt, warum die Ingenieure so starken Anteil an dem heutigen Stand der Stromrichter-Technik genommen haben.

Der technisch betonten Seite gegenüber steht aber der ausgesprochen physikalische Charakter der Vorgänge in den Gefäßen und der Methoden, die notwendig sind, um eine Aufklärung dieser Vorgänge zu erhalten. Das Vorherrschen der Empirie in der bisherigen Entwicklung führt auf eine teilweise mangelhafte Verständigung zwischen Technikern und Physikern zurück, was verschiedene Ursachen hat: Die physikalischen Gasentladungsbetrachtungen machen naturgemäß vielfach Gebrauch von dem dem Physiker vertrauten theoretischen Rüstzeug, das dem Ingenieur zumindest zum Teil nicht immer geläufig ist, so daß dieser seinerseits den Anschluß an die grundsätzlichsten und wichtigsten Vorstellungen des Physikers suchen muß; umgekehrt hat der Physiker bei seinen Arbeiten vielfach keine Rücksicht auf die Nöte des Konstrukteurs genommen; bei näherem Eingehen auf die ingenieurmäßigen Gedankengänge wird er nicht nur eine Bewertung der einzelnen Vorgänge in Bezug auf die Praxis, sondern auch grundsätzlich neue Anregungen gewinnen. Ein weiterer Grund für die relativ geringe Ausnützung der physikalischen Gasentladungsarbeiten durch die Techniker dürfte in der allgemeinen Darstellungsweise des Physikers liegen, wonach das einzelne Phänomen weniger mit Rücksicht auf dessen praktische Bedeutung als vielmehr im Hinblick auf dessen Zusammenhänge mit bekannten Elementarprozessen und Gesetzmäßigkeiten betrachtet wird. Eine solche Darstellung erschwert naturgemäß später die Synthese eines praktischen Falles außerordentlich. Deswegen ist der ingenieurmäßige Wunsch mehr auf eine summarische Erfassung der Vorgänge, z. B. durch Gewinnung von Kennwerten zur Beschreibung größerer Erscheinungskomplexe gerichtet, wobei eine Begrenzung deren Gültigkeit auf einen relativ engen Variationsbereich in Kauf genommen wird. Die folgenden Ausführungen sollen ein gemeinsames Vorgehen der beiden beteiligten Lager in Zukunft erleichtern, indem sie vor allem die in Betracht kommenden Phänomene der Entladungsphysik möglichst ingenieurmäßig beschreiben und umgekehrt die mannigfaltigen Rückwirkungen der im praktischen Betrieb regulär auftretenden Beanspruchungen und zusätzlicher Störungsfälle auf die Entladungsphänomene aufzeigen. Hierzu ist es vor allem erforderlich, die Rolle der einzelnen Phänomene an dem Stromrichtungsvorgang zu erkennen, das heißt, jene Phänomene in den Stromrichter-Gefäßen richtig zu verstehen und zugänglich zu machen, die mit dem Leistungsumsatz in Zusammenhang stehen. Vor mehr als 20 Jahren hat Schottky und sein Kreis bereits einige wichtige hierfür notwendige Vorstellungen geschaffen und durch grundlegende Experimentaluntersuchungen belegt [1, 2, 3, 4, 5]. Verschwindend geringe Bezugnahme auf diese schönen Arbeiten in den späteren Stromrichter-Veröffentlichungen zeigt, daß die Auswirkung derselben viel kleiner war, als es die sachliche Bedeutung verdient. Erklärung hierfür ist zweifelsohne die speziell für die damalige Ingenieurschulung schwierige Zugänglichkeit und die mangels einer anschaulichen Darstellung der Gefäßvorgänge fehlende Vorstellung, wohin die neuen Ideen in einem Gesamt-Wirkungsbild einzureihen wären.

Detaillierte Einzelberichte, aus einer bestimmten Aufgabenstellung herausgelöst und in den verschiedensten Fachblättern verstreut, erschweren ganz allgemein eine Beurteilung, welche Rolle einem speziellen Problem im Rahmen der gesamten Wirkung zuzuteilen ist. Es tritt hier sehr leicht der Fall ein, daß ähnlich wie eine zu starke Vergrößerung den Gesamtaufbau nicht mehr klar erkennen läßt, eine sehr ausführliche Behandlung eines Detailproblems das Verstehen des Zusammenspiels mit den anderen Effekten behindert. In dieser Beziehung wirkt sich das Fehlen einer auf die Beschreibung der Vorgänge und Erscheinungen bei Niederdruck-Entladungen, speziell in Hg-Dampf, beschränkten, zusammenfassenden Darstellung auch heute noch als ein die weitere Stromrichter-Gefäß-Entwicklung stark behindernder Mangel aus. Im deutschen Schrifttum gibt es bis heute keine solche, den praktischen Bedürfnissen nachkommende Darstellung, während Hull [6] in den USA. es bereits zweimal unternommen hat, Brükken zwischen den physikalischen Theorien und den praktischen Erfahrungen herzustellen. Der erste diesbezügliche Versuch ist 1931 unter dem Titel „Die Lösung des Geheimnisses der Quecksilberdampf-Gleichrichter" („Solving the Mistery of Mercury Arc Rectifiers") veröffentlicht. Das dort gebrachte Material reicht zwar zur Erfüllung der Versprechungen des Titels nicht ganz aus, enthält aber, wie die mehrfachen Bezugnahmen in dieser Arbeit zeigen, eine Reihe von grundsätzlichen Voraussetzungen, die zu einer erfolgreichen Lösung notwendig sind. Die zweite Arbeit ist von vornherein auf den engen Rahmen der Quecksilberdampf-Eigenschaften zugeschnitten. Hier bringt sie einige weitere wesentliche Schritte im Sinne der gestellten Aufgabe.

So verständlich somit das bisherige Vorherrschen der Empirie in der Entwicklung der Gefäße und damit auch in den Fragen ihres Leistungsvermögens ist, so unbefriedigend wirkt sie auf die Dauer. Vom Standpunkt der Technik als Wissenschaft ist eine exakte Begründung der durchgeführten Entwicklungen eine Selbstverständlichkeit. Die Praxis selber strebt Hilfsmittel an, die sie von dem umständlichen Weg empirischer Erfahrungen möglichst befreien und ihr insbesondere ein Maß geben, welchen Sicherheitsgrad ein bestimmter Betriebsfall beinhaltet. Schließlich kann auch der Konstrukteur oder Erfinder auf die Dauer exakte Zusammenhänge zwischen Leistungsvermögen, Belastung und Formgebung nicht entbehren, um einerseits die Fortentwicklung in der Richtung auf beste Ausnützung des aufgewendeten Materials durchzuführen und um anderseits Möglichkeiten, die in der Stromrichter- und speziell der Gefäßtechnik noch verborgen sind, weiter auszuschöpfen.

Bisher wurde das Wort Leistungsvermögen als allgemeiner Begriff für die Gesamtheit der Darbietungen der Gefäße ohne schärfere Definition verwandt. Daher ist vor allem dieser Definition näheres Augenmerk zuzuwenden.

I, 1, 2. Definition des Gefäßleistungsvermögens.

Der Rahmen für eine solche Definition ist bereits eingangs mit dem Hinweis angedeutet worden, daß die von einem Stromrichter-Gefäß bewältigbaren Ströme und Spannungen von der Art des Betriebsfalles abhängen, wobei die in Kilowatt (kW) oder Kilovoltampere (kVA) ausgedrückte Leistungsziffer je nach der Verwendung verschieden ausfällt. Diese Eigenheit eines Gefäßes richtig wiederzugeben, ist die Aufgabe des Leistungsvermögens des betreffenden Gefäßes. Das Problem ist deswegen von besonderer Bedeutung, da tatsächlich gleichgebaute Gefäße für die verschiedensten Strom- und Spannungsverhältnisse verwendet werden. Dieselben Gefäßkonstruktionen können nämlich für Gleich-, Wechsel- und Umrichtung dienen, wobei überdies in jedem der genannten Gebiete die Gefäße ohne konstruktive Änderungen in einem weiten Spannungsbereich (Normalspannungs-Typen z. B. mindest von 200 bis 750 V, Glasstromrichter-Gefäße unter Umständen sogar bis 3000 V) arbeiten können. Ebenso werden gleichartige Gefäße für die verschiedensten Stromprogramme eingesetzt. Elektrolysengleichrichter-Gefäße z. B. haben tagein, tagaus ohne Unterbrechung den gleichen Strom zu liefern, während Gefäße in Bahnunterwerken den täglichen Schwankungen zwischen Spitzen-Überlasten und zeitweiligem völligem Leerlauf nachkommen müssen. Zwischen diesen beiden Extremen liegen die verschiedensten anderen Belastungsspiele anderer Verbraucherarten.

Außer den relativ langsamen Stromschwankungen des äußeren Lastprogramms sind je nach der Belastungsart die Gefäße aber auch starken Unterschieden im Momentan-Stromverlauf unterworfen, wie sie sich als Folge der verschiedenen elektrischen Konstanten des Belastungskreises ergeben. Das Auftreten größerer oder kleinerer Spannungsoberwellen in allen Stromrichter-Schaltungen bringt es mit sich, daß rein ohmsche Belastung andere Ströme hervorruft als zusätzliche Induktivitäten in Serie mit dem ohmschen Widerstand oder wie das Vorherrschen von Gegenspannungen oder gar parallel geschalteter Kondensatoren auf der Lastseite.

Ein weiterer, den Belastungscharakter stark beeinflussender Faktor ist die heute in einem Großteil der Stromrichter-Anlagen verwendete Leistungsregelung. Die Möglichkeit, mit Hilfe einfacher Zusatzeinrichtungen in den Gefäßen die Leistungsabgabe des Stromrichter-Systems verläßlich, rasch und genau ohne nennenswerte Verluste zu kontrollieren, ist ein wesentlicher Grund für die dauernd zunehmende Ausbreitung von Stromrichter-Anlagen. Doch bedingt gerade diese Leistungsregelung verschiedene, zum Teil sehr tiefgreifende Änderungen der Momentan-Strom- und Spannungs-Verläufe in den Stromrichter-Kreisen.

In der Starkstromtechnik ist es allgemein üblich, Beanspruchungen der Geräte und Maschinen im Leistungsmaß anzugeben. Speziell bei rotierenden Maschinen und Transformatoren ist das Strom-Spannungs-Produkt ein funktionell die jeweilige Beanspruchung kennzeichnendes, sehr bequemes und anschauliches Maß, das eine Voraussage des Maschinenverhaltens unter praktisch allen möglichen Verwendungsformen erlaubt.

Bei Stromrichter-Gefäßen treffen die Maschinenvoraussetzungen für die Beanspruchungs-Kennzeichnung nicht zu. Je nach der speziellen Betriebsart wird daher für dasselbe Gefäß die Grenzleistung — ausgedrückt in kW —, wo Gefäß-Beschädigung oder Zerstörung eintritt, ganz verschieden hoch liegen. Wird daher unter Leistungsvermögen die Gesamtheit aller möglichen Grenzbeanspruchungen verstanden, so ist dies nur von einer zusammengesetzten Funktion zu erwarten, die imstande ist, den Besonderheiten der verschiedenen Betriebsarten Rechnung zu tragen. Um dieselbe aufzufinden, muß offensichtlich von den Eigenheiten der Stromrichter-Arbeitsweise ausgegangen werden.

I, 2. Eigenheiten der Stromrichter-Arbeitsweise.

I, 2, 1. Strom- und Spannungsverhältnisse allgemein.

Seit Beginn dieses Jahrhunderts ist neben die induktive Spannungsgewinnung in wachsendem Ausmaß auch die geometrische Spannungsbildung getreten. Dabei werden mit Hilfe von Schaltern einzelne Abschnitte aus Spannungen verschiedener Herkunft herausgeschnitten und zusammengesetzt.

Je nach der Art des Ausgangssystems, des Herausschneidens und des Zuammensetzens lassen sich weitgehende Annäherungen an beliebig gewünschte Strom- und Spannungsformen geometrisch erzielen. Auf dieser anschaulichen und handlichen Art der Spannungsbildung beruhen grundsätzlich alle Stromrichter-Anordnungen zur Umformung von Wechselstrom in Gleichstrom bzw. Gleichstrom in Wechselstrom und zur Veränderung von Wechselstrom einer Frequenz in solchen einer andern. Den Zweig der Elektrotechnik, der sich mit der geometrischen Spannungsbildung beschäftigt, bezeichnet man als Stromrichter-Technik. Grundsätzlich handelt es sich dabei immer darum, aus einem elektrischen System (Netz) periodisch einzelne Strom- bzw. Spannungsabschnitte herauszugreifen und diese dann in bestimmter Reihenfolge zu der gewünschten Form wieder zusammenzusetzen.

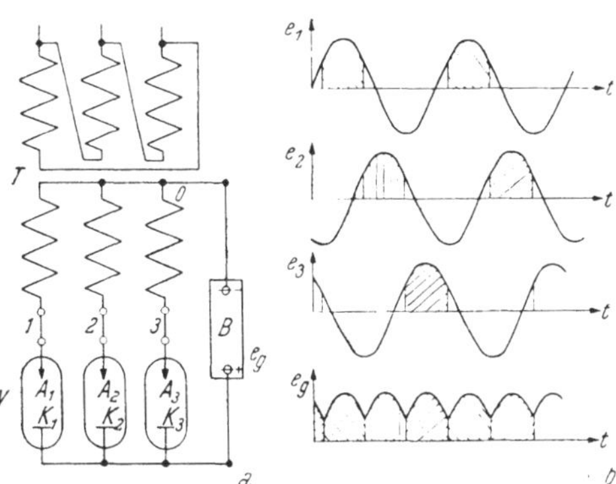

Abb. 1. Abschnittsweise Bildung der Gleichspannung e_g in einem Drei-Pulssystem: einzelne Pulse schraffiert.

a) Schaltungsschema: T ..... Transformator: V ... Ventile (A ... Stromeintritt [Anoden]). (K ... Stromaustritt [Kathoden]): B ... Belastung:

b) Pulsfolge: e_1, e_2, e_3 ... Phasenspannungen: e_g ... zusammengesetzte Gleichspannung.

Das Zusammensetzen der Ströme und Spannungen nach bestimmten, durch die jeweilige Schaltung und Steuerung gewählten Regeln kann man unmittelbar geometrisch vornehmen. Auch das Ermitteln der sich dabei ergebenden Strom- und Spannungszusammenhänge oder der Leistungsfaktor-Verhältnisse läßt sich mit relativ einfachen Rechnungen und primitiven elektrotechnischen Vorstellungen durchführen. Diese Probleme der Stromrichter-Kreise sind auch heute bereits erschöpfend behandelt und aus verschiedenen Fachbüchern [7] mit allen zu wünschenden Einzelheiten zu entnehmen.

Als Beispiel für die Arbeitsweise von Stromrichtern möge hier ein einfacher Dreipuls-(Dreiphasen-)Gleichrichter dienen, wofür Abb. 1, Schema der Schaltung und geometrischen Spannungsbildung, zeigt. Die drei Schaltapparate schneiden aus den vom Transformator gelieferten Spannungen e_1, e_2, e_3 die schraffierten Abschnitte heraus, die hinter den Schaltapparaten elektrisch parallel geschaltet werden und daher auf den Verbraucher B in der Schaltfolge nacheinander im gleichen Sinn einwirken, so daß dort eine wellige Gleichspannung e_g entsteht. Die Stromimpulse in den einzelnen Zweigen (Phasen) sind einerseits durch die geschilderten Spannungsimpulse, anderseits durch die elektrischen Eigenschaften des Kreises, in welchem die Spannung wirksam ist, (Ohmscher Widerstand, Induktivität und Gegenspannung) sowie durch die gegenseitige Verkettung mit den anderen Zweigen bestimmt. Für eine elementare Betrachtung kann man auf die Feststellung der genauen Form der durch die Schaltapparate fließenden Stromimpulse verzichten und sich mit der Annahme eines rechteckigen Impulses begnügen. In erster Annäherung tritt ein solcher auch tatsächlich in der Praxis auf, wenn nämlich die Last B im wesentlichen aus einem ohmschen Widerstand zusammen mit einer Gegenspannung besteht und wenn die Induktivität auf der Gleichstromseite die Pulsationen des Stromes dort gering hält. Bei Maschinen hingegen handelt es sich im wesentlichen um stetige Ströme, wie Gleich- oder sinusförmigen Wechsel-Strom; außerdem haben die Verluste betont ohmschen Charakter, so daß der Effektivwert das gegebene Strommaß ist, um die Stromwärme und damit die strommäßige Grenzleistung zu bestimmen.

Die schraffierten Abschnitte e_1, e_2 und e_3 von Abb. 1 führen somit einen grundsätzlichen Unterschied zur normalen elektromagnetischen Technik vor Augen. Ein anderer großer Unterschied liegt darin, daß in den Stromrichter-Gefäßen die Stromwärmeentwicklung weder ohmschen Charakter hat noch in einem unmittelbaren Zusammenhang mit der belastungsstrombedingten Grenze der Leistungsfähigkeit steht. Es ist daher die erste Grundfrage, auf welche besondere Art der Stromimpuls die Entladungsstrecke beansprucht, d. h. wann und in welcher Weise strombedingte Überbeanspruchungen eintreten.

Die zweite Grundfrage bezieht sich auf die Rückwirkung der an das Gefäß angelegten Spannungen. Im allgemeinen wird der praktische Elektroingenieur in Wechselstromkreisen von vornherein einen sinusförmigen Verlauf der Spannungen stillschweigend voraussetzen und nur in diesem Sinne eine Umformertype und deren Kenngrößen, z. B. Induktion und Frequenz, betrachten. Er wird ferner für ein bestimmtes Transformator- oder Maschinen-Individuum die Betriebsspannung als festgesetzt und festliegend ansehen und Veränderungen derselben mit beträchtlichen konstruktiven Eingriffen, z. B. Windungszahlveränderungen, verbinden, wenn die volle Leistungsfähigkeit ausgenützt werden soll. Ursache dieser Gedankenassoziationen ist die Grunderfahrung, daß die spannungsmäßige Begrenzung des Leistungsvermögens aller elektromagnetischen Systeme einerseits durch die induktionsbedingten Eisenverluste und anderseits durch die Durchschlagsfestigkeit des Isoliermaterials erfolgt, wobei die letztere Komponente allerdings keinen unmittelbaren Ausdruck in dem Strom-Spannungsprodukt hat. Bei Stromrichtern hingegen ergeben sich auch bei rein sinusförmiger Speisespannung für die Gefäße völlig anders geformte Spannungen. Es ist der Verlauf dieser Spannungen, der die Beanspruchung des Gefäßes hervorruft. Beschreibung und Berechnung der so entstehenden Beanspruchungen ist im wesentlichen Aufgabe von Kap. IV, 4.

Die allgemeinen Eigenheiten aber der bei Stromrichter-Schaltungen auftretenden Gefäßströme und -spannungen werden wegen ihrer grundsätzlichen Wichtigkeit bereits in Abschnitt 3 dieses Kapitels aufgezeigt. Berücksichtigung dieser Strom- und Spannungs-Sonderheiten ermöglicht auch die Annäherung an die Frage, welche Rückwirkung Regelvorgänge auf das Leistungsvermögen der Gefäße ausüben und läßt schließlich auch den Grad der erzielbaren Genauigkeit einer Regelung in Zusammenhang zum Leistungsvermögen bringen.

I, 2, 2, Temperatureinflüsse.

Es ist bekannt, daß die Mehrzahl der heute gebräuchlichen Stromrichter-Schaltsysteme und insbesondere der Entladungsapparate außer der bereits angedeuteten Lastform-Abhängigkeit auch einer gewissen Beeinflussung durch die Außentemperatur unterworfen sind; somit erscheint eine weitere Abhängigkeit des Leistungsvermögens von der Kühlmittel- bzw. der Umgebungstemperatur. Diese erweist sich von dem bekannten Temperatureinfluß auf die Leistungsgrenzen elektrischer Maschinen oder Geräte grundverschieden. Hier offenbart sich ein weiterer wesentlicher Unterschied zwischen Maschinen und Stromrichter-Schaltsystemen — speziell Stromrichter-Gefäßen, die über bestimmten Temperaturen gänzlich arbeitsunfähig sind. Der eigenartige Charakter ihrer Überlastfähigkeit — sehr hohe, kurzzeitige, aber nur sehr niedrige, zeitlich ausgedehntere Überströme werden ertragen — steht hiermit in engem Zusammenhang.

Vergleicht man den Verlauf von durch Überbeanspruchung hervorgerufenen Zusammenbrüchen bei Maschinen und bei Stromrichtergefäßen, so findet man bei ersteren meist ausgedehnte Übergangsstadien zwischen dem Auftreten einer Übertemperatur und einer allmählich sich ausbildenden Materialbeschädigung, während bei Entladungsgefäßen fast immer allmähliche Übergänge fehlen und der Zusammenbruch schlagartig einsetzt, ohne daß vorher eine kritische Temperatur erreicht zu sein braucht. Im ersteren Fall sind daher einfache Überwachungseinrichtungen möglich, im letzteren aber konnte noch keine rechte Gefahr-Vormeldung gefunden werden.

I, 2, 3. Arbeitsgrenzen (Rückzündungen).

Ohne Differenzierung der verschiedenartigen Überbeanspruchungsursachen äußert sich jedes Überschreiten der Leistungsgrenzen eines Stromrichtergefäßes in gleicher Weise, nämlich in einem

Zusammenbruch, d. h. in einem plötzlichen Verlust der Sperrfähigkeit. Da nahezu alle Stromrichter-Schaltungen mehrphasig aufgebaut sind, ergießt sich dabei der Kurzschlußstrom mehrerer Zweige parallel in den gestörten Kreis; hierzu überlagert sich noch ein Anteil aus der auf der Verbraucherseite vorhandenen Energie. Diese Häufung von Energie erklärt die zerstörende Wirkung einer Rückzündung, wie diese Erscheinung bezeichnet wird. Das Wort Rückzündung rief durch Jahrzehnte hindurch bei jedem mit Gleichrichter-Angelegenheiten Betrauten größeres oder kleineres Mißbehagen hervor. Teils war es der Gedanke an die damit verbundenen Gefäß- und Anlagenbeschädigungen, teils war es auch die anscheinende Hilflosigkeit im Erkennen der Ursachen oder Voraussetzungen, die zum Auftreten von Rückzündungen führen. Durch wirkungsvolle Schutzmaßnahmen (Anodensicherungen bei kleinen, Gittersperrung bei großen Einheiten) ist man aber schon seit längerem in der Lage, Rückzündungsströme vor dem Erreichen gefährlicher Werte abzuschalten; überdies haben die zahlreichen Untersuchungen über Rückzündungen die auf mehreren, ganz verschiedenen Ebenen liegenden Ursachen erkennen lassen. Damit können einerseits die Gefäße besser eingesetzt werden und anderseits ist dem Begriff selber die Unheimlichkeit der Unzugänglichkeit genommen. Es hat sich dadurch aber auch ergeben, daß eine Rückzündung selber nicht als ein primärer Vorgang, sondern als Folgeerscheinung des Überschreitens irgend welcher Grenzen des Leistungsvermögens oder des Bestehens irgend welcher Fehler auftritt. Daher fehlt in diesem Buch ein eigentliches Rückzündungskapitel; Rückzündungen werden vielmehr verstreut im Zusammenhang mit den im Gefäß sich abspielenden Vorgängen als Überbeanspruchungs-Grenzen erscheinen.

Die Schwierigkeiten einer allgemeingültigen Festsetzung des Leistungsvermögens von Stromrichter-Gefäßen finden Ausdruck auch in der vorsichtigen Formulierung der verschiedenen Vorschriften über die Nennleistungsdaten.

I, 2, 3, 1. Vorschriften und Normalfestsetzungen.

Der V. D. E. [8] z. B. begnügt sich, Nenn-Strom und Spannung als zulässige Dauerbetriebswerte für eine bestimmte Grenztemperatur zusammen mit einer Überlastcharakteristik zu definieren. Da aber bei gleichen Strom- und Spannungsbeträgen — solange nicht gesagt ist, ob es Mittel-, Effektiv- oder Maximalwerte sind und auf welche Betriebsperioden der Bezug zu erfolgen hat — stark verschiedene Gefäßbeanspruchungen möglich sind, folgt unmittelbar, daß ein erfahrener Gefäßprojekteur unter Umständen ganz verschiedene Gefäßtypen für zahlenmäßig gleiche Nennwerte vorsieht.

Es ist unzweifelhaft ein Mangel, daß im Gegensatz zu anderen elektrischen Gebieten die Stromrichter-Vorschriften noch keine ausreichende Basis für einen exakten Gefäßvergleich bieten. Derartige Unklarheiten können leicht zu Mißverständnissen führen, die das Vertrauen in die Stromrichter-Technik, zumindest in Einzelfällen, untergraben können.

I, 3. Strom- und Spannungsverhältnisse in den Schaltsystemen von Stromrichterkreisen.

Die Stromimpulse durch die Stromrichter-Schaltsysteme sind, wie Abb. 1 als Beispiel zeigte, auf einen Teil der Periode beschränkt. Einzelheiten der Schaltung und der Arbeitsbedingungen des Stromrichter-Systems sowie der Grad der häufig verwendeten Intensitätsregelung (Steuerung) verändern Form und Dauer der Stromimpulse (vgl. Abschn. I, 3, 2) in beträchtlichen Grenzen bei gleichem Energiedurchsatz durch die Schaltsysteme. Ausführliche Untersuchungen über diese Zusammenhänge finden sich in der vorerwähnten Stromrichter-Literatur. Hier sollen nur bestimmte Eigenheiten aufgezeigt werden, die für die Gefäßbeanspruchung von prinzipieller Bedeutung sind. Insbesondere aber soll das Wesen der Steuerungen von Stromrichtern beschrieben werden, da dieselbe unabhängig von der jeweils vorgesehenen Stromrichter-Schaltung und der speziellen Betriebsform angewendet werden und immer die gleichen Einflüsse hervorrufen.

I, 3, 1. Intensitätsregelung durch Zündmomentverspätung.

Abb. 2b illustriert die Wirkung dieses Regelprinzips auf Strom I und Spannung e für eine nur ein Schaltsystem enthaltende, gesteuerte Stromrichter-Schaltung; als Vergleich dazu zeigt Abb. 2a Strom- und Spannungsverlauf in dem gleichen, aber ungesteuerten Kreis.

Während des Stromflusses, der durch die schraffierte Fläche zwischen Z und L bzw. Z_1 und L_1 hervorgehoben ist, beträgt in beiden Fällen der innere Widerstand des Schaltsystems in erster Annäherung $\Omega = 0$, in der Sperrzeit aber $\Omega = \infty$. Durch die Verspätung von Z_1 gegenüber Z wird erreicht, daß größere oder kleinere Spannungsausschnitte in dem betreffenden Zweig wirksam werden, so daß man eine verlustlose Leistungsregelung, allerdings unter Inkaufnahme eines nacheilenden Leistungsfaktors erhält. Bei einer Zündverspätung α_1 bzw. α_2 z. B. ist der links von Z_1 bzw. Z_2 liegende, nicht schraffierte Abschnitt wirkungslos gemacht. Dieses von Cooper Hewitt [9] bereits am Beginn des Jahrhunderts angegebene Regelverfahren wirkt auf den der Stromrichter-

Technik Fernerstehenden im ersten Augenblick etwas gewalttätig. Es ist aber eine logische Folgerung aus dem mit der Gleichrichtung begonnenen Prinzip der geometrischen Spannungsbildung. Es ist hier nicht am Platz, auf Einzelheiten dieses Regelns einzugehen; zu betonen ist jedoch, daß eine stetige Veränderung der Zündverzögerung α eine stetige Regelung der Mittelwerte

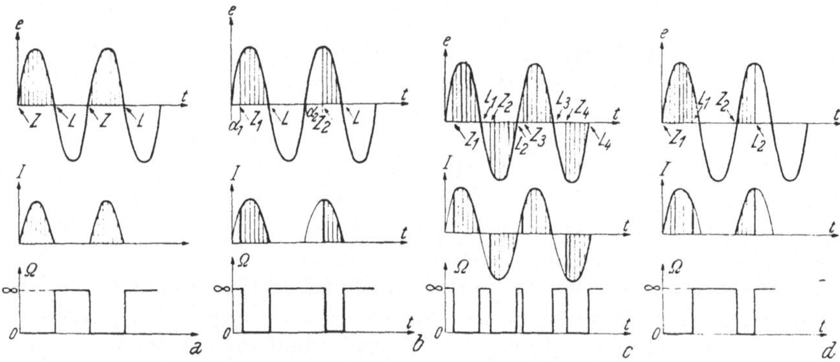

Abb. 2. Impulsfestlegung und Regelung.

a) einseitiger Impuls, sobald Spannung *e* positiv; beendet durch Spannungsumkehr, keine Regelmöglichkeit;
Z ... Zündpunkt; L ... Löschpunkt;

b) einseitiger, willkürlich verspäteter Impuls, beendet durch Spannungsumkehr: Regelung durch zeitliche Veränderung des Zündpunktes Z (bei früherem Z_1 größeres Spannungszeitintegral |||| als bei späterem Z_2);

c) beidseitiger, verspäteter Impuls, Regelung wie bei b);

d) einseitiger Impuls, sobald Spannung *e* positiv, vorzeitig willkürlich beendet.

Innerer Widerstand Ω: während Sperrung ... ∞, während Puls ... 0.

von Strom und Spannung am Verbraucher B ergibt, wobei allerdings zusätzliche Unstetigkeiten — vergrößerte Welligkeit — in der Spannung auftreten.

Vollständigkeitshalber sind in Abb. 2 zwei weitere verwandte Regelprinzipien angedeutet, die heute allerdings erst noch theoretisches Interesse haben. Nach Abb. 2 c soll bei Schaltanordnungen ohne Richtungsabhängigkeit[1] Wechselstrom unmittelbar mit nur einem Gefäß geregelt werden. Durch verfrühtes Löschen in L_1 bzw. L_2 (Abb. 2 d) könnte aber auch Spannungsregelung in Stromrichter-Systemen mit voreilendem Leistungsfaktor vorgenommen werden.

Außer den eben beschriebenen Steuerungen durch Zündpunktveränderung könnte man sich Stromrichter-Regelungen auch in der Weise vorstellen, daß ein Schaltmechanismus dem Strom-

[1] Ein gleichwertiger Schaltvorgang wird heute schon mit Hilfe von zwei antiparallelen Ventilen in Sonder-Schweißgeräten ausgeführt.

durchgang nach Belieben größeren oder kleineren Widerstand entgegensetzt. Derartige Anordnungen sind jedoch zwangsläufig mit beträchtlichen Verlustanfällen in der Schalteinrichtung verbunden und ergeben daher Verfahren, die für die Starkstromtechnik kaum in Frage kommen.

Man kann es somit als wesentliches Kennzeichen der Stromrichter-Technik ansehen, daß Schaltmechanismen verwendet werden, welche schlagartig ihren Widerstand zwischen sehr kleinen und sehr großen Werten verändern, Zwischenwerte aber nicht bieten können. Regelungen des Leistungsdurchsatzes erfolgen dabei durch geometrisches Zusammensetzen von Strom- und Spannungsabschnitten geänderter Mittelwerte, die durch Verlagerung der Zeitmomente, in welchen die schlagartigen Widerstandsveränderungen vor sich gehen, erzielt werden.

Die im vorhergehenden gemachten Annahmen bezüglich der sprunghaften Veränderung des Stromrichter-Schaltsystem-Widerstandes zwischen 0 und ∞ erscheinen so lange einschränkungslos berechtigt, als man den Einfluß dieses Widerstandes auf die Eigenschaften der elektrischen Kreise ins Auge faßt. Durch die Einführung der Grenzwerte Null und Unendlich für den Widerstand des Schaltmechanismus hat z. B. W. Daellenbach [10] die Berechnungen der wichtigen Arbeitscharakteristiken der Stromabhängigkeit des Spannungsabfalles und des Leistungsfaktors ermöglicht. Unter den gleichen Voraussetzungen wurde so auch der Einfluß beliebiger Aussteuerungen (Zündverspätung zwecks Regelung) auf die Arbeitscharakteristiken von Müller-Lübeck [11] abgeleitet. Schließlich basieren auf dieser Widerstandsannahme auch die Untersuchungen von Jungmichl [12] über die Größenverhältnisse der Strom- und Spannungs-Oberwellen in verschiedenen Stromrichter-Systemen.

Über die Beanspruchung des Schaltsystemes selber ist freilich gerade durch das Ausschalten eines Gefäßfaktors in den vorerwähnten Berechnungen, wie ihn der innere Widerstand vorstellt, eine Aussage unmöglich.

In den Arbeitscharakteristiken der Stromrichter-Anlagen macht sich wirklich der für die Stromrichtung verantwortliche Schaltmechanismus so lange nicht bemerkbar, als dessen Leistungsvermögen nicht erschöpft ist, d. h. so lange, als die vorgenannten Widerstandsbedingungen im wesentlichen erfüllt sind. Obwohl somit die Schalteinrichtungen des Stromrichterkreises nach der üblichen mathematischen Behandlung auf die Betriebseigenschaften keinen Einfluß aufweisen, liegt dennoch in dem beschriebenen Widerstandsverhalten gerade das Schwergewicht der Anlagensicherheit, da hier ein Versagen gleichbedeutend mit dem Aufhören der Arbeitsfähigkeit des ganzen Systems selber ist.

I, 3, 2. Einzelheiten der Anodenstrom-Impulse und deren Beeinflussung.

Die äußeren Umstände des Stromrichterkreises (Schaltfolge, Impedanzen der verschiedenen Zweige, Gegenspannung auf der Verbraucherseite und schließlich die jeweiligen Regelbedingungen) können sehr verschiedenartigen Verlauf der Ströme durch die Entladungsstrecke — Anodenströme oder Anodenstrom-Impulse zur Folge haben. Von der Vielzahl möglicher Strom-Impulsformen sind im Hinblick auf die später zu erörternden Gefäßbeanspruchungen in Abb. 3 sechs Grundtypen schematisch als Oszillogramme wiedergegeben. Folgende Momente sind dabei besonders zu beachten:

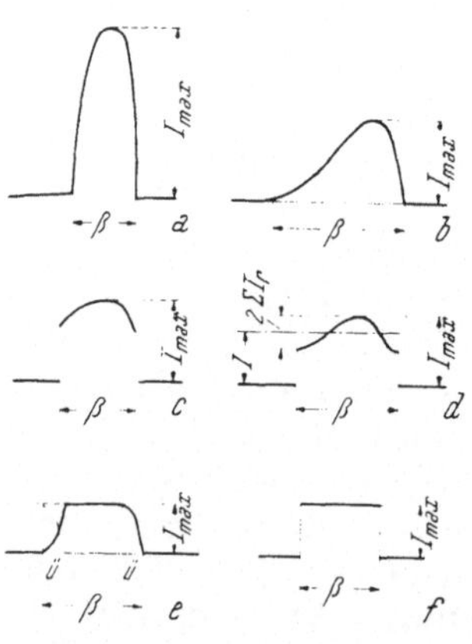

Abb. 3. Anodenstrom-Grundformen (Pulszahl p; Gleichstrommittelwert $\bar{I}$).

Maximalwert des Anodenstromes.

zeitliche Dauer des Anodenstromes.

Art des Aufbaues { stoßartig / stetig anwachsend } { steile Flanke / allmählicher Übergang.

Quantitative Beziehungen zu den üblichen Mittelwerten und Hinweis auf Betriebsfälle, für die die einzelnen Stromformen kennzeichnend sind, finden sich in der Tab. I.

Allmähliche Übergänge liegen vor, wenn die Impedanzen der einzelnen Anodenzweige den Stromverlauf weitgehend bestimmen; eine Einwegschaltung mit nur einem einzelnen Ventil ist hierfür das einfachste Beispiel. Von der Last her gesehen erscheint der Strom dabei lückenhaft. Lückenhafter Stromfluß auf der Gleichstrom-

Tabelle I.

Fig.	Brenndauer β	Stromscheitel	Bemerkungen bezüglich des verantwortlichen Stromrichtersystems und Betriebsfalles
a	$\gg \frac{2\pi}{p}$	$\gg \frac{\bar{I}}{p}$	lückenhafter Gleichstrom, Gegenspannungsbetrieb, keine Aussteuerung
b	$f(s)\ \frac{2\pi}{p}$	$\sim \bar{I}$	Anodeninduktivität Stromverlauf bestimmend — Ladedrosselbetrieb, Streutrafo und Kurzschlußfall $s = \frac{\text{Gegenspannung}}{\text{Phasenspannung}}$
c	$\frac{2\pi}{p}$	$\sim \bar{I}$	Ω Widerstand auf Lastzeit bestimmt Stromverlauf

Fig.	Brenndauer β	Stromscheitel	Bemerkungen bezüglich des verantwortlichen Stromrichtersystems und Betriebsfalles
d	$\frac{2\pi}{p}$	$\sim I$	Ω Widerstand und Kathodeninduktivität zusammen bestimmen (welligen) Gleichstrom $I = \bar{I} + \sum I_{\nu}$ ($I_{\nu} \ldots \nu$te Stromharmonische)
e	$\frac{2\pi}{p} + ü$	$\bar{I}$	sehr starke Gleichstromglättung; Überlappung ü beim Kommutieren als Folge vorhandener Anodeninduktivitäten
f	$\frac{2\pi}{p}$	I	sehr starke Gleichstromglättung (für Trafo-Berechnungen meist zugrunde gelegt), Überlappung vernachlässigt

seite wird im allgemeinen wegen des hohen Oberwellengehaltes nur bei kleinen Leistungen (max. einige 1000 Watt) zugelassen: meist strebt man eine lückenlose Aufeinanderfolge der einzelnen Stromimpulse an.

I, 3, 3, Kommutierung.

Das lückenlose Aneinanderreihen der einzelnen Strom- und Spannungsimpulse im Verbraucherkreis macht es erforderlich, daß beim Übergang von einem Zweig zum anderen der neu hinzukommende Zweig zuerst zugeschaltet und dann erst der alte abgeschaltet wird. Es besteht daher immer kurze Zeit ein Kurzschluß zwischen zwei aufeinanderfolgenden Phasen. Der als Folge dieses Kurzschlusses auftretende Strom bewirkt, wie Daellenbach [10] gezeigt hat, die Kommutierung von einem Zweig zum anderen: je nach der Größe der in dem betreffenden Stromkreis — in Abb. 1 z. B. von Wicklung 1 über A_1, K_1, K_2, A_2 und Wicklung 2 zurück — vorhandenen Induktivitäten und je nach der Größe der im Schaltmoment herrschenden Spannungsdifferenz wird die Kommutierung rascher oder langsamer vor sich gehen. Kennzeichnend dabei ist, daß das Abschalten des vorangehenden Zweiges während des Strom-Nulldurchganges erfolgt, d. h., daß eine Stromumkehr nicht stattfindet. Die Zeitspanne, innerhalb welcher der Kommutierungsstrom fließt, wird als Überlappung bezeichnet: beide Anoden sind dabei auf angenähert gleichem Potential. Erfolgt das Umschalten zu einer phasenfolgenden höheren Spannung, so spricht man von natürlicher Kommutierung; natürliche Kommutierung ohne Zündverzögerung nennt man Normalkommutierung.

Als Zwangskommutierung [13] hingegen wird es bezeichnet, wenn der den Strom-Nulldurchgang in dem abzuschaltenden Zweig bewirkende Strom von einem besonderen, im gewünschten Kommutierungsmoment wirksam werdenden Energiespeicher, z. B.

einem Kondensator, herrührt. Das macht einen willkürlichen Übergang von einem Zweig zum anderen, unabhängig von den momentanen Spannungen, möglich und würde z. B. durch Zündmomentverfrühung auch voreilenden Leistungsfaktor erzielen lassen.

I, 3, 4. Anodenspannungs-Einzelheiten.

Das Zusammenwirken der einzelnen Zweige von mehrphasigen Systemen hat das Auftreten ungewöhnlicher Spannungsformen an den Stromrichter-Schaltsystemen zur Folge, die im allgemeinen in der Stromrichter-Literatur weniger ausführlich beschrieben worden sind als die für die Transformatorberechnung vor allem benötigten Ströme. Für eine Untersuchung der Schaltsystem-Beanspruchungen sind aber gerade die an den Schaltsystemen auftretenden Spannungen interessant [7 e], da es jene Spannungswerte sind, die das Schaltsystem ertragen, d. h. sperren muß. Die Ermittlung dieser an den Schaltsystemen auftretenden Spannungen und einige Besonderheiten derselben sollen daher im folgenden etwas eingehender behandelt werden.

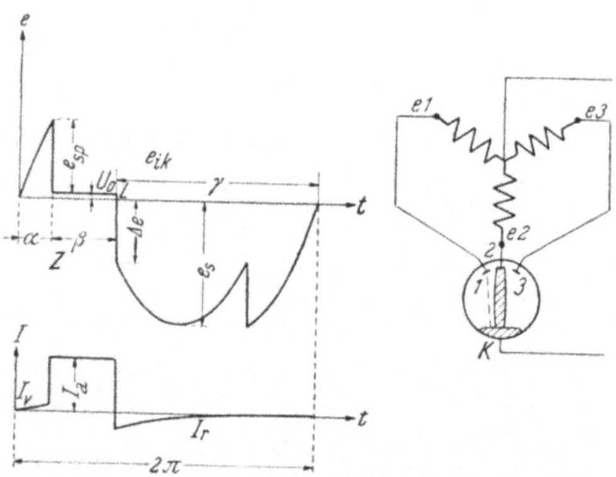

Abb. 4. Impulskenngrößen, veranschaulicht an einem mit Zündverzögerung arbeitenden dreiphasigen Stromrichter.

Zeitwerte	Stromwerte	Spannungswerte
α = Zündverzögerung	I_v = Vorstrom	e_{sp} = positive Sperrspannung
β = Brenndauer	I_a = Anodenstrom	U_o = Brennspannungsabfall
γ = Sperrzeit	I_r = Rückstrom	Δe = negative Sprungspannung
Z = Zündpunkt		e_s = negativer Sperrspannungsscheitel
L = Löschmoment		e_{ik} = Anodenspannung (für Anode 1)

Man erhält den zeitlichen Verlauf der an dem Schaltsystem liegenden Spannung durch Anwendung der Kirchhoffschen Gesetze auf die nacheinander wirkenden Stromkreise [14]. In Abb. 4 ist die sekundäre Seite des Dreiphasensystems von Abb. 1 mit einem dreiphasigen Entladungssystem als Schaltapparat herausgezeichnet. Mit den in Abb. 4 eingeführten Bezeichnungen ergibt sich für die Spannung des Leitungsendes i gegenüber dem anderen Leitungsende K (die Klemmen 1,

2, 3 werden bei Gleichrichtern, wie später auseinandergesetzt, als Anoden, die Enden K hingegen als Kathoden bezeichnet)

$$e_{ik} = -e_{br} + e_i + e_o. \tag{I, 1}$$

Darin bedeutet:

e_{br} die Spannung der gerade stromführenden Transformator-Phase,

e_i die Spannung der Transformator-Phase, die zu der betrachteten Schaltstrecke i führt, und

e_o den Spannungsabfall an der stromführenden Schaltstrecke, welcher in vielen Fällen vernachlässigt werden kann.

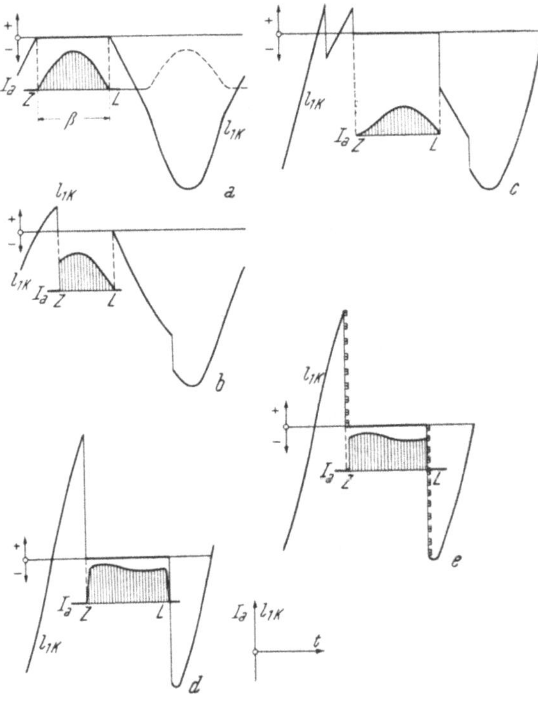

Abb. 5. Anodenstromformen I_a und Anodenspannung e_{ik};
Z = Zündpunkt, L = Löschpunkt.

Lückenhafter Gleichstrom (Gegenspannung ohne nennenswerte Kathodeninduktivität): a) keine Anodeninduktivität, keine Zündverzögerung; b) wie a), jedoch mit Zündverzögerung (Aussteuerung), c) wie 1 b), jedoch mit Anodeninduktivität, Spannungssprung bei Erlöschen.

Kontinuierlicher Gleichstrom. Starke Gleichstromglättung durch Kathodendrossel, Überlappung bei Kommutierung als Folge von (kleiner) Anodeninduktivität. Spannungssprung bei Erlöschen, sobald Aussteuerung. (Dieser Fall entspricht der Mehrzahl der heute angewendeten Leistungsstromrichter, vgl. Abb. 4.) Wie d, jedoch mit hochgesättigten Drosseln (Schaltdrosseln in den Anodenleitungen). Der engschraffierte Teil nach dem Zünden und knapp vor dem Erlöschen wird an der Schaltdrossel aufgefangen und entlastet die Ventilstrecke.

Konstruiert man für die Schaltung von Abb. 4 die durch Gl. (I, 1) gegebene Spannung, wie dies auf der linken Seite von Abb. 4 geschehen ist, so erhält man eine unregelmäßige, durch mehrfache Spannungssprünge gekennzeichnete, unstetig verlaufende Kurve, die in ihren Einzelheiten stark von der Verzögerung des Zündmomentes in bezug auf den Zeitpunkt des Einschaltens bei normaler Kommutierung abhängt.

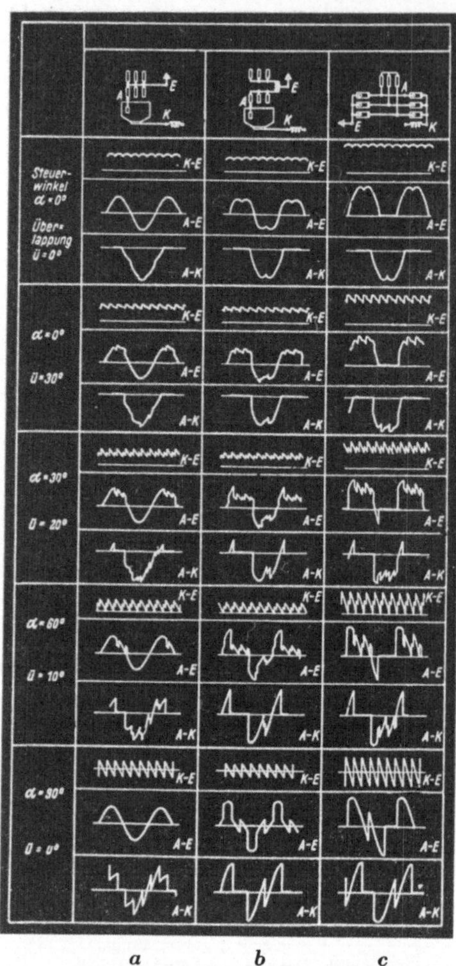

Abb. 6. Zeitlicher Verlauf der Anoden-Spannung in 6-Puls-Anordnungen für verschiedene Zündverspätungen α und Überlappungswinkel ü.

a) Einfache Mittelpunktschaltung; b) Saugdrosselschaltung; c) Brückenschaltung.

Einzelne Werte der Anodenspannungskurve e_{ik} erweisen sich von besonderer Bedeutung auf die Beanspruchung der Schalteinrichtung. In der Legende zu Abb. 4 sind außer den verschiedenen diesbezüglichen Spannungsbezeichnungen auch die üblichen Namen für die einzelnen Abschnitte bzw. Hauptwerte des Stromes aufgenommen, um einen Überblick über die Terminologie der elektrotechnisch wichtigen Kenngrößen der Gefäß-Belastung an der Hand zu haben.

Das gewählte Beispiel des Dreiphasen-Gleichrichters zeigt die zwei bei jeder Stromrichtung prinzipiell zu unterscheidenden Funktionsgruppen, nämlich:

1. das durch den Schaltungsaufbau bestimmte Zusammensetzen von Einzelstrom- und Spannungs-Impulsen,

2. das eigentliche Schalten, das ist das Freigeben und Sperren der einzelnen Stromzweige nach bestimmten Gesetzen.

Tabelle II. Anodenspannungs-Extremwerte, bezogen auf 1 kV Trafo-Scheitelspannung für verschiedene Zündverspätungen α und verschiedene Überlappungen ü bei Sechsphasenschaltungen. (14)

		Mittelpunkt-schaltung	Saugdrossel-schaltung	Brückenschaltung
$\alpha = 0^0$	e_p	0	0	0
ü = 0^0	e_n	2	1,74	1,74
	e_{sp}	0	0	0
$\alpha = 0^0$	e_p	0	0	0
ü = 30^0	e_n	2	1,74	1,74
	e_{sp}	0,5	0,87	0,87
$\alpha = 30^0$	e_p	0,5	0,87	0,87
ü = 20^0	e_n	1,85	1,74	1,74
	e_{sp}	0,77	1,32	1,5
$\alpha = 60^0$	e_p	0,87	1,5	1,5
ü = 10^0	e_n	1,71	1,74	1,74
	e_{sp}	0,94	1,64	1,64
$\alpha = 90^0$	e_p	1,5	1,74	1,74
ü = 0^0	e_n	1,5	1,74	1,74
	e_{sp}	1	1,74	1,5

e_p .... pos. Sperrspannung
e_n .... neg. Sperrspannung
e_{sp} .... Sprungspannung bei Erlöschen

Es läßt sich aber nicht unmittelbar absehen, welche Veränderungen unter verschiedenen Last- oder Steuerverhältnissen in den am Schaltsystem auftretenden Anodenspannungen zu erwarten sind. Vor allem interessiert die Art der (negativen) Spannungswiederkehr nach dem Erlöschen des betreffenden Anodenstromes. Abb. 5 erläutert einige typische diesbezügliche Fälle; dabei ist für lückenhaften Betrieb ein allmählicher Sperrspannungsanstieg, für lückenlosen Betrieb aber ein Spannungssprung kennzeichnend. Zündverspätungen haben außer negativen Spannungssprüngen auch das Auftreten positiver Sperrspannungen zur Folge; bei Wechselrichtung (Zündverspätung $\alpha \geqq 90^0$) handelt es sich sogar überwiegend um positive Sperrspannungen. Schaltdrosseln [15] (hochgesättigte Anodendrosseln) beschränken den Kommutierungsvorgang auf einen sehr niedrigen Strombereich; der negative Spannungssprung verläuft analog wie bei der gewöhnlichen Kommutierung, nur etwas verspätet gegenüber den hohen Anodenstromwerten. Wie weit Zündverzögerung, Schaltungseinzelheiten oder Überlappung den Anodenspannungsverlauf beeinflussen können, zeigt Abb. 6 für die üblichen Sechspuls-Stromrichter-Schaltungen, und Tab. II gibt die dabei auftretenden relativen Anodenspannungs-Extremwerte an.

I, 3, 5. Schaltschwingungen.

Die Sprungspannungen im Zug der Anodenspannung können verschiedene parasitäre Oberschwingungen [14] auslösen, deren

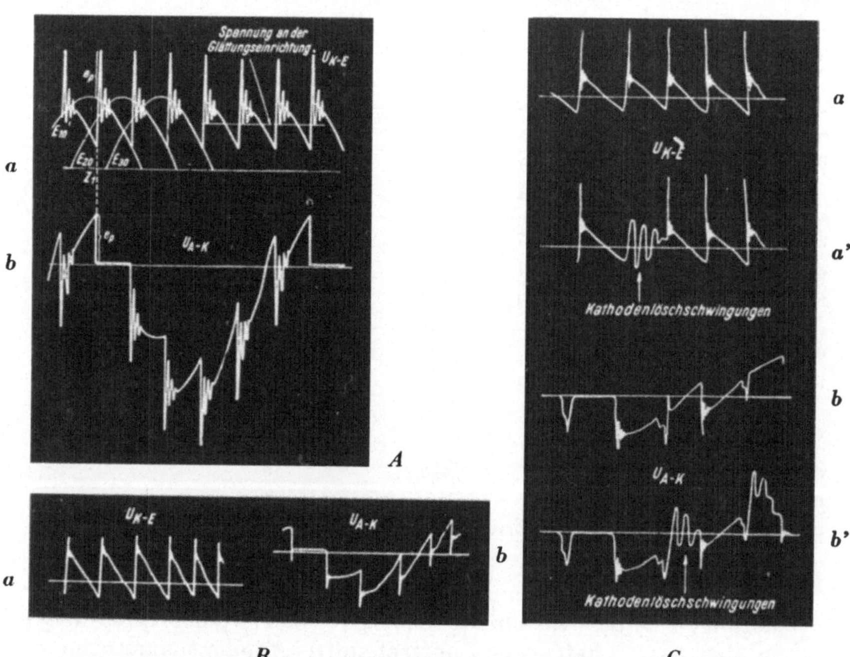

Abb. 7. Schaltschwingungen. Durch die Spannungssprünge beim Kommutieren aufeinanderfolgender, zündverspäteter Anoden können in den System-Induktivitäten und -Kapazitäten des Stromrichters parasitäre Schwingungen angefacht werden — Zündschwingungen. Diese werden durch den Haupttransformator durchgekoppelt und überlagern sich dann zusammen den Anodenspannungen bzw. der Spannung an der Glättungsrichtung. Gelegentliches Ausbleiben eines Pulses bei Zündversagern zieht überdies das Kathodenpotential in Mitleidenschaft — Aussetzerschwingungen.

A. Maximal mögliche Zündschwingungen einer 6-Puls-Mittelpunktsanordnung: a) der Glättungsdrosselspannung überlagert; b) der Anodenspannung überlagert.

B. Bei mittlerer Aussteuerung aufgenommene Zündschwingungsoszillogramme, a und b wie bei a).

C. Aussetzerschwingungen. Diese treten zusammen mit den Zündschwingungen auf, wie die Oszillogramme a' und b' zeigen. Als Vergleich sind die Oszillogramme a und b unter gleichen Steuerbedingungen, aber ohne Zündversager gezeigt.

Frequenzen durch die System-Kapazitäten und Induktivitäten der Stromrichter-Anlage bestimmt sind. Speziell bei höheren Betriebsspannungen und bei starken Aussteuerungen können solche Schaltschwingungen Amplituden vergleichsweiser Höhe mit den Speisespannungen erreichen. Abb. 7 zeigt die Überlagerung der Schaltschwingungen über die Anodenspannung und läßt die dadurch entstehende erhöhte Spannungsbeanspruchung deutlich erkennen.

I, 4. Überblick über verfügbare Schaltmechanismen.

Die heutige Technik verfügt über eine Reihe weitgehend durchentwickelter Prinzipien, die es gestatten, teils größere oder kleinere Ströme, teils höhere oder niedrigere Spannungen im Takt gewünschter Frequenzen — im Starkstromgebiet meist in der Größenordnung von 50 Hz, in der Schwachstromtechnik vielfach auch mit den höheren Frequenzen des Nachrichtenwesens — sicher jede Periode ein- und auszuschalten. Das Wesen und die Eigenschaften der verschiedenen in der Stromrichter-Technik verwendeten Schaltmechanismen hängt von der Art der jeweils ausgenützten physikalischen Effekte ab. Eine einheitliche Behandlung der Stromrichter-Schalteinrichtungen ist daher nicht möglich; sie müssen unabhängig und parallel beschrieben werden, wie dies z. B. in dem Buch von Günther-Schulze [16] geschieht, welches in den Einzelheiten heute zwar nicht mehr dem neuesten Stand entspricht, aber noch einen guten Überblick über die verschiedenartigen Stromrichter-Schaltelemente gibt.

Unterteilt man die Schaltmechanismen nach ihrer grundsätzlichen Wirkungsweise, so wird man zwei Hauptgruppen unterscheiden müssen:

1. Mechanisch betätigte Kontakte. Es gibt verschiedene Konstruktionen, wie z. B. synchronisiert schwingende Kontakte, periodisch bewegte Quecksilberstrahlen, kollektorartige Anordnungen mit Bürsten oder rotierende Nadeln mit Funkenüberschlag zu festen Gegenkontakten. Alle diese Anordnungen haben sich nur für relativ kleine Leistungen und für Sonderfälle durchsetzen können, wenn man von den in den letzten Jahren bei den Siemens-Schuckert-Werken in Berlin entwickelten Kontaktumrichtern [17] absieht, welche sich für sehr große Ströme in einem Spannungsbereich von etwa 50 bis 250 Volt als wirtschaftlichster Stromrichter-Schaltmechanismus herauszustellen scheinen.

2. Eigentliche Ventile. Die Bezeichnung Ventil wird in der Literatur mit verschiedener Bedeutung verwendet. Die allgemeinste dürfte wohl die sein, welche alle Schalteinrichtungen umfaßt, bei welchen irgend welche physikalische Effekte an Stelle mechanisch bewegter Teile zur Schaltung der Ströme verwendet werden.

Hinsichtlich der Auslösung des Schaltvorganges sind allgemein zwei Grundformen zu unterscheiden. Die Einleitung desselben kann nämlich entweder durch ein von außen willkürlich gegebenes Kommando erfolgen, was man als Steuerung bezeichnet, oder der Schaltvorgang ergibt sich zwangsläufig in Abhängigkeit von der Polarität der angelegten Spannung dadurch, daß der Schaltapparat mit besonderen Elektroden ausgerüstet ist, welche Stromfluß nur in einer bestimmten Richtung zulassen (Strom-Richtungsbeschränkung). Letzterer Fall wird zwar gelegentlich auch als Ventilwirkung bezeichnet, im Sinne der früher gegebenen Definition stellt das jedoch nur einen eingeschränkten Sonderfall dar. Sehr häufig werden Kombinationen von Steuerung und Strom-Richtungsbeschränkung verwendet, wobei dann die Steuerung als untergeordnete Ergänzung zur in der Frequenz des Speisenetzes wirkenden Richtungsabhängigkeit zu betrachten ist.

Unterscheidet man die Ventile nach der Art des angewendeten physikalischen Effektes, so wird man folgende zwei Gruppen finden:

I, 4, 1. Sperrschichtventile.

a) Systeme mit flüssigem Elektrolyten. Bestimmte Metall-Elektrolyt-Kombinationen weisen einen stark von der Stromrichtung abhängigen Durchlaßwiderstand auf. Bekannt ist z. B. die Graetz-Zelle (Aluminium-Eisen in Kali-Lauge) mit einer bevorzugten Durchlaßrichtung Eisen ← Aluminium. Solche flüssige Systeme werden heute kaum mehr verwendet und haben daher im wesentlichen nur historisches Interesse.

b) Systeme mit trockener Sperrschicht. Bei Aufeinanderfolge von Schichten verschiedener Substanzen gibt es einzelne Fälle, die ebenfalls stark ausgeprägte Abhängigkeit des Widerstandes von der Richtung des Stromflusses aufweisen. Solche Effekte werden bei den Trockengleichrichtern ausgenützt. Am bekanntesten sind die Kupferoxydul- und die Selensysteme. Die Spannungsfestigkeit der außerordentlich dünnen wirksamen Schichten liegt allerdings in der Größenordnung von nur einigen Volt; dadurch sind die Sperrschichtventile für die Verwendung bei niedrigen Spannungen prädestiniert. Trockengleichrichter-Systeme werden in allergrößtem Umfang in der gesamten Nachrichtentechnik verwendet und dringen in steigendem Maß auch in den Niederspannungsbereich des Starkstroms vor. Konstruktion und Wirkungsweise derselben sind aber so grundverschieden von den Niederdruckentladungsventilen, daß sich ein näheres Eingehen hier erübrigt.

I, 4, 2. Konvektionsstromventile.

Diese Gruppe umfaßt jede Art von Ventilen mit metallischen Elektroden, zwischen welchen der Stromfluß als Entladung durch Bewegung von Ladungsträgern erfolgt, gleichgültig welcher Art die Ladungsträger sind, wie sie in die Entladungsbahn kommen und wie sie bewegt werden.

Da der Entladungsmechanismus und dementsprechend die zugehörige Apparatur von der Höhe des Druckes in der Entladungsbahn grundsätzlich abhängt, ergibt sich eine Dreiteilung in Hochdruck-, Hochvakuum- und Niederdruckventile von selbst.

I, 4, 2, 1. Hochdruckventile.

Bis heute haben Hochdruckventile noch keine praktische Verwendung in der Stromrichter-Technik gefunden. Die in großem Rahmen durchgeführten Untersuchungen von Marx [18] lassen aber für dieses Prinzip beträchtliche Möglichkeit für zukünftige Hochspannungsgleichstrom-Übertragungen annehmen. Es handelt sich dabei um periodisch mit einer Hilfsfunkenstrecke gezündete und am Ende der Schaltzeit wieder gelöschte Hochspannungslichtbögen.

In Abb. 8 a, Fig. 1, ist die Marx-Anordnung schematisch dargestellt. Zwei gleiche, durchbohrte Elektroden E_1 und E_2 stehen in einer geschlossenen Kammer in einem Abstand von einigen Zentimetern einander gegenüber. Durch die Stirnseiten wird im Sinn der Pfeile Luft in die Kammer eingeblasen, die dieselbe durch die durchbohrten Elektroden mit beachtlicher Geschwindigkeit wieder verläßt. Die Zündung erfolgt durch eine von der Hilfselektrode h ausgehende Hochfrequenzentladung. Der Lichtbogen zwischen den beiden Hauptelektroden nimmt dann eine Form ähnlich dem schraffierten Gebiet an und wird durch die Luftströmung in die Elektrodenbohrungen hineingeblasen und ausgedehnt. Nach dem Strom-Nullwerden wirkt die Luftströmung so stark deionisierend, daß ein Wiederzünden ohne neuerliche Hilfsentladung nicht eintritt.

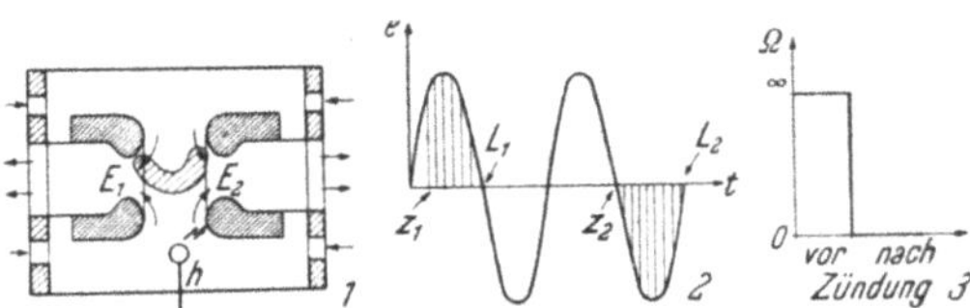

Abb. 8 a. Grundlagen der Marx-Hochspannungs-Stromrichter.

1. Ventilprinzip. E_1, E_2 ... gleichartige Hauptelektroden, h ... Hilfselektrode;
2. Arbeitsdiagramm zur Veranschaulichung der Richtungsauswahl. Je nach Lage von Z kann entweder die positive oder die negative Halbwelle — ganz oder teilweise — ausgenutzt werden;
3. Ersatzbild des inneren Widerstandes (nur angenähert gültig).

Das Arbeitsdiagramm Abb. 8 a, Fig. 2 zusammen mit der Widerstandskennlinie vermittelt den Charakter des Marx-Ventiles. Der Zündmoment Z bestimmt den abgegebenen Spannungsabschnitt, der Löschmoment L ist immer der Stromnulldurchgang. Das Ventil selbst hat keine ausgeprägte Stromdurchlaßrichtung; dieselbe wird vielmehr durch den Zündmoment in bezug auf die Phasenlage der wirkenden Spannung genau so wie das Ausmaß der

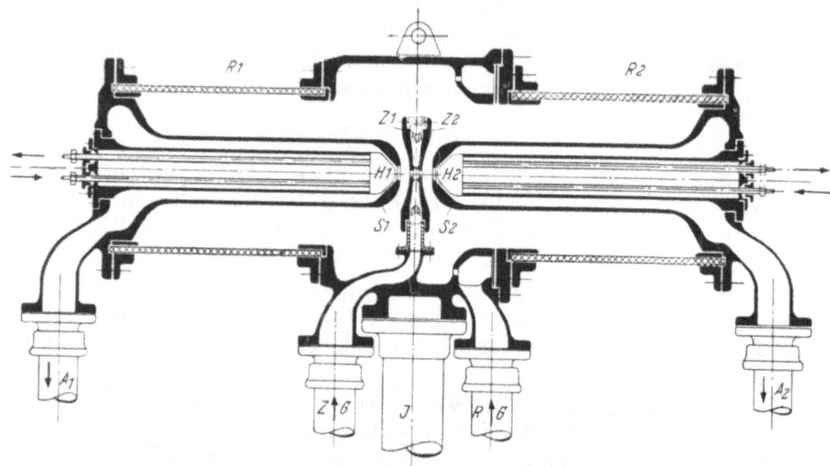

Abb. 8 b. Querschnitt durch ausgeführtes Marx-Ventil.
A_1, A_2 ... Luftableitungen; R_1, R_2 ... Elektrodenisolierrohre; H_1, H_2 ... Hauptelektroden; Z_1, Z_2 ... Zündelektroden; S_1, S_2 ... Schirmelektroden; J ... Isolierte Befestigung; Z G, R G ... Luftzuführungen.

Abb. 8 c. Innenansicht eines Hochspannungs-Versuchsfeldes mit drei Ventilen mit Spannungsteilung.
Strom ... 200 A Spannung ... 75 KV

Regelung festgelegt. Die Widerstandscharakteristik rechts gilt nur in grober Annäherung; tatsächlich wirkt während des Brennens der innere Lichtbogenabfall entgegen der treibenden Spannung.

Dieser ist in erster Annäherung als konstant anzusehen; sein Wert hat die Größenordnung von einigen hundert Volt, was aus Wirkungsgradrücksichten den Verwendungsbereich der Marx-Ventile auf entsprechend hohe Spannungen beschränkt.

Abb. 8 b zeigt den Querschnitt durch ein modernes Marx-Ventil, Abb. 8 c einen Blick in ein Versuchsfeld mit drei Teilstrecken-Ventilen. Die Hochdruckentladung (ca. 2 atü) im Marx-Ventil unterscheidet sich von den später ausführlich behandelten Niederdruckentladungen u. a. durch eine starke Entladungskonzentration auf einen engen Querschnitt. Nach der üblichen Entladungsterminologie handelt es sich hier um einen richtigen Lichtbogen zwischen festen metallischen Elektroden, dessen Fußpunkte (Brennflecke) einen nicht unbeachtlichen Elektrodenverschleiß zur Folge haben, so daß bei den Versuchsanordnungen ein Elektrodenaustausch nach 50 bis 100 Arbeitsstunden erforderlich ist.

Abb. 9. Luftgekühltes Hochleistungs-Hochvakuumventil. (Senderöhre.) Maximale Anodenspannung 15 kV. Höchster Emissionsstrom 35 A bei 90% Sättigung. Thorierte Kathode. Anodenabstrahlung — 20 kW — wird durch besonderen Kühler mit einwärts gerichtetem Luftstrom abgeführt. Kühlerfahnen in festem metallischem Kontakt mit Anode. 160 m³/min Kühlluft bei ca. 7 cm Wassersäule erforderlich. Der Porzellankörper dient sowohl als Luftführung als auch als isolierende Unterstützung.

English Electric Valve Co. Ltd. Chelmsford. 1949.

I, 4, 2, 2. Hochvakuumventile.

Ventile, die mit Entladungen im Hochvakuum — Restgasdruck 10^{-5} mm Hg — arbeiten, weisen drei grundsätzliche Kennzeichen auf: hohe Spannungsfestigkeit im Gegensinn zur Stromflußrichtung, die Möglichkeit einer sehr genauen und innerhalb des Brennens stetig veränderlichen Leitfähigkeit und einen hohen inneren Spannungsabfall. Diese Eigenschaften führten zu der ausgedehnten Verbreitung, welche die Hochvakuum-Ventile im allgemeinen in der Nachrichtentechnik und als Hochspannungstypen auch für manche andere Spezialzwecke gefunden haben. Der hohe innere Spannungsabfall stellt aber das Hindernis für eine breite Verwendung in der Stromrichter-Technik dar. Trotzdem legt die enge Verwandtschaft des konstruktiven Aufbaus der Hochvakuum-Ventile, speziell bei größeren Leistungen[2], mit den Dampfentladungsventilen einerseits und verschiedene Zusammenhänge

[2] Große Senderöhren z. B. haben wie Stromrichter-Gefäße beträchtliche Verlustwärmen mit sogar höherer spezifischer Intensität abzuführen. Die außerordentlich wirksame Anordnung des Anodenkühlers von Abb. 9 z. B. kann unmittelbar dem Stromrichterbau manche Anregung geben.

der elektrischen Vorgänge, die in Hochvakuum-Ventilen aber viel übersichtlicher verlaufen, anderseits es nahe, Verhalten und Aufbau derselben hier elementar zu skizzieren.

Die einfachste Form eines Hochvakuumventils ist die Diode (Abb. 10 a, Fig. 1). Hier ist eine dauernd zur Elektronenlieferung bereite Glühkathode G_k und eine einseitig stromdurchlässige Anode A vorgesehen. Sobald die Anode gegenüber der Kathode positiv wird, setzt eine Elektronenströmung zu ihr ein; der Verlauf derselben wird durch die rechts gezeigten Kennlinien in Abhängigkeit von der angelegten Spannung beschrieben. Liegt an einer Diode eine Wechselspannung, wie in dem mittleren Diagramm gezeigt, so schneidet die Diode nur Halbwellen aus derselben heraus. Wird in die Entladungsstrecke der vorbeschriebenen Anordnung eine gitterartige Zwischenelektrode eingefügt, wie dies in Abb. 10 b, Fig. 1, angedeutet ist, so wird aus der einseitig durchlässigen, einfachen Diode ein einseitig durchlässiges, regelbares Ventil, die Triode. Das Gitter schirmt die Anode gegenüber der Kathode ab, wenn es entsprechend negatives Potential erhält, und läßt je nach der Art des Potentialverlaufs am Gitter zwei grundsätzlich verschiedene Wirkungen erzielen. Erhält die Anode eine Wechselspannung e, wie in Abb. 10 b, Fig. 2, dann wird Veränderung einer Gleichspannung am Gitter ausreichen, um das Zünden früher oder später zu bewerkstelligen. Man wird daher bei verschiedenen Gitterspannungen (e', e'', e''') Anodenströme I wie die schraffierten Kurventeile erhalten.

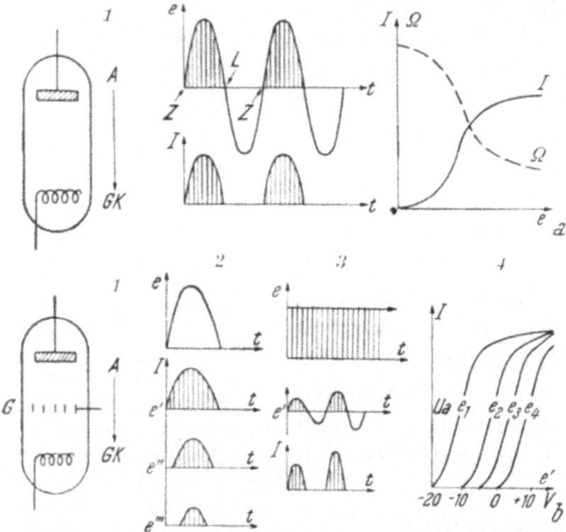

Abb. 10. Pulsfestlegung und Regelung bei Hochvakuumventilen.

a) Diode: einseitiger Stromfluß, solange Spannung positiv, beendet durch Spannungsumkehr; keine Regelmöglichkeit;

b) Triode: einseitiger Stromfluß, sobald Anode positiv; Regelung durch Veränderung der Gitterspannungshöhe e_g, innerer Widerstand b_3 anodenspannungsbedingt. b_1 Regelschema bei Wechselspannungsspeisung, b_2 dtto. bei Gleichspannungsspeisung.

e bzw. $e_1 \ldots e_4 \ldots$ Anodenspannungen,
e' bzw. e'' u. $e''' \ldots$ Gitterspannungen.

Liegt hingegen an der Anode eine Gleichspannung und erhält das Gitter eine Wechselspannung wie in Diagramm Abb. 10 b, Fig. 3, dann erhält man im Anodenkreis im Takt und im Verhältnis der Gitterspannungsänderungen modulierte Stromhalbwellen. Der Zusammenhang zwischen Anodenspannung, Gitterspannung und Anodenstrom wird durch Rohr-Kennlinienfelder entsprechend Abb. 10 b, Fig. 4, wiedergegeben. Die geometrisch übersichtlichen Verhältnisse des Systemaufbaues und die unipolaren Vorgänge der Elektronenströmung im Hochvakuum erlauben weitgehende Vorausberechnungen der das Leistungsvermögen charakterisierenden Rohr-Kennlinien. Die umfangreiche Fachliteratur [19] ermöglicht eine eingehende Verfolgung sowohl der elektrischen Verhältnisse in Hochvakuum-Röhren sowie der konstruktiven und technologischen Probleme.

I, 4, 2, 3. Niederdruck-Ventile.

Niederdruckentladungen in bestimmten Gasen und Metalldämpfen weisen zum Teil geradezu ideale Eigenschaften für Stromrichter-Gefäße auf. Die Verwendung von Quecksilberdampf [20] geht weit über 50 Jahre zurück; seit dem ersten Weltkrieg ist eine Jahr für Jahr zunehmende Steigerung der Anwendung von Niederdruckentladungsgefäßen teils durch die Einbeziehung von Edelgasen, teils zufolge Verbesserung der Gefäßkonstruktionen zu beobachten. Solche Niederdruck-Stromrichter-Gefäße stellen den eigentlichen Gegenstand dieses Buches dar, der in den folgenden vier Kapiteln behandelt wird, nämlich:

Kapitel II . . Physikalische Grundlagen,
Kapitel III . . Allgemeines Wirkungsbild,
Kapitel IV . . Gefäße und Gefäßbestandteile,
Kapitel V . . Leistungsvermögen und Betriebseigenschaften.

II. Physikalische Grundlagen der Niederdruckentladungen.

Bei der praktischen Verfolgung von Konstruktions- und Betriebsfragen von Stromrichter-Gefäßen macht sich der Mangel einer Zusammenstellung der wichtigsten physikalischen Begriffe und Grundvorstellungen der Niederdruck-Dampf- und Gasentladungsphysik oft störend bemerkbar. In den verschiedenen Hand- und Lehrbüchern [21] sind die Niederdruckentladungsprobleme verständlicherweise nur im Zusammenhang einer allgemeinen Darstellung von Entladungen oder Lichtbögen gebracht. Dadurch sind einerseits die Probleme speziellen Interesses erst aus dem allgemeinen Zusammenhang herauszuschälen und anderseits häufig überdies aus verschiedenen Werken zusammenzuholen, wie die jeweiligen Autoren eben einzelne Details einbeziehen wollten oder ihnen entsprechende Zahlenwerte zur Verfügung standen. In den folgenden Abschnitten ist nun eine Zusammenfassung solcher Daten und Vorstellungen gegeben, wie sie der Verfasser im Lauf der Zeit für die Behandlung von Stromrichter-Gefäßproblemen zusammengetragen hat. Für ein näheres Eingehen auf die allgemeinen physikalischen Zusammenhänge muß natürlich auf die Lehrbücher und die speziellen Arbeiten der Literaturnachweise zurückgegriffen werden.

Die in den Stromrichter-Gefäßen ausgenützten Entladungen erfolgen durchwegs in Gasen oder Dämpfen tief unter Atmosphärendruck (Druckbereich 10^{-6} bis 10^{-2} at). Es sind Ladungsträger atomaren Ausmaßes, welche den Stromfluß innerhalb der im Gefäß bestehenden Unterbrechung des im übrigen metallisch leitenden Stromkreises des Stromrichter-Systems bewirken. Stromfluß zufolge Bewegung freier Ladungsträger (in Gasen oder Flüssigkeiten) wird als Konvektionsstrom im Gegensatz zu metallischen Leitungsströmen und dielektrischen Verschiebungsströmen bezeichnet.

II, 1. Konvektionsstrom.

Die Intensität eines durch Ladungstransport zustandekommenden Konvektionsstromes [22] beträgt:

$$i = (z \cdot \varepsilon) \cdot (n_+ \cdot v_+ + n_- \cdot v_-) \text{ Amp/cm}^2. \qquad \text{(II, 1)}$$

Darin bedeutet:

ε .... elektrisches Elementarquantum (= Ladung des Elektrons) = $1{,}59 \cdot 10^{-19}$ Ampsec;

z .... Anzahl der Elementarquanten je Ladungsträger;

n_+ bzw. n_- ... Anzahl der positiven bzw. negativen Ladungsträger je cm^3;

v_+ bzw. v_- ... Geschwindigkeit der Ladungsträger in Richtung des Stromflusses (Driftgeschwindigkeit).

Gl. (II, 1) vermittelt den Zugang zu dem Großteil quantitativer und qualitativer Betrachtungen der Niederdruckentladungen überhaupt. Vor Eingehen auf die Bedeutung der einzelnen Größen muß man sich daran erinnern, daß in einem elektrischen Stromkreis, der in einem Stück durch Konvektion geschlossen wird, der Stromfluß nicht diskontinuierlich durch das Einlangen diskreter Ladungen erfolgt, etwa wie eine Wasserförderung durch eine Kolbenpumpe. Vielmehr besteht dauernd während der Bewegung jedes einzelnen Ladungsträgers ein durch dessen Geschwindigkeit bestimmter Strom, der beim Einlangen der Ladungsträger an der Grenzfläche beendet wird. Die den Konvektionsstrom bildenden Ladungsträger können entweder durch äußere Einflüsse (ultraviolette oder kosmische Strahlung) innerhalb der Entladungsstrecke gebildet werden, oder sie werden durch einen besonderen Prozeß absichtlich an einer der Grenzflächen aus deren Metallverband losgelöst. In beiden Fällen setzt in dem Moment, in dem die Bewegung eines freigemachten Ladungsträgers in der Verbindungsrichtung der Enden des metallischen Stromkreises beginnt, ein entgegengesetzter Ladungstransport in letzterem ein, der mit dem Neutralisieren der Konvektionsladung am Endpunkt ihrer Bewegung seinen Abschluß findet.

Die Anwesenheit von Dampf bzw. Gas in der Entladungsstrecke bewirkt wegen der thermischen Bewegung der einzelnen Moleküle eine dauernde Beeinflussung der Ladungsträger des Konvektionsvorganges. Im Hinblick auf die Mannigfaltigkeit dieser termischen Einflüsse und auf ihre spezielle Bedeutung für die Entladungsvorgänge sollen vor einer weiteren Erörterung der Größen von Gl. (II, 1) die elementaren Beziehungen der Gasmoleküle untereinander mit Berücksichtigung der speziell in Frage kommenden Zahlenwerte aufgeführt werden.

II, 2. Elemente der kinetischen Gastheorie.

II, 2, 1. Druck auf Gefäßwände und Gastemperatur.

Die kinetische Gastheorie [23] lehrt, daß der Druck, den ein Gas auf die Wände des dasselbe einschließenden Behälters ausübt, eine Folge seines Energieinhaltes ist, der seinerseits der Temperatur des Gases proportional ist. Der Druck selbst kommt dadurch zustande, daß die einzelnen Gasteilchen (Moleküle) sich in dauernder Bewegung befinden und dabei von den Wänden elastisch reflektiert werden, so daß der Druck die Summe der in der Zeiteinheit sich ergebenden Impulsänderungen an den Wänden vorstellt. Die Grundgleichung der kinetischen Gastheorie drückt diese Zusammenhänge folgendermaßen aus:

$$p = \frac{n}{3} \cdot m \tilde{v}^2 = k \cdot T \cdot n. \qquad \text{(II, 2)}$$

Darin bedeutet:

p . . . Druck in Dyn/cm²;
n . . . Molekelzahl je Volumseinheit, d. h. je cm³;
m . . . Molekelmasse in grm;
$\tilde{v}^2$ . . . mittleres Geschwindigkeitsquadrat der Moleküle cm²/sec²;
k . . . $1{,}38 \cdot 10^{-16}$ erg/grad (Boltzmann-Konstante);
T . . . absolute Temperatur in °K.

Jede der drei senkrechten Koordinaten (x, y, z) eines Bezugspunktes repräsentiert einen Freiheitsgrad. Nach dem Gleichaufteilungs-(Äquipartitions-)satz enthält jeder Freiheitsgrad gleich viel Energie; daher ist

$$\tilde{v}^2 = \tilde{\xi}^2 + \tilde{\eta}^2 + \tilde{\zeta}^2,$$

wobei $\tilde{\xi}^2$, $\tilde{\eta}^2$, $\tilde{\zeta}^2$ die mittleren Geschwindigkeitsquadrate in x, y, z vorstellen. Gl. (II, 2) bedeutet daher die Impulsänderung in *einer* (senkrecht zur Wandfläche verlaufenden) Richtung.

Die rechte Seite von Gl. (II, 2) bedeutet die in der Molekültranslation für einen Freiheitsgrad enthaltene thermische Energie. Wenn die Teilchen außerdem Rotations- und Schwingungsenergie besitzen, erhöht sich die thermische Energie entsprechend, ohne aber auf den Druck Einfluß zu nehmen. Hg-Dampf ist einatomig und hat keine Molekül-Rotationen oder -Schwingungen.

Druckangaben sind in der Literatur über Gasentladungen leider nicht einheitlich durchgeführt. Mit den Angaben der folgenden Tabelle lassen sich die Umrechnungen zwischen den einzelnen Einheiten leicht durchführen.

Tabelle III. Zusammenhänge zwischen den verschiedenen Druckeinheiten.

1 Atmosphäre	= 1 kg/cm²	= 760 mm Hg-Säule	= $1{,}01 \cdot 10^6$ Dyn/cm²
1 Torr	= 1 mm Hg-Säule		
1 Mikron	= 0,001 Torr	= 0,001 mm Hg-Säule	
1 Bar	= 10^6 Dyn/cm²	= 750,0 mm Hg-Säule	

Bei gaskinetischen Betrachtungen werden verschiedene elementare Zusammenhänge zwischen Gasdruck, Gas-Dichte und -Temperatur immer wieder verwendet. In der folgenden Tab. IV sind die wichtigsten diesbezüglichen Relationen zusammengestellt.

Tabelle IV. Elementare gaskinetische Relationen.

Ideale Gasgleichung .... $pV = RT$ (II, 3)

Gaskonstante............... $R = 8{,}31 \cdot 10^7$ erg/mol ^{0}K

Absolute Temperatur .... $T = (t^0\,C + 273)\,^0K$ Gasdruck p in Dyn/cm²

Molekülmasse.............. $m = \frac{M}{N}$ grm (II, 3a)

Molekulargewicht M, z. B. $M_{Hg} = 201$

Loschmidt-Zahl............. N (Anzahl Moleküle pro mol [grammol])

$N = 6{,}02 \cdot 10^{23} \frac{\text{Moleküle}}{\text{mol}}$

(1 mol sind so viel Gramm der betreffenden Substanz, als ihr Molekulargewicht angibt.)

Gas-Dichte................. $n = \frac{N}{V} \frac{\text{Moleküle}}{\text{cm}^3}$ (II, 3b)

Mol-Volumen............... $V \frac{\text{cm}^3}{\text{mol}}$

$V_0 = 22{,}4$ lit bei 0^0 C und 760 Torr, unabhängig von Gasart

Mol-Dichte .... $d = \frac{1}{V} \frac{\text{mol}}{\text{cm}^3}$ (II, 3c)

Dichte-Umrechnungen:

$$n_0 = n\,(760, 0^0\,C) = \frac{N}{V_0} = 2{,}70 \cdot 10^{19} \frac{\text{Moleküle}}{\text{cm}^3, \text{atm}}$$

$$n\,(p, T) = n_0 \cdot \frac{p}{p_0} \cdot \frac{T_0}{T} \frac{\text{Moleküle}}{\text{cm}^3}$$

$$n\,(1, 0^0\,C) = 3{,}35 \cdot 10^{16} \frac{\text{Moleküle}}{\text{cm}^3, \text{Torr}}$$

II, 2, 2. Molekülgeschwindigkeiten und Geschwindigkeitsverteilung.

Die Geschwindigkeit der einzelnen Teilchen eines Gases ändert sich zufolge der dauernden Zusammenstöße ständig nach Größe und Richtung. Betrachtet man in einem Augenblick die Gesamtheit aller Teilchen, so wird es einige wenige Teilchen mit extremen und viele mit mittleren Geschwindigkeiten geben. Die zahlenmäßige Darstellung der Aufteilung der einzelnen Geschwindigkeitswerte auf eine gegebene Molekülzahl ist erstmalig Maxwell gelungen. Diese Maxwellsche Geschwindigkeitsverteilung wird durch eine Wahrscheinlichkeitsfunktion beschrieben:

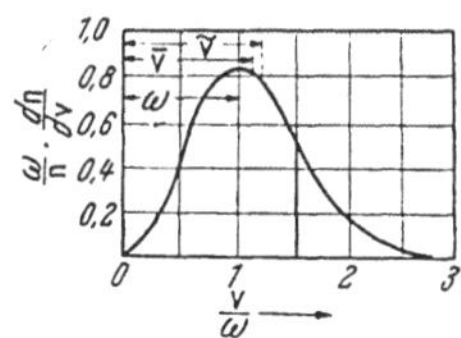

Abb. 11. Maxwellsche Geschwindigkeitsverteilung. Die Wahl der (nach Steenbeck) auf ω (wahrscheinlichste Geschwindigkeit) bezogenen Koordinaten ergibt eine einfache Darstellung der Wahrscheinlichkeitsfunktion. Um in einem bestimmten Fall (Gas mit Molekülmasse m, Druck p und Temperatur T) die Anzahl der in dem Geschwindigkeitsbereich zwischen v und dv fallenden Moleküle zu finden, berechnet man nach Gl. (II, 5 a) bzw. Gl. (II, 3 b) die wahrscheinlichste Geschwindigkeit ω und die Gasdichte n. Beträgt z. B. $v = 1{,}5\,\omega$ und $dv = 0{,}1\,v$, dann erhält man die gesuchte Anzahl dn durch Multiplikation der $\frac{v}{\omega} = 1{,}5$ entsprechenden Ordinate $\frac{\omega}{n}\frac{dn}{dv} = 0{,}5$ mit $n \cdot \frac{dv}{\omega}$; in dem speziellen Fall also erhält man $dn = 0{,}075\,n$.

$$dn = \frac{4}{\sqrt{\pi}} \cdot n \cdot \frac{v^2}{\omega^3} \cdot e^{-\frac{v^2}{\omega^3}} \cdot dv, \qquad \text{(II, 4)}$$

die in Abb. 11 dargestellt ist. Gl. (II, 4) gibt an, wieviel Moleküle dn bei einer Gesamtheit von n Molekülen Geschwindigkeiten zwischen v und v + dv besitzen. ω ist die bei der betrachteten Temperatur T häufigste, d. h. wahrscheinlichste Geschwindigkeit. Bei gaskinetischen Betrachtungen erweist es sich notwendig, mit verschiedenen Geschwindigkeitswerten zu operieren, die aus begrifflichen Gründen scharf auseinanderzuhalten sind. Es sind dies:

$$\omega = \sqrt{2k} \cdot \sqrt{\frac{T}{m}} = 1{,}29 \cdot 10^4 \sqrt{\frac{T}{M}} \qquad \text{(II, 5 a)}$$ wahrscheinlicher Wert,

$$\tilde{v} = \sqrt{3k} \cdot \sqrt{\frac{T}{m}} = 1{,}58 \cdot 10^4 \sqrt{\frac{T}{M}} \qquad \text{(II, 5 b)}$$ Mittelwert der Quadrate (folgt aus Druckmessungen),

$$\bar{\bar{v}} = \sqrt{\frac{8k}{\pi}} \cdot \sqrt{\frac{T}{m}} = 1{,}45 \cdot 10^4 \sqrt{\frac{T}{M}} \qquad \text{(II, 5 c)}$$ arithmetischer Mittelwert.

Zahlenwerte von $\tilde{v}$ für gesättigten Hg-Dampf von verschiedenen Temperaturen finden sich in Tab. VI im nächsten Abschnitt.

II, 2, 3. Freie Weglänge und mittlere Stoßzahl.

Die mittlere freie Weglänge ist jene Strecke, die ein Molekül durchschnittlich zwischen zwei aufeinanderfolgenden Zusammenstößen mit anderen Molekülen oder Atomen seinesgleichen zurücklegt; sie ist durch folgenden Ausdruck bestimmt:

$$\lambda = \frac{1}{\sqrt{2} \cdot \pi (2\,a)^2 \cdot n}\ \text{cm}. \qquad \text{(II, 6)}$$

a bedeutet den Molekülradius, der nach verschiedenen Methoden bestimmt werden kann.

Tab. V. Molekülradien (nach innerer Gasreibung gemessen) aus L. B. Loeb [21].

Substanz	Hg*	A	Kr	Xe	Ne
$a \cdot 10^8$ cm	1,82	1,43	1,5	1,75	1,17

* Werte schwanken stark je nach angewandter Methode.

Handelt es sich aber um Zusammenstöße mit schnellen Elektronen, dann entfällt $4\sqrt{2}$ im Nenner von (II, 6).

Die mittlere freie Weglänge ist eine wichtige Kenngröße zur Beurteilung des Einflusses der Abmessungen der Apparate auf die einzelnen Vorgänge. Ist λ klein im Verhältnis zu dem Querschnittsdurchmesser, dann spielen die apparaturmäßigen Begrenzungen eine vernachlässigbare Rolle, umgekehrt werden Strömungen jeder Art durch die Wände grundsätzlich beeinflußt, wenn λ über die Wandabstände hinauswächst.

Tab. VI. Mittlere freie Weglänge λ_s und mittlere Geschwindigkeiten $\bar{v}$ in gesättigtem Quecksilberdampf für verschiedene Sättigungstemperaturen t_s.

t_s	−10	0	+10	+25	+75	+100	+150	+200	+250	°C
$\bar{v}$	18000	18350	18650	19200	20800	21450	22900	24200	25400	cm/sec
λ_s	83,5	30,2	11,8	3,50	0,100	0,0232	0,00263	0,00046	0,00014	cm

Umrechnung der mittleren freien Weglänge für andere Temperaturen T bei Überhitzung (p, T) erfolgt nach

$$\lambda = \lambda_s \cdot \frac{p_s}{T_s} \cdot \frac{T}{p}. \qquad \text{(II, 7)}$$

p_s, T_s, λ_s . . . Werte für Sättigungszustand.

Die mittlere Anzahl der Zusammenstöße eines Moleküls mit anderen gleichartigen je Zeiteinheit ist

$$S_{raum} = \frac{\bar{\bar{v}}}{\lambda}. \tag{II, 8}$$

Ein verwandter, häufig wiederkehrender Begriff ist die in der Zeiteinheit auf die Flächeneinheit der Begrenzungswände auftreffende Molekülzahl:

$$S_{wand} = \frac{n \cdot \bar{\bar{v}}}{4} \text{ Moleküle/sec cm}^2. \tag{II, 9}$$

II, 2, 4. Diffusion.

In einem abgeschlossenen Behälter wird ein Gasgemisch im allgemeinen, wenn nicht besondere Einflüsse (z. B. ein Kraftfeld) vorliegen, gleichmäßig über den ganzen Raum verteilt sein, d. h. Dichte (Molekülzahl pro Volumseinheit), Mischungsverhältnis der einzelnen Komponenten und Temperatur (Energie) wird an jeder Stelle gleich groß sein. Es finden sich aber gelegentlich durch später näher erörterte Ursachen auch ohne Einwirkung äußerer Felder an einzelnen Stellen des Raumes Unterschiede in dem Mischungsverhältnis, die entweder einmalige Störvorgänge sein oder dauernd aufrecht erhalten werden können. Als Folge solcher lokaler Konzentrations-Unterschiede kommt es durch die thermische Bewegung der einzelnen Moleküle zu Ausgleichsvorgängen, die eine Vergleichmäßigung der gestörten Verteilung zu bewirken trachten. Man bezeichnet den auf diese Weise zustandegekommenen Massentransport als Diffusion.

Besteht das Gasgemisch aus zwei Komponenten A und B und ist das Mischungsverhältnis $\frac{n_A}{n_B}$ nicht einheitlich im ganzen Gasvolumen, dann wird der Massentransport (Diffusion) durch das erste Ficksche Gesetz, wie folgt, angegeben:

$$\frac{1}{F} \cdot \frac{\Delta Z_A}{\Delta t} = D \cdot \frac{\Delta K_A}{\Delta x} \, \frac{\text{Moleküle}}{\text{cm}^2 \text{ sec}}. \tag{II, 10}$$

Darin bedeutet:

ΔZ_A . . . die in der Zeit Δt durch den Querschnitt F (cm²) hindurchdiffundierende Molekülzahl der Komponente A,

D . . . die Diffusionskonstante $\frac{\text{cm}^2}{\text{sec}}$,

$K_A = \frac{n_A}{n_A + n_B}$ . . . Konzentration der Komponente A,

$\frac{\Delta K_A}{\Delta x}$ . . . Konzentrationsgefälle cm⁻¹.

Der allgemeine Ausdruck für die Diffusionskonstante ist:

$$D = \frac{1}{3} C \lambda \bar{\bar{v}}, \qquad \text{(II, 11)}$$

wobei C — von Größenordnung 1 — die besonderen Moleküleigenschaften berücksichtigt. Verhält sich ein Gas nach der idealen Gasgleichung, dann gilt für die Diffusionskonstante

$$D = b \cdot k \cdot T \qquad \text{(II, 12)}$$

k = Boltzmannkonstante,

b ist die Beweglichkeit $\frac{\text{cm}}{\text{sec Dyn}}$ der Moleküle, das ist jene Geschwindigkeit, die das Molekül bei der betreffenden Gasdichte unter der Einwirkung der Kraft 1 annimmt.

II, 2, 4, 1. Diffusion bei Temperaturgefällen (Thermodiffusion).

Enskog [24] hat 1917 theoretisch nachgewiesen, daß die Anwesenheit eines Temperaturgefälles den normalen Diffusionsvorgang beeinflußt. Wird demnach in einem Behälter, der aus einem wärmeren und einem kälteren Teil besteht, anfänglich ein Gemisch aus schwereren und leichteren Molekülen A bzw. B mit einheitlicher Konzentration K_A bzw. K_B eingeschlossen, so tritt als Folge der Thermodiffusion im kälteren Teil eine Anreicherung der schwereren Teilchen ein. Der durch die Thermodiffusion bewirkte stationäre Endzustand an einer Stelle mit der Temperatur T* wird nach S. Chapman (24 a) beschrieben durch

$$K_A^* = -k_T \ln T^* + \text{const} \qquad \text{(II, 13 a)}$$

und daher

$$K_A' - K_A = k_T \ln (T/T'). \qquad \text{(II, 13 b)}$$

K_A bzw. K_A' bedeutet die Mischungsverhältnisse $\frac{n_A}{n}$ bzw. $\frac{n_A'}{n}$ an den verschieden warmen Stellen T bzw. T'. Der Thermodiffusion-Koeffizient k_T selbst ist eine zusammengesetzte Größe, die weitgehend durch die Molekülbeschaffenheit und die zwischen den Molekülen wirkenden Kräfte bestimmt ist. Die Trennwirkung eines Wärmefeldes auf eine ursprünglich gleichmäßige Gasmischung ist nicht sehr groß[3]; sie wird aber immerhin bereits für

[3] S. Chapman [24 a] erwähnt als Beispiel, daß bei einer Wasserstoff-Stickstoffmischung 32,7/67,3 % und einem Temperaturunterschied von 274° C auf 11° C die endgültige Konzentrationsänderung $100 (K_A' - K_A) = 3{,}62$ betrug, was in diesem speziellen Fall auf $k_T = 0{,}1$ schließen läßt. Die heutigen praktischen Kenntnisse über die Thermodiffusion sind noch relativ gering; sicher ist aber, daß k_T mit zunehmenden Konzentrationsunterschieden abnimmt.

Isotopentrennung ausgenützt. In einem Temperaturfeld muß ein ähnlicher Mechanismus auch beim Ausgleich bestehender Konzentrationsunterschiede wirksam sein. Wichtig ist der Fall der Eindiffusion aus einem kühlen Reservoir hoher Konzentration in ein warmes, niederer Konzentration. Ist z. B. an einem Stutzen wie in Abb. 27 ein Temperaturgefälle vorhanden (das der Mündung abgewandte Ende soll wärmer sein), so läßt sich mit Hilfe der Chapmanschen Betrachtungsweise unhomogener Gasverteilungen die Diffusionserschwerung in den Stutzen in erster Annäherung wie folgt berechnen:

In der Zeiteinheit bewegen sich durch einen beliebigen Querschnitt des Stutzens in der +z-Richtung $\frac{1}{4}\left(\zeta n - \mathfrak{f}\lambda \frac{\delta \zeta n}{\delta z}\right)$ Moleküle der betrachteten Art, während $\frac{1}{4}\left(\zeta n + \mathfrak{f}\lambda \frac{\delta \zeta n}{\delta z}\right)$ in der umgekehrten Richtung erscheinen werden. Der Unterschied zwischen den beiden Richtungen ergibt sich zufolge der Bezugnahme auf einen nach beiden Seiten erstreckten Raum (Abstand $\mathfrak{f} \cdot \lambda$), aus welchem die den betrachteten Querschnitt durchquerenden Teilchen herrühren. ζ ist die mittlere Geschwindigkeit der Moleküle im betrachteten Querschnitt. Dabei ist links die Temperatur und die Teilchengeschwindigkeit etwas höher, die Dichte aber kleiner, während rechts die Verhältnisse umgekehrt liegen. ($\mathfrak{f}$ ist von der Größenordnung 1 zu erwarten.) Nach Differentiation des Produktes $\zeta \cdot n$ erhält man durch Subtraktion der beiden entgegengerichteten Massebewegungen die tatsächliche Teilchenzahl Φ, die je Zeiteinheit durch die Querschnittseinheit diffundiert.

$$\Phi = \frac{1}{4}\mathfrak{f}\lambda \left\{\zeta \frac{\delta n}{\delta z} + n \frac{\delta \zeta}{\delta T} \cdot \frac{\delta T}{\delta z}\right\}$$

bzw. nach Substitution $\zeta = \sqrt{\frac{8kT}{\pi m}}$

$$\Phi = \frac{1}{4}\mathfrak{f}\lambda \sqrt{\frac{8k}{\pi m}} \left\{\sqrt{T}\frac{\delta n}{\delta z} - \frac{n}{2\sqrt{T}} \cdot \frac{\delta T}{\delta z}\right\}. \qquad \text{(II, 14)}$$

Der erste Ausdruck in Gl. (II, 14) entspricht der normalen Diffusion zufolge des Konzentrationsunterschiedes $\frac{\delta n}{\delta z}$, der zweite aber der durch das Temperaturgefälle $-\frac{\delta T}{\delta z}$ hervorgerufenen Diffusionsbeeinträchtigung bezogen auf ein Stück Stutzenlänge gleich der freien Weglänge λ.

II, 2, 5. Molekülverteilung im Potentialfeld (Boltzmann-Verteilung).

Die thermische Bewegung der einzelnen Gasmoleküle bewirkt, daß in einem Raum, solange keine äußeren Kräfte einwirken, die Verteilung mengenmäßig an allen Stellen die gleiche ist. Tritt jedoch eine äußere Beeinflussung der einzelnen Teilchen auf, wie es z. B. das Schwerefeld vorstellt, dann ergibt sich eine örtliche Verschiedenheit der Gasdichte. Die Aufklärung der diesbezüglichen quantitativen Verhältnisse gelang als erstem Boltzmann, der nachwies, daß bei Auftreten eines äußeren Feldes wohl an jedem Punkt desselben eine Maxwellsche Geschwindigkeitsverteilung vorliegt, daß aber die Dichte im Feld selber durch einen vom Potential des betrachteten Punktes abhängigen Faktor bestimmt wird. Dieser Faktor ist eine e-Potenz, deren Exponent das negative Verhältnis der durch das Potential des Aufpunktes bestimmten Energie des einzelnen Teilchens zu seiner mittleren thermischen Energie ist. Demnach lautet die Dichteverteilung unter Einwirkung eines äußeren Feldes

$$n = n_0 \cdot e^{-\frac{P}{k \cdot T}}. \qquad \text{(II, 15)}$$

Darin bedeutet

n_0 . . . die Molekülzahl ohne Einwirkung eines äußeren Feldes,
n . . . die Molekülzahl unter Einwirkung des äußeren Feldes,
P . . . die potentielle Energie, die das einzelne Molekül an der betrachteten Stelle des Feldes durch dasselbe gewinnt (z. B. $= mgH$ im Schwerefeld),
H . . . Höhenunterschied.

I. Langmuir [25 a] hat bei molekularen Ladungsträgergemischen weitgehende Gültigkeit der gaskinetischen Vorstellungen nachgewiesen und damit eine quantitative Behandlung der Niederdruckentladungen erleichtert. Mit Bezugnahme auf den von Langmuir für Träger- und Neutralgasgemische gewählten Ausdruck „Plasma" bezeichnet man die gaskinetische Behandlung von solchen Gemischen als „Plasmatheorie". Vor Eingehen in die Grundzüge derselben ist aber noch ein Überblick über die verschiedenen Plasma-Komponenten, d. h. die Art der einzelnen Teilchen erforderlich, die sich in den Niederdruckentladungen finden.

II, 3. Mediumszustand der Entladungsstrecke.

Das Fließen des Konvektionsstroms einer Niederdruckentladung ist mit auffälligen Lichterscheinungen verbunden, die schon frühzeitig als Schlüssel zum Verständnis des Zustandes der Entladung und der Art der Träger vorausgeahnt wurden.

Vor allem das spektrale Bild variiert in weiten Grenzen je nach den besonderen Versuchsbedingungen. Abb. 12 erinnert an einige diesbezügliche Hg-Dampfentladungsbeobachtungen [26] von J. Stark aus 1904. Das Auftreten von mehr oder weniger Linien im Spektrum, das Überwiegen von Linien- oder Bandenspektren in der Entladung nach den jeweiligen elektrischen oder örtlichen Bedingungen oder das Auftreten von leuchtenden Abzweigerscheinungen außerhalb der Entladungsbahn mit einer magnetisch beeinflußbaren und einer unbeeinflußbaren Komponente läßt die Vielfalt und gegenseitige Verknüpfung der hinter dem äußeren Bild verborgenen Elementarprozesse fühlen. Lord Raleigh [27] hat die Starkschen Abzweigerscheinungen später wieder aufgegriffen und beträchtliche Veränderungen in der Linienzusammensetzung vor und nach dem Abzweig festgestellt, wie Abb. 13 als Beispiel zeigt.

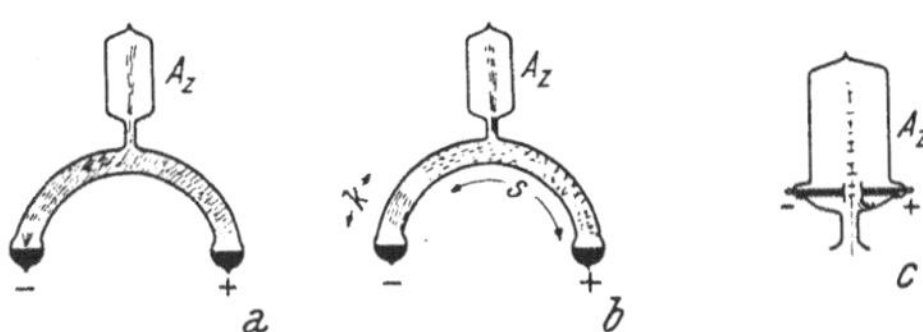

Abb. 12. Strom- und Druckeinflüsse auf das Niederdruck-Hg-Dampf-Spektrum und Austritt von Leuchterscheinungen in abgezweigte, elektrisch feldfreie Räume. (J. Starks Beobachtungen von 1904.)

Versuchsanordnung: halbkreisförmig gebogene Entladungsstrecke ca. ∅ 1,5 bis 2 cm; Hg-Elektroden an beiden Enden. Abzweig A_z an Scheitel mit eingebauten Plattenelektroden.

Hauptentladung	Leuchterscheinung in Abzweig A_z
a Lichtbogen mit 2—5 Amp	rötlich-weißes Bündel mit Linienspektrum, gelegentlich Schichtung
rötlich-weißes Linienspektrum	starker Plattenstrom für gegebenen Potentialunterschied V, Strahlablenkung zur positiven Platte
b Glimmstrom 0,1—10 mA rötlich-weißes Linienspektrum überwiegt im kathodischen Glimmgebiet k	grüner Dampfstrahl mit Bandenspektrum u. schwacher Beimischung von Linien
grünes Bandenspektrum überwiegt in der (positiven) Säule s bei schwachen Drukken	schwacher Plattenstrom für selben Potentialunterschied wie bei a keine Ablenkung durch Plattenfeld
	c Abzweig vergrößert

Es hat lange Zeit gedauert, die richtigen Deutungen der verschiedenen Beobachtungen in Hinblick auf die denselben zugrunde liegenden Elemente und atomaren Vorgänge zu finden. Hierzu war es notwendig, durch besondere Experimentierkunst die einzelnen Elementarprozesse aus der Gesamtheit des Entladungsvorganges auszulösen. Schon um die Jahrhundertwende haben Lennards [28] und G. J. Thomsons [21g] Untersuchungen zur Feststellung des Elektrons als kleinstem freiem negativem Elek-

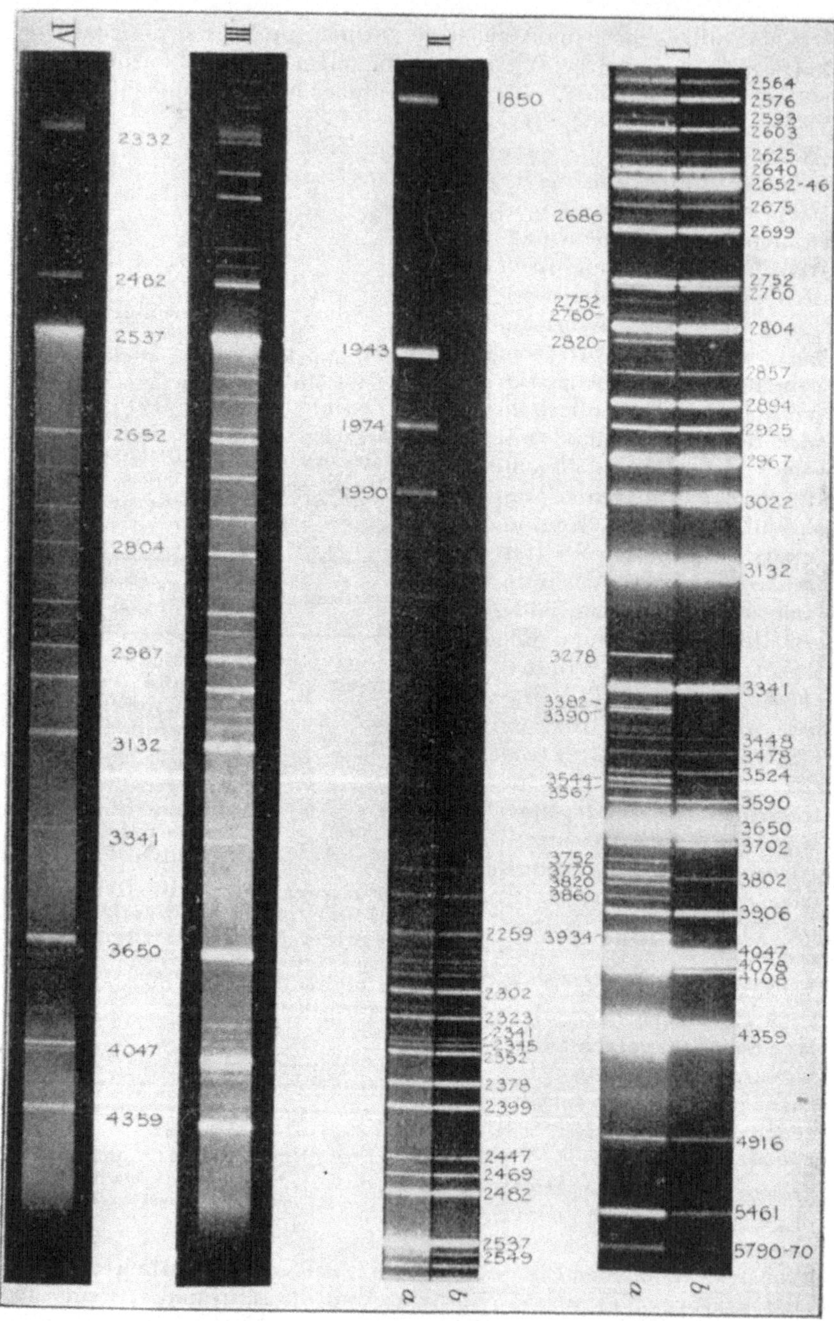

Abb. 13. Hg-Dampf-Spektren (nach Lord Raleigh).
a . . . von Entladung; b . . . von Abzweigererscheinung (Plasma gealtert).

trizitätsträger geführt und auch die Erkenntnis von der Elektronenbildung durch Stöße zwischen Molekülen und Ladungsträgern gebracht.

Die Rolle der einzelnen Moleküle bzw. Atome des Mediums der Entladungsstrecke in bezug auf die Lichtaussendung aber wurde erst 1914 von G. Hertz [29] durch seine systematische Erfassung der Stoßprozesse aufgeklärt. Demnach ist die Aussendung einer bestimmten Linie des Spektrums das Kennzeichen dafür, daß Moleküle durch Stoßprozesse in einen bestimmten, genau der beobachteten Linie entsprechenden, energiereicheren Zustand — Anregestufe — versetzt worden waren und daß ein entsprechender Energiebetrag bei der Rückkehr in den Normalzustand des Moleküls als Strahlungsenergie freigemacht wird.

Durch Erhöhung der beim Stoß übertragenen Energie kann man die Anzahl der Linien vergrößern und damit die entsprechenden Anregestufen einzeln feststellen. Die Idee des Isolierens der einzelnen Stoßprozesse hat sich für das Studium der an der Entladung beteiligten Elemente als außerordentlich fruchtbar erwiesen. Mit Hilfe von Modifikationen und Verfeinerungen der Hertzschen Idee wurden eine ganze Reihe verschiedener Zustände der Moleküle bzw. Atome des Mediums der Entladungsstrecke gefunden. Kenntnis derselben ist für das Verständnis der Entladungserscheinungen von grundlegender Bedeutung. Daher werden in den folgenden Abschnitten unter Anlehnung an F. Arnot [30] die wichtigsten isolierten Stoßprozeßuntersuchungen und deren Ergebnisse etwas eingehender beschrieben. Die Hauptzüge der für die Feststellung bestimmter Stufen verwendeten Apparaturen sind dabei in ihren Hauptzügen skizziert, um ein Urteil bilden zu können, wie weit die Übertragung der unter speziellen Verhältnissen gewonnenen Resultate auf eine andere Anordnung und speziell auf einen technischen Apparat zulässig ist.

II, 3, 1. Isolierte Stoßprozesse.

II, 3, 1, 1. Anregung.

Bei seinen ersten Versuchen hatte G. Hertz tatsächlich das Aufflammen einer Spektrallinie nach der anderen bei vorsichtiger Steigerung der Beschleunigungsspannung als Anzeige für das Auftreten der entsprechenden Stoßprozesse im Entladungsraum verwendet. Die Stoßpartner sind die durch das Feld zwischen den Elektroden bewegten Elektronen einerseits und die Gas- oder Dampfmoleküle der Entladungsstrecke anderseits. Unterhalb einer Mindest- oder Resonanzspannung tritt überhaupt keine Anregung (elastische Stöße) auf, darüber aber erscheinen die höheren Anregestufen in rascher, aber deutlich absatzweiser, unstetiger Folge. Die verschiedenen Anregestufen eines Atoms werden durch Verschiebung des äußersten Elektrons aus seiner Normalschale in eine einer höheren Energiestufe entsprechenden Schale erklärt, wobei jedes Element (in chemichem Sinn) nur bestimmte mögli-

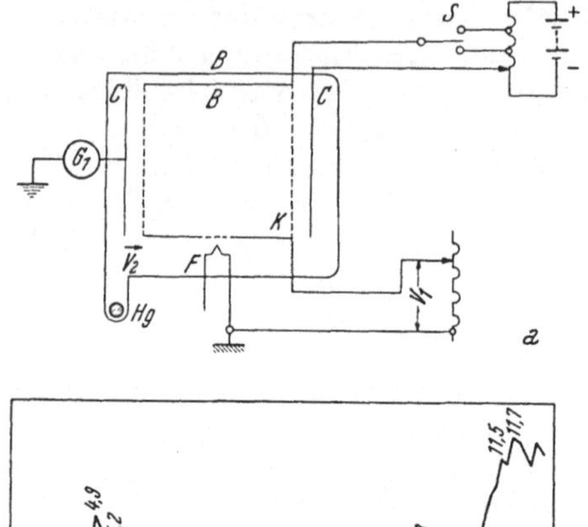

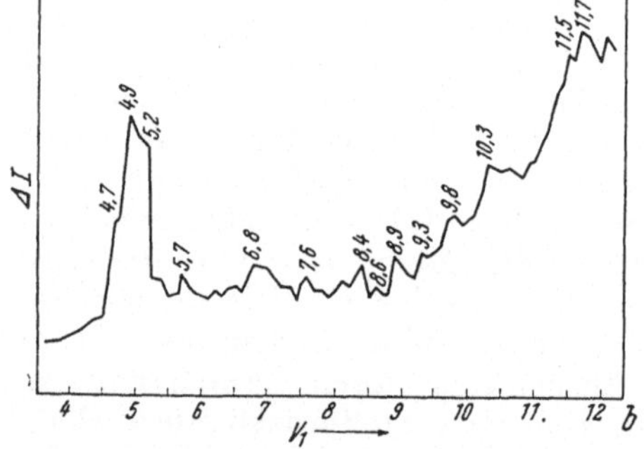

Abb. 14. Genaue Bestimmung der einzelnen Anregungsspannung in Hg-Dampf (G. Hertz 1923). Elektronen von der Glühkathode F werden durch eine Gitteröffnung in den feldfreien Käfig B beschleunigt und stoßen dort mit dem Hg-Dampf zusammen. (Druck so gewählt, daß sehr viele Zusammenstöße innerhalb des Käfigs.) Die Seiten des Käfigs sind perforiert und von einer Hilfselektrode C umgeben. C kann mit dem Schalter S gegen B um etwa 0,1 Volt gesenkt werden. Jedesmal, wenn bei Steigerung von V_1 — siehe Diagramm b — eine weitere Anregungsstufe des Hg-Dampfes erreicht wird, verlieren die Elektronen innerhalb B mehr Energie und sind in der Diffusion gegen ein verzögerndes Feld zwischen B und C behindert. Die Differenz im Galvanometerstrom bei 0,1 Volt zwischen C und B und direkter Verbindung von C mit B vergrößert sich hiermit sprunghaft. Auf diese Weise sind die einzelnen Anregungsstufen — Diagramm b — deutlich zu unterscheiden, wenn die Galvanometerdifferenzen ΔI als Funktion von V_1 aufgetragen werden.

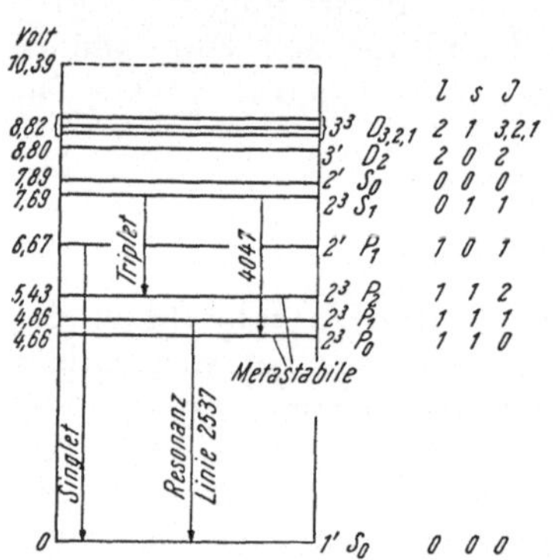

Abb. 15. Vereinfachtes Niveauschema für Hg-Dampf. Die Ordinaten links sind die der Atomenergie dieser Stufe entsprechenden Voltbeträge. Unmittelbar nach einer (Stoß-)Anregung eines Atoms erfolgt Abgabe eines Lichtquants mit Wellenlänge entsprechend Differenz der Energieniveaus. Es sind sehr viele verschiedene Übergänge möglich (nur 4 davon sind durch abwärtsgerichtete Pfeile angedeutet). Jedem dieser Übergänge entspricht eine einzelne Linie des Spektrums. Die Linien selbst werden in der Optik nach den Atombauregeln der Quantenphysik mit den rechts vom Niveauschema angeführten Buchstaben und Zahlen klassifiziert. Demnach heißt z. B. das 5,43 V entsprechende Niveau 2^3P_2 mit folgender Bedeutung der einzelnen Größen:

2 ... zweite Sprosse; 3 .... Tripplett. spin s = 1; P ... Gruppe mit azimutaler Quantennummer l = 1; o ... innere Quantennummer J zur Kennzeichnung der einzelnen Leiter in Gruppe.

(Aus Arnot — Collision proc.)

che Energiestufen besitzt, die derart die charakteristischen Linien festlegen. Die späteren und genaueren Meßmethoden verwenden zur Registrierung der verschiedene Energie übertragenden Stoßprozesse an Stelle der Spektrallinien Sekundäreffekte, die ausgeprägte Unstetigkeiten in Galvanometerstrom-Ablesungen aufweisen. Abb. 14 illustriert ein besonders viele Einzelheiten bringendes, verbessertes Verfahren von G. Hertz, das eine eindeutige Übereinstimmung zwischen bestimmten Knickpunkten im Strom-Spannungsdiagramm und den Linien des Spektrums ergibt. Das solcherart gefundene spektrale Verhalten von Gasen oder Dämpfen wird heute graphisch in besonderen Diagrammen, den sogenannten Termschemata, dargestellt, worin man häufig die erlaubten Übergänge durch Vertikallinien zwischen den entsprechenden Energieniveaus (Anregestufen) einzeichnet. Abb. 15 zeigt ein derartiges (nicht vollständiges) Termschema für Quecksilberdampf.

II, 3, 1, 2. Ionisierung.

Erstaunlicherweise genügt ein Bereich von wenigen Volt, um die Gesamtheit aller möglichen Stufen einer Molekülart anzuregen. Bei weiterer Steigerung der Energie der stoßenden Elektronen über diesen Bereich tritt nun ein grundsätzlich neuer Effekt ein.

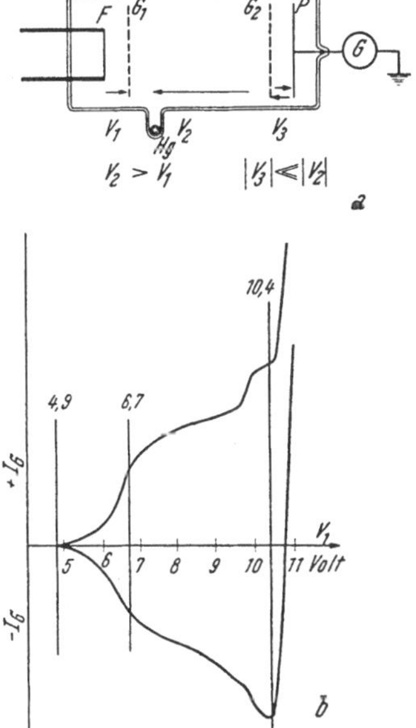

Abb. 16. Trennung von Anregungsstufen und Ionisierung bei Hg-Dampf (Davis und Goucher, 1917).

Bei Steigerung des Potentials V_1 am Gitter G_1 der erweiterten Lenard-Anordnung: a) Evakuierter Behälter mit Hg-Dampf-Atmosphäre, Glühkathode F, 2 gitterförmigen Hilfselektroden G_1 und G_2, Anode P über Galvanometer G abgeleitet — werden die Hg-Dampf-Atome zwischen G_1 und G_2 durch die von F emittierten Elektronen getroffen; oberhalb der ersten Resonanzspannung — 4,9 Volt — wird ihnen Elektronenenergie übertragen, die unmittelbar darauf als Lichtquant ausgestrahlt wird. Bei Auftreffen dieser Strahlung auf G_2 und P werden (photoelektrisch) wieder Elektronen ausgelöst. Ist G_2 negativ in bezug auf P, dann fließt ein negativer Strom durch das Galvanometer. Dieser Strom nimmt mit V_1 zu — untere Hälfte von b. Bei 10,4 V erfolgt ein scharfer Richtungswechsel zu hohen positiven Stromwerten. Dies tritt bei umgekehrtem Potential zwischen G_2 und P nicht ein — obere Hälfte von b). Ursache für das geänderte Stromverhalten oberhalb von 10,4 Volt ist die Bildung von Hg-Ionen zwischen G_1 und G_2. Diese bewegen sich gegen G_2 und fliegen teilweise darüber hinaus, so den positiven, hohen Galvanometerstrom hervorrufend.

Während die einzelnen Anregungsstufen (eine Gruppe von später zu behandelnden Sonderfällen ausgenommen) in äußerst kurzer Zeit nach der Anregung (ca. 10^{-8} sec) zur neutralen Form zurückkehren, bewirkt Stoß mit einer Energie jenseits einer zweiten Schwelle U_i eine dauernde Trennung des äußersten Elektrons vom Molekül- bzw. Atomverband, das nun als positiv geladener Rumpf — Ion — in der Entladungsstrecke verbleibt. Man nennt dementsprechend diese zweite kritische Spannung U_i Ionisierungsspannung. Abb. 16 zeigt den Weg von Davis und Goucher (1917), um Anregung und Ionisierung scharf voneinander abzugrenzen.

II, 3, 1, 3. Ionisierungswahrscheinlichkeit und höhere Ionisierungsstufen.

Das Erreichen der Ionisierungsspannung ist eine notwendige, aber noch nicht hinreichende Bedingung, daß ein Stoß wirklich zu Ionisierung führt. Die verschiedenen Stoßmöglichkeiten (zentrisch oder mehr oder weniger exzentrisch) führen zu einer Ionisierungswahrscheinlichkeitsfunktion im Hinblick auf die vorhandene Elektronenenergie. Abb. 17 zeigt sowohl eine diesbezügliche Versuchsanordnung als auch damit gemessene Ionisierungswahrscheinlichkeiten für verschiedene Gase und Hg-Dampf. Demnach ergibt sich die beste Ausbeute bei ca. der zehnfachen Ionisierungsspannung.

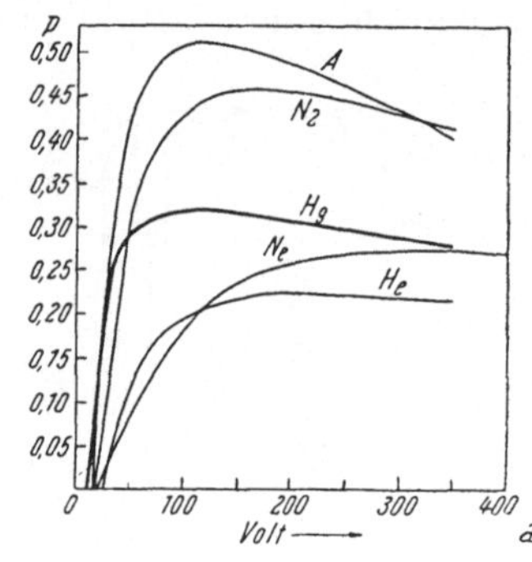

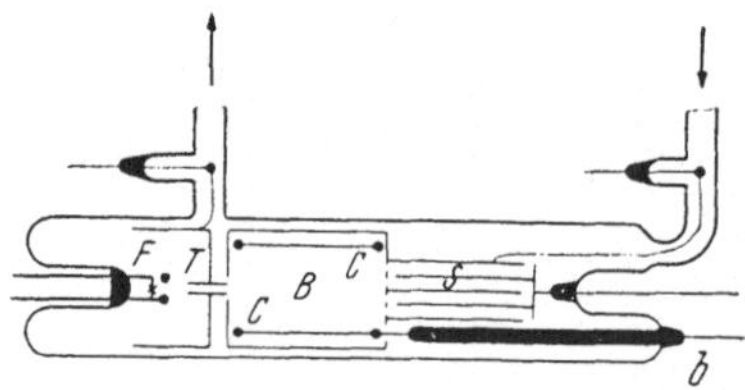

Abb. 17. Ionisierung durch Elektronenstoß.

Die Wahrscheinlichkeit der Ionisierung bei einem einzelnen Stoß hängt von der Energie des stoßenden Elektrons ab. In a) sind für Hg-Dampf und einige andere Gase diesbezügliche Zahlenwerte einem weiten Energiebereich entsprechend angegeben. Diese Meßresultate wurden mit einer Anordnung nach b) gewonnen, wobei ein Elektronenstrahl, ausgehend von F und gebündelt durch T, das Gas innerhalb der Kammer B ionisiert. S ist eine Elektronenfalle mit einem starken Feld zwischen den einzelnen Platten. Die in B gebildeten Ionen werden durch eine Reihe von käfigartig angeordneten dünnen Drähten C — um Photoemission weitgehend auszuschalten — gesammelt und gemessen. Strom des Kathodenstrahls und Stoßzahl pro Elektron definieren dann die Ionisierungswahrscheinlichkeit p.

Stoßprozesse mit Elektronen, die Energie entsprechend einem Mehrfachen der Ionisierungsenergie besitzen, können Mehrfachionisierungen der Gas- oder Dampfmoleküle bewirken. Es werden dabei ein oder mehrere Elektronen

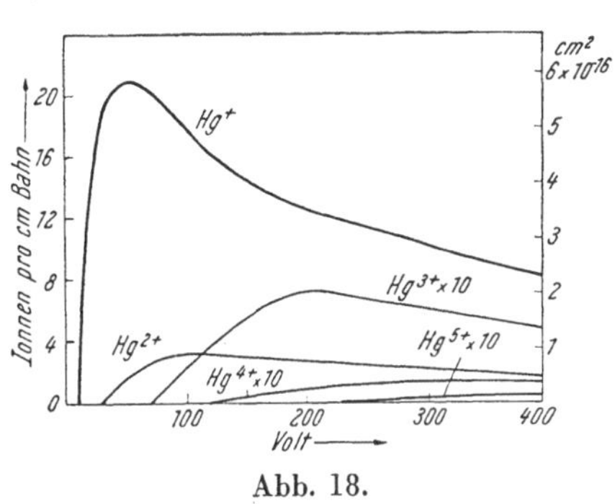

Abb. 18.

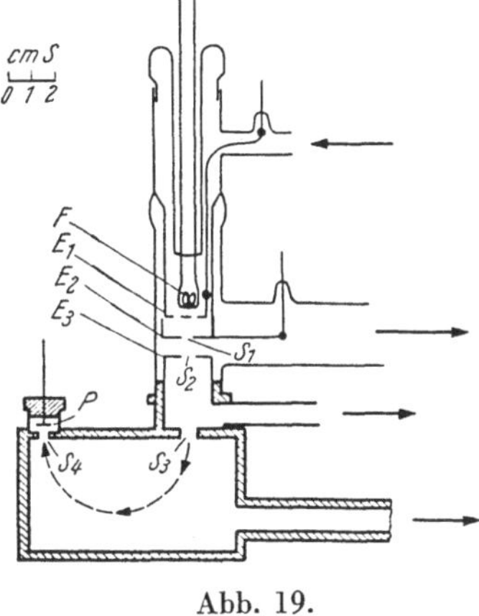

Abb. 19.

Abb. 18. Ionisierungsausbeute in Hg-Dampf. Die Ordinaten geben die Anzahl der von einem Elektron mit einer der Abszisse entsprechenden Energie pro cm Bahn bei 1 mm Hg-Druck gebildeten verschiedenen Ionen an.

Abb. 19. Anordnung nach Smith für die Analyse positiver Hg-Ionen (1923) (Prinzip des Massenspektrographen). Ionenbildung zwischen E_1 und E_2, Beschleunigung zwischen E_2 und E_3. Ausblendung eines engen Bündels durch die Spalte S_1, S_2, S_3. In der unteren Kammer zwischen den Polen eines starken Magnets erfolgt halbkreisförmige Ablenkung. Ionen-Geschwindigkeit und -Masse, Feldstärke und Ablenkungsradius lassen die Ionenladung berechnen. Der Potentialunterschied zwischen E_1 und E_2 bestimmt das kritische Ionisierungspotential.

(Aus Arnot-Collision proc.)

innerhalb des äußersten (auch als Valenz-Elektron bezeichneten Elektrons aus dem Atomverband entfernt.

Abb. 18 zeigt Ionisierungswahrscheinlichkeiten für die ersten fünf Hg-Dampf-Ionisierungsstufen. Abb. 19 veranschaulicht den von Smyth zur Messung der höheren Ionisierungsstufen entwickelten massenspektroskopartigen Apparat.

In diesem Zusammenhand sind schließlich noch „negative" Ionen zu nennen, auf deren Existenz von einzelnen Forschern aus Sondenmessungs-Widersprüchen geschlossen wird.

II, 3, 1, 4. Metastabile.

Theoretische Überlegungen und Knickpunkte in den Galvanometer-Registrierungen der Anregungsstufen ohne entsprechende Spektrallinien haben gezeigt, daß es außer den normalen Anregungsstufen, die ihre Energie unmittelbar nach dem Stoßprozeß als Lichtquant freimachen, bei einzelnen Substanzen (z. B. Hg und

Helium) Anregungsstufen gibt, die die Energie $^1/_{100}$ bis zu $^1/_{10}$ sec speichern können [31].

Abb. 20 zeigt die von Penney [30] berechneten Anregungswahrscheinlichkeiten für die vier untersten Anregungsstufen von Hg-Dampf mit den hier vorhandenen Metastabilen von 4,66 und 5,43 Volt, die es nach der Theorie für Hg-Dampf ausschließlich geben sollte. Mit einer besonderen Untersuchungsmethode hat aber H. Messenger [32] — siehe Abb. 21 — anscheinend noch mehr Metastabile in Hg-Dampf auch mit wesentlich höheren Energiestufen gefunden. Im Hinblick auf die Bedeutung gerade von Hg-Dampf für technische Zwecke dürfte es nicht unangebracht erscheinen, H. Messengers Resultate hier wiederzugeben.

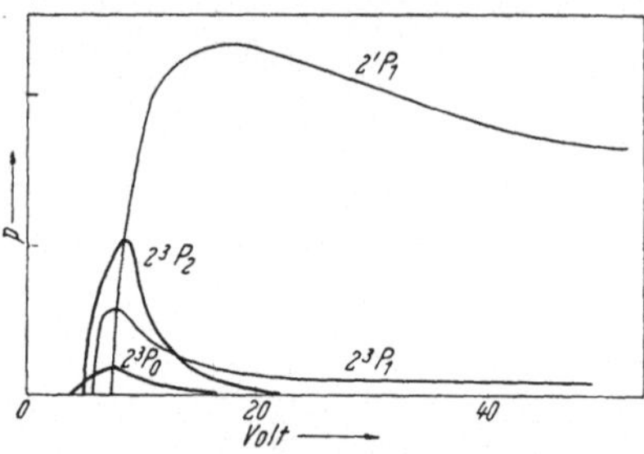

Abb. 20. Berechnete Anregungswahrscheinlichkeit für 4 Hg-Dampf-Niveaus (2^3P_0 und 2^3P_2 metastabil).
(Aus Arnot — Collision proc.)

Tab. VII. H. Messengers Beobachtungen von metastabilen Stufen.

1	2	3	4	5	6	7	8	9
4,68	4,66	1 S — 2 p_3	4,70			Ni	keine	mittel
			4,70			Al		
4,9	4,86	1 S — 2 p_2	4,90			Ni		gering
			4,90	4,90	4,90	Al	2537, 1 S — 2 p_2	
5,3	5,28-	molekulare	5,25	5,25	5,25	Ni	< 2500, > 2200	mittel
	5,34	Bande				und	wahrsch. 2338	Molekül
		2338 — 2313				Al	— 2313	Schwin-
								gungen
5,47	5,43	1 S — 2 p_1	5,45	5,40	5,40	Al	2537, 1 S — 2 p_2	groß
5,76	5,73	Ionisation?						
	5,77	molekulare	5,75	5,75		Al	< 2200, > 1650	
		Bande					wahrsch. 2140	keine
6,04			6,00	6,00	6,00	Al	> 2200, < 2700	groß
6,30			6,30	6,30	6,30	Al	> 2200, < 2700	klein
6,73	6,67	1 S — 2 P	6,70	6,70		Al	1849, 1 S — 2 P	keine
7,12			7,10	7,10	7,05	Al	< 2200, > 1650	mittel
7,46			7,45	7,45	7,45	Al	< 2200, > 1650	groß
	7,69	1 S — 2 s				Al	4046, 2 p_3 — 2 s	mittel
							4358, 2 p_2 — 2 s	
							5461, 2 p_1 — 2 s	
7,73			7,75			Al	2537, 1 S — 2 p_2	
	(7,83)	(1 S — 2 S)		7,80	7,80	Al	4077, 2 p_2 — 2 S	
							10139, 2 P — 2 S	
							1849, 1 S — 2 P	
8,09			8,00	8,05		Al	< 2200, > 1650	sehr klein
8,35			8,30	8,30		Al	< 2200, > 1650	
							wahrsch. 1849	keine

1	2	3	4	5	6	7	8	9
8,64	8,58	1 S — 3 $p_{2,3}$	8,60	8,60	8,60	Al	13672, 2 s — 3 p_2 13950, 2 s — 3 p_3 4046, 2 p_3 — 2 s 5461, 2 p_1 — 2 s	sehr klein
8,86	8,79	1 S — 3 P	8,80	8,85	8,80	Al	<2200, >1650	
	8,80-	1 S — 3 D					5791, 2 P — 3 D	
	8,82	1 S — 3 $d_{1,2,3}$					1849, 1 S — 2 P	
	8,80	1 S — 3 p_1					3663, 2 p_1 — 3 D 3131, 2 p_2 — 3 D 2967, 2 p_3 — 3 D	klein
	9,15	1 S — 3 s	9,15	9,15	9,20	Al	3341, 2 p_1 — 3 S	sehr klein
	9,19	1 S — 3 S					2894, 2 p_2 — 3 S 2735, 2 p_3 — 3 S	
9,37	9,32	Stoßfolgen 1 S — 2 p_3	9,30	9,30		Al	keine	groß
9,60	9,52	Stoßfolgen 1 S — 2 p_2 1 S — 2 p_3	9,50	9,55		Al	2537, 1 S — 2 p_2	mittel
9,79	9,72	Stoßfolge 1 S — 2 p_2	9,70	9,70	9,70	Al	2537, 1 S — 2 p_2	klein
10,38	10,39	Ionisation	10,4	10,4	10,4	Al	Alle Arten	mittel

Beobachtungsgenauigkeit der kritischen Punkte $\pm$ 0,05 V.

Spalte 1: Von Franck und Einsporn beobachtet.
„ 2: Theoretisch von Eldridge berechnet.
„ 3: Theoretisch von Eldridge gedeuteter Übergang.
„ 4: Messengers Meßwerte ohne Filter.
„ 5: Messengers Meßwerte mit Quarzfilter.
„ 6: Messengers Meßwerte mit Kalzitfilter.
„ 7: Material der Auffangplatte P bei Messengers Anordnung.
„ 8: Art der verbundenen Strahlung (teils festgestellt, teils geschätzt). Wellänge Å und Termniveau.
„ 9: Anteil der Metastabilen. Die diesbezüglichen quantitativen Bemerkungen sind nicht aus dieser Tabelle abzuleiten. Sie sind vielmehr aus hier nicht gebrachten $\frac{\text{Plattenstrom}}{\text{Beschleunigs}}$-Kennlinien abgeleitet, aus denen ersichtlich ist, daß der Plattenstrom ohne Filter viel größer als mit Filtern ist.

Die als Metastabile bezeichneten Anregungsstufen können unter Umständen in großem Umfang in Entladungen auftreten und das Verhalten derselben stark beeinflussen, doch sind diese Eigenheiten noch relativ wenig erforscht. Erfahren Metastabile in der Entladungsstrecke einen weiteren Elektronenstoß, so sind anscheinend auch bei relativ kleinen Energiezufuhren höhere Anregungsstufen oder auch Ionisierungen zu erreichen, so daß das Vorhandensein von Metastabilen stufenweise oder kumulative Anregungsvorgänge ermöglicht. Ohne solche weitere Stöße aber verhält sich ein Metastabiles wie ein neutrales Molekül, bis es die Grenzflächen der Entladung erreicht. Bestehen diese aus einem

Metall, so befreit das aufallende Metastabile eines der Metallelektronen [33], vorausgesetzt, daß seine Energie größer als die totale Elektronenbefreiungsarbeit aus der Wand ist, und teilt den freigewordenen Elektronen einen Teil der Energie mit.

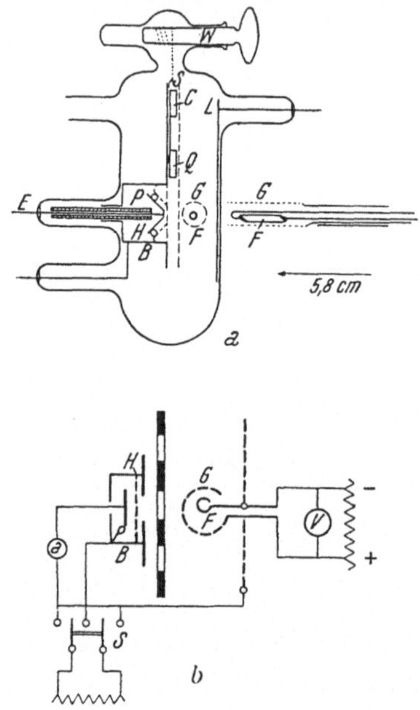

Abb. 21. a) Versuchsgefäß und b) Schaltung (H. A. Messenger, 1926) zur Aussiebung von Metastabilen.

Die Glühkathode F ist von einer zylindrischen Siebanode G umgeben. Das Potential zu G wird in kleinen Schritten (0,1 Volt) gesteigert und während jeder Messung genau konstant gehalten. Das Anzeigesystem — Meßelektrode P, Gitter H und Abschirmung B — gestattet die Davis-Goucher-Methode zum Nachweis etwaiger Fehler durch eingedrungene, unerwartete Ionen. Nach Belieben kann die Meßelektrode P (durch negativ geladenen Schirm B und Gitter vor Trägereinstrom geschützt) offen oder durch Kalk-C oder Quarzfilter Q der Einwirkung der Entladung zwischen G und F ausgesetzt werden. Die Filter lassen einen bestimmten Strahlungsanteil, aber keine Metastabilen durch. Man kann daher den jeweiligen Anteil an Metastabilen ermitteln. Für verschiedene Spannungen zwischen G und F erhält man ein Stromdiagramm, das die einzelnen Anregungsstufen durch Knickpunkte anzeigt.

a ... Compton-Elektrometer; V ... Voltmeter; S ... Umpolschalter.

Die auf diese Weise freigemachten Elektronen verursachen einen Konvektionsstrom zwischen P und B in Abb. 21 b, der als Indikator für die Metastabilenbildung verwendet wird. Der Umpolschalter S in diesem Kreis läßt nach der Davis-Goucher-Methode überprüfen, daß der aufgetretene Strom nicht durch eingedrungene Ionen verursacht worden ist.

II, 3, 2. Mengenerscheinungen.

Die vorangegangenen Ausführungen haben gezeigt, wie durch eine sorgfältige Isolierung eine größere Anzahl unterschiedlicher Stoßprozesse mit verschiedenartigen Endprodukten festgestellt worden ist. Voraussetzung hierfür waren einerseits beträchtliche Sorgfalt in bezug auf Konstanz der beschleunigenden Spannungen und anderseits Beschränken auf eine geringe Zahl von Stoßpartnern. In den technischen Apparaten sind jedoch diese Voraussetzungen nicht gegeben, denn die Spannungen, die an der Entladungsstrecke liegen, gehen meist weit über die kritischen Anrege- und Ionisierungsspannungen hinaus, und überdies handelt es sich meist um sehr beträchtliche Molekül- und Trägerdichten. Im Abschnitt über Metastabile wurde bereits auf die stufenweise Energiesteigerung durch aufeinanderfolgende Stoßprozesse hingewiesen. Solche Energiezulieferungen sind auch bei gewöhnlichen Anregungsstufen möglich, wenn sie innerhalb der Lebensdauer des betreffenden Anregungszustandes erfolgen. Bei den in der Entladungsbahn technischer Apparate herrschenden Gas- resp. Dampfdichten sind auf jeden Fall innerhalb der Lebensdauer der Metastabilen von einigen hundertstel Sekunden mehrere Stöße zu erwarten, die zu einer Vergrößerung der Ionisierungswahrscheinlichkeit führen. Man erkennt daher ohne weiteres, daß bei zunehmender Gas- resp. Dampfdichte (und dementsprechend höherer Stoßzahl) die im Mittel erforderliche Energie zur Ionisierung heruntergehen muß; allerdings tritt dadurch ein neuer, das urspünglich einfache Bild der isolierten Stoßprozesse stark verschleiernder Faktor in Erscheinung. In der unmittelbaren Nachbarschaft von Fleckkathoden aber finden sich auch Gebiete mit so hoher Trägerkonzentration, daß mehrere Stöße innerhalb der kurzen Lebenszeit von normalen Anregestufen stattfinden, was wiederum zu einer völligen Verschiebung der Mindestenergieerfordernisse Anlaß gibt.

Das Auftreten von kumulativen Effekten, deren Endergebnisse in jedem Einzelfall von den speziellen Gegebenheiten abhängt, macht eine allgemeine Formulierung der quantitativen Ionisierungs-Verhältnisse in technischen Niederdruckentladungen für unsere heutigen mathematischen Notationen kaum vorstellbar. Stufenweise Anregung kann maximale Ionisierung bereits für die einfache Ionisierungsspannung ergeben. Es sind aber auch Entladungsfälle bekannt (Niedervoltbogen), wo die Gesamtentladungsspannung sogar nur Bruchteile der Ionisierungsspannung beträgt. Trotz zahlreicher Untersuchungen und verschiedener Erklärungsversuche [34] ist das Niedervoltbogengebiet noch nicht befriedigend aufgeklärt und wenig praktischer Nutzen konnte bisher aus diesem Phänomen gewonnen werden.

II, 3, 2, 1. Trägerneutralisierung (Rekombination).

Freie Ionen und Elektronen haben als solche keine grundsätzlich begrenzte Lebensdauer wie die Anregungsstufen. Erst ein Zusammenstoß bzw. entsprechende Annäherung von je einem Ion und einem Elektron kann zur Bildung eines neutralen Atoms bzw. Moleküls führen; dies scheint um so mehr begünstigt, je länger und je näher die beiden Teilchen nebeneinander verweilen. Eine solche Wiedervereinigung ist somit der gegenläufige Vorgang zur Ionisierung.

Im allgemeinen ist bereits eine Reihe von Rekombinationsmechanismen für Ionen und Elektronen bekannt, die entweder allein oder kombiniert bei verschiedenen Entladungsformen wirksam sind [35]. Einen guten Überblick über den neuesten Wissensstand gibt die Rekombinationskoeffizienten-Tabelle von Loeb [21 h], doch versagt auch diese quantitative Angaben über die Wiedervereinigungsvorgänge bei den Niederdruckentladungen. Die näheren Umstände der Wiedervereinigung bei Niederdruck-Entladungen in Hg-Dampf und Edelgasen, wie sie vorzugsweise in Stromrichter-Gefäßen vorkommen, sind weniger gut erforscht. Fest steht jedoch, daß hier vor allem die sogenannte Wand- und teilweise auch eine Volumsrekombination wirksam ist. Bei letzterer handelt es sich um das Begegnen von Ionen und Elektronen in der freien Bahn der Entladungsstrecke, bei ersterer aber um das Begegnen derselben an den Wänden. Wandrekombination wird als vorherrschend (über 90 %) angenommen, doch deuten die Starkschen Abzweigerscheinungen [26] und das von Issendorff stroboskopisch festgestellte Nachleuchten [4] des Anodenraumes nach Stromdurchgang auf eine zumindest spurenweise Volumsrekombination. Die starke Wandrekombination wird durch ein verlängertes Verweilen der auf die Wände aufprallenden Ionen und einer dadurch erhöhten Gelegenheit für eine Elektronenbegegnung erklärt. Vielfach wird angenommen, daß 100 % aller einlangenden Ionen an den Wänden rekombinieren [1, 2, 3], doch sind Messungen über den Prozentsatz c (Wiedervereinigungskoeffizient) nicht bekannt.

Zusammenfassend erlauben die Stoßprozeß-Untersuchungen die wichtige Feststellung, daß in jeder Volumseinheit der Niederdruckentladungen von Stromrichter-Gefäßen in jedem Augenblick freie Elektronen, Ionen, normal angeregte, metastabile sowie neutrale Moleküle vorhanden sind. Die Methoden der Stoßprozeß-Untersuchungen ermöglichen aber keine Erfassung der Verteilung und der Bewegungsverhältnisse dieser Teilchen in der Entladung selber. Hierzu muß man auf anderen Wegen und gesondert an neutrale Teilchen und Ladungsträger herangehen. Erstere sind dabei als gewöhnliches Gas zu erfassen, letztere hingegen müssen im Zusammenhang mit den von ihnen im elektrischen Feld der Entladungsstrecke gebildeten Konvektionsstrom und den gegenseitigen Coulombschen Kräften zwischen den einzelnen Trägern betrachtet werden.

II, 4. Konvektionsströme in raumladungsbeschwerten und raumladungsfreien Entladungsgebieten.

Die Bewegungsverhältnisse der Träger sind grundsätzlich verschieden gelagert, je nachdem ob die Träger eines Vorzeichens vorherrschen oder die beiden Polaritäten in angenähert gleicher Menge vorkommen. Sind im wesentlichen nur Träger einer Polarität vorhanden, dann entspricht die Geschwindigkeit der Träger nach dem Durchlaufen einer Potentialdifferenz V der aufgenommenen potentiellen Energie:

$$v = \sqrt{2 \frac{q}{M} \cdot V \cdot 10^7} \text{ cm/sec.} \tag{II, 16}$$

q . . . Trägerladung in Amp./sec,
M . . . Trägermasse,
V . . . Volt.

Die einseitige Erfüllung der Ladungsstrecke durch die negativen Ladungsträger hat eine Rückwirkung ihrer Ladungen aufeinander zur Folge, die sich im wesentlichen darin äußert, daß beträchtliche Spannungen an den Elektroden aufgebracht werden müssen, um einen Stromtransport zu bewerkstelligen. Man bezeichnet eine solche Erfüllung der Entladungsstrecke mit Ladungsträgern eines Vorzeichens als Raumladung.

Der Zusammenhang zwischen Stromfluß und aufzudrückender Spannung wird durch das bekannte Langmuirsche $V^{3/2}$-Gesetz [36] dargestellt. Die Einzelheiten desselben hängen von der geometrischen Konfiguration der Entladungsstrecke ab; für den Fall reiner Elektronenströmung zwischen großen parallelen Platten z. B. mit dem Abstand x ist die Stromdichte i pro cm^2

$$i = \sqrt{2} \cdot \frac{1}{9\pi} \cdot \sqrt{\frac{\varepsilon}{m}} \cdot V^{3/2} \cdot \frac{1}{x^2} \text{ ESE.} \tag{II, 17}$$

Für quantitative Berechnungen kann der gleichwertige Ausdruck

$$i = 2{,}34 \frac{V^{3/2}}{x^2} \cdot 10^{-6} \text{ Amp./cm}^2, \tag{II, 18}$$

V in Volt, x in cm,

verwendet werden. Reiner Elektronenstrom nach dem $V^{3/2}$-Gesetz ist kennzeichnend für die Hochvakuum-Glühkathoden-Ventile.

Auch bei Niederdruckentladungen finden sich raumladungsbeschwerte Zonen an den Begrenzungswänden derselben und teilweise auch bei den Elektroden. Zur Bestimmung des Stromflusses durch solche Raumladungszonen kann nach Langmuir Gl. (II, 18) angewendet werden.

Die gleichzeitige Anwesenheit von positiven und negativen Ladungen an einzelnen Stellen einer Entladung läßt nach außen nur die Differenz der positiven und negativen Ladungen dieser Volumsteile erscheinen; auf die Volumseinheit bezogen, ergibt diese Ladungsdifferenz die wirksame Raumladung. Man spricht daher von Raumladungsfreiheit, wenn $n_+ = n_-$, und von Quasineutralität, wenn $(n_+ - n_-) \ll (n_+ + n_-)\ ^1/_2$ ist. Langmuirs Plasma ist ein praktisch raumladungsfreies Gemisch von Trägern und Neutralgas. Bei Niederdruckentladungen wird das Plasmagebiet häufig auch positive Säule genannt. Der Trägereinstrom an den Plasmagrenzen ist dabei durch den Potentialunterschied der betrachteten Wandstelle in bezug auf das Plasma gegeben. Wie dieser Einstrom bestimmt bzw. aus den Plasmadaten berechnet werden kann, wird im folgenden Abschnitt gezeigt.

In den raumladungsfreien Gebieten bewegen sich die Träger in der Richtung der Entladung ähnlich wie Teilchen in einer zähen Flüssigkeit, so daß die Geschwindigkeit durch die auf die Längeneinheit entfallende treibende Kraft — in diesem Fall die elektrische Feldstärke — bestimmt ist. Man schreibt somit das allgemeine Bewegungsgesetz für die einzelnen Teilchen

$$v = b \,.\, \mathfrak{E}. \tag{II, 19}$$

Darin bedeutet:

v . . . Trägergeschwindigkeit,
b . . . Trägerbeweglichkeit,
$\mathfrak{E}$ . . . Feldstärke (Spannungsgradient),

und im besonderen

$$v_{+} = \mathfrak{E} \,.\, b_{+} \,.\, \varepsilon \text{ und } v_{-} = -\mathfrak{E} \,.\, b_{-} \,.\, \varepsilon. \tag{II, 19 a u. b}$$

b_{+} für Ionen bzw. b_{-} für Elektronen sind entsprechend den verschiedenen atomaren Ausdehnungen größenordnungsmäßig verschieden. Die Gl. (II, 19 a u. b) sind vor allem von didaktischem Wert, da speziell im Niederdruckgebiet noch keine grundsätzlichen Zusammenhänge der Beweglichkeiten mit den anderen Kenngrößen des Entladungsgebietes festgestellt werden konnten. Die wenigen, für spezielle Fälle bekanntgewordenen Zahlenwerte sind im Zusammenhang mit der Ladungsträger-Diffusion (Abschn. II, 6, 1, 2) bzw. der damit in Zusammenhang stehenden Längsfeldstärkebestimmung (Abschn. IV, 3, 1, 2) angeführt.

Unter Einwirkung des Spannungsgradienten der Entladung werden sich positive und negative Teilchen in entgegengesetzter Richtung bewegen und auf der gleichen Wegstrecke gleichviel Energie aufnehmen. Diese Energien betragen

$$\frac{1}{2} \cdot M_{Hg} \cdot v_{+}^{2} = \frac{1}{2} m \cdot v_{-}^{2}. \tag{II, 20}$$

In einem Hg-Dampf-Plasma ist die Masse des Quecksilberatoms M_{Hg} ungefähr 368000mal größer als die eines Elektrons m, daher wird die Geschwindigkeit eines Ions

$$\frac{1}{\sqrt{368\,000}} = \frac{1}{607}$$

der Elektronengeschwindigkeit betragen. Ohne die Rückwirkung der Reibung auf die Ladungsträger im Plasma näher zu beachten, erkennt man, daß die Geschwindigkeit der Hg-Ionen gegenüber jener der Elektronen vernachlässigt werden kann, die Ionen also praktisch als ruhend anzusehen sind. Der Stromtransport in einer Hg-Dampf-Entladungsstrecke ist somit ein reiner Elektronentransport nach der Gleichung

$$i = \varepsilon \, . \, n_{-} \, . \, v_{-} \, . \qquad \text{(II, 21)}$$

Wie später näher ausgeführt, wird die Säulenfeldstärke und damit die Elektronendrift v_{-} bei Niederdruckentladung von verschiedenen Einzelheiten des betrachteten Systems etwas beeinflußt. Bei normalen Stromrichter-Gefäß-Arbeitsverhältnissen beträgt ihre Größenordnung Volt/cm herab bis zu Bruchteilen davon. So ist es möglich, daß in Niederdruckentladungen Ströme von Hunderten oder Tausenden von Ampere über Pfade von Meter-Länge und darüber ohne nennenswerte Spannungsabfälle fließen, während im Hochvakuum Elektronen-Raumladungsströme viele Tausend Volt erfordern, um einige Hundert mAmp. über einige Millimeter Pfadlänge zu treiben.

In dieser nahezu unbeschränkten Stromtransportfähigkeit liegt einer der Hauptanreize zur Verwendung von Entladungen im Niederdruckplasma.

II, 5. Plasmatheorie.

Nach der kinetischen Gastheorie bewirkt ein äußeres Kraftfeld bei einem neutralen Gas die durch die Boltzmann-Gl. (II, 15) beschriebenen Änderungen der räumlichen Verteilung der Moleküle. Langmuir hat nun den entscheidenden Schritt zur weiteren Vorstellung getan, daß ein elektrisches Feld die im Plasma einer Gas- oder Dampfentladung enthaltenen Ionen und Elektronen in gleicher Weise beeinflussen müßte, da diese Ladungsträger nicht nur eine Driftbewegung zufolge des elektrischen Feldes, sondern auch eine ausgesprochene gaskinetische, ungeordnete Bewegung besitzen. Die Richtigkeit seiner Überlegungen hat Langmuir mit Hilfe einer von ihm entwickelten Meßmethode [25 a] bewiesen. In der zu untersuchenden Entladung wird eine Elektrode (Sonde) (Abb. 22 a) mit einer kleinen, genau definierten Oberfläche und einer gut isolierten Zuleitung angeordnet, deren Potential gegenüber einem anderen Punkt der Entladung (entweder Kathode oder Anode) verändert und deren Stromaufnahme I_S aus dem Plasma dabei gemessen wird. Sobald die Vorstellung einer thermischen Bewegung der Ionen und Elektronen einmal gefaßt war, ist es klar, daß jede räumliche Verlagerung der Ladungsträger eine Veränderung des Stromflusses durch die Sonde bewirken muß; denn sobald den Ladungsträgern Eigengeschwindigkeiten zugebilligt werden, sind Stöße gegen die Wände und damit auch die metallische Fläche der Sonde selbstverständlich.

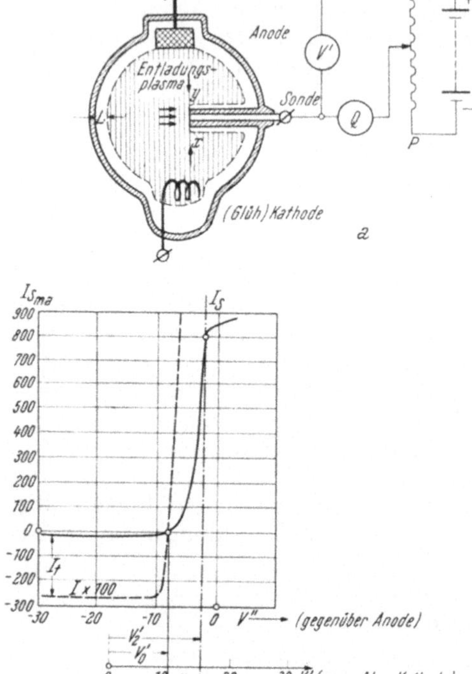

Abb. 22. Sondenuntersuchung des Plasmas (nach Langmuir).
Sondenfläche → xy ← (vgl. Anordnungsschema a) muß klein gegen Plasmaausdehnung sein. Je nach Stellung des Potentiometers P wird der Sonde positives bzw. negatives Potential V'' gegenüber der Anode aufgedrückt und dementsprechend verschiedene Sondenströme I_s (vgl. Abb. 22 b) gemessen. Für technische Zwecke empfiehlt sich Bezug auf die Kathode, in Abb. 22 b durch V' bezeichnet. Die dritte Abszissenskala V hingegen bezieht sich auf das wahre Plasmapotential an der Sondenstelle. V_0' entspricht bei $I_s = 0$ dem von einer isolierten Sonde angenommenen Potential, während V_2' das örtliche Plasmapotential (voller Elektroneneinstrom) angibt.

Jedes Auffallen eines Ladungsträgers ist aber automatisch mit einer entsprechenden Zufuhr positiver oder negativer Ladung verbunden, so daß eine Veränderung der Anzahl der Träger vor der Sonde auch den von der Sonde aufgenommenen Strom verändert. Langmuir hat nun in diesem Sinn Untersuchungen unter den verschiedenartigsten Sonden- und Entladungsverhältnissen durchgeführt und ist zu folgenden grundsätzlichen Ergebnissen gelangt:

Eine isolierte Sonde nimmt an jeder Stelle der Entladung ein definiertes Potential V_0' (Abb. 22 b) an; wird von außen ein negativeres Potential aufgedrückt, dann erhält man einen schwachen, sehr rasch einem Sättigungswert zustrebenden Strom I_+, welcher seiner Richtung nach dem Auftreten von positiven Ladungen auf die Sonde entspricht (Ionenstrom). Wird das Potential hingegen positiver gemacht, als es der isolierten Sonde entspricht, dann ergibt sich mit steigendem Potential innerhalb eines gewissen Gebietes (bis V_2') eine allmähliche Zunahme des Stromes in verkehrter Richtung, welcher aus einem Elektroneneinstrom herrührt. Bald über V_2' wirkt die Sonde als Anode. Die besondere

Eigentümlichkeit der Sondencharakteristik im Bereich zwischen V_2' und V_0', daß der Logarithmus der Stromdichte proportional der aufgedrückten Spannung $V' - V_0'$ zunimmt, wurde von Langmuir als der Beweis dafür erkannt, daß die Elektronen im Sondenfeld tatsächlich einer Boltzmannschen Verteilung (Gl. II, 15) Genüge leisten, wobei weiterhin im feldfreien Raum des Plasmas eine Maxwell-Geschwindigkeitsverteilung der Elektronen vorhanden sein muß[4]. Man ist somit berechtigt, von einem Elektronen-Gas, einer Elektronen-Temperatur und einem entsprechenden Energieinhalt des ersteren zu sprechen.

Das Potentialfeld vor der Sonde ist mit dem Auftreten einer begrenzten Raumladungsschicht verbunden; wenn an deren Grenze — Potential Null — gegen das neutrale Plasma eine Elektronenkonzentration n_- (0) vorhanden ist, dann beträgt innerhalb des Potentialfeldes die Elektronenkonzentration an einem Punkt mit dem Potential V (bezogen auf das Plasma an der Randzone)

$$n_-(V) = n_-(0) \,.\, e^{-\frac{\varepsilon V}{k T_e}} = n_-(0) \,.\, e^{-11\,600 \frac{V}{T_e}}, \qquad \text{(II, 22)}$$

was unmittelbar aus der Boltzmann-Gl. (II, 15) durch Einführen der elektrischen Energie εV an Stelle von P folgt. Gl. (II, 22) gilt auch für die Sondenoberfläche selbst, so daß man durch Zusammenfassung von Gl. (II, 22) und Gl. (II, 9) den spezifischen Elektronenstrom zur Sonde

$$y_- = \frac{\bar{v}_-}{4} \cdot n_-(0) \cdot e^{-11\,600 \frac{V}{T_e}} \text{ Amp./cm}^2, \qquad \text{(II, 23)}$$

erhält. Durch Logarithmieren von Gl. (II, 23) ergibt sich weiter:

$$\ln y_- = \ln \frac{n_-(0) \,.\, \bar{v}_-}{4} - \frac{11\,600}{T_e} \cdot V. \qquad \text{(II, 23 a)}$$

Der Gesamt-Sondenstrom I_S setzt sich aus dem Ioneneinstrom I_+ und dem jeweiligen Elektroneneinstrom $I_- = f \,.\, y_-$ zusammen. Daher ist

$$I_S = I_+ - I_-. \qquad \text{(II, 24)}$$

Die in Gl. (II, 23 a) ausgedrückten Beziehungen vermitteln den Zugang zu den Plasmagrößen. Der Neigungswinkel der Sonden-

---

[4] Das Vorhandensein einer Maxwellschen Geschwindigkeitsverteilung reicht aber nicht aus, das Langmuirsche Plasma-Paradoxon zu erklären. Es zeigt sich nämlich, daß bereits in so kleinen Zeiten und über so geringe Abstände eine einheitliche Elektronenenergieverteilung zustandekommt, daß die Eigengeschwindigkeit hierzu nicht ausreicht. Man nimmt daher an, daß sehr hohe Plasma-Elektronen-Schwingungen in Mikrogebieten auftreten, die die raschen Ausgleiche vollziehen [25 b].

charakteristik in einer ln I_S/V-Darstellung liefert T_e die Elektronentemperatur. Diese erlaubt nunmehr die Bestimmung der Elektronengeschwindigkeit v_- durch Gl. (II, 5).

Damit gibt schließlich Gl. (II, 23) die Elektronenkonzentration n_- (Elektronen/cm³) selbst. Da innerhalb des Plasmas (░) in Abb. 22 a Elektronen und Ionen in gleicher Anzahl in der Volumseinheit vorhanden sind, führt Gl. (II, 22) auch zu einer „Ionentemperatur" entsprechend dem Ionensättigungsstrom I_+. Eingehende diesbezügliche Untersuchungen **Langmuirs** haben aber gezeigt, daß die Ionen keine **Maxwell**sche Geschwindigkeitsverteilung besitzen, und daß daher die so berechnete Ionentemperatur keine physikalisch begründete Zustandskenngröße vorstellt.

Zur Erleichterung der quantitativen Erfassung von Sondenmessungen sind im folgenden verschiedene, das Elektronengas charakterisierende Zahlenwerte zusammengestellt.

Tab. VIII. Elektronengas-Kenndaten.

Elektronenladung	$\varepsilon = 1{,}59 \cdot 10^{-19}$ Amp/sec;
Elektronenmasse	$m = 0{,}899 \cdot 10^{-27}$ grm (Ruhemasse für $v_- \ll$ als Lichtgeschwindigkeit);
Wasserstoffatommasse	$M_H = 1{,}64 \cdot 10^{-24}$ grm;
relative Elektronenmasse	$\frac{m}{M_H} = 5{,}45 \cdot 10^{-4}$ (bezogen auf Wasserstoff);
Elektronentemperatur	als Funktion der Elektronengeschwindigkeit $\tilde{v}_-$ $T_e = 3{,}29 \cdot \tilde{v}_-^2 \cdot 10^{-12}\,{}^0K$; (II, 25)
spezifische Elektronenladung	$\frac{\varepsilon}{m} = 1{,}76 \cdot 10^8$ Amp/sec/grm;
Elektronengeschwindigkeiten	$\tilde{v}_-$ der thermischen Bewegung als Funktion der Temperatur T_e und Driftgeschwindigkeit v_- im Raumladungsfeld als Funktion des Potentials V $v_- = \sqrt{2\frac{\varepsilon}{m} \cdot V} \cdot 10^7$ cm/sec sind zusammen in Abb. 23 dargestellt. Man kann damit unmittelbar gleichen Geschwindigkeitsbeträgen entsprechende Potentiale und Temperaturen vergleichen;
freie Weglängen	der Elektronen im Hg-Dampf (vgl. Gl. II, 6) $\lambda_e = 4\sqrt{2} \cdot \lambda_{Hg} = 5{,}62 \cdot \lambda_{Hg}$. (II, 26)

Die Weglängen nach Gl. (II, 26) gelten erst für größere Elektronengeschwindigkeiten (etwa über 100 Volt); bei kleineren Energien erscheint ein vergrößerter Wirkungsquerschnitt der Hg-Dampf-

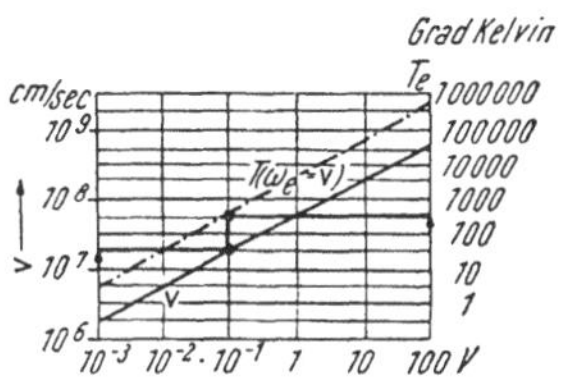

Abb. 23. Elektronen-Driftgeschwindigkeit v_{-} im Vakuum als Funktion der Beschleunigungsspannung V und Elektronentemperatur T für Maxwellsche Geschwindigkeitsverteilung, bezogen auf eine wahrscheinlichste Geschwindigkeit $\omega_e = v_{-}$. Zusammengehörige Werte von v und T liegen übereinander auf einer Ordinate und sind auf den entsprechenden Skalen links bzw. rechts abzulesen.

Moleküle (Ramsauer-Effekt) die freie Elektronenweglänge λ_e zu verkleinern. Wirkungsquerschnitt Q, Teilchendichte n und Elektronenweglänge λ_e stehen in einem einfachen Verhältnis.

$$Q = \frac{1}{\lambda_e \cdot n}. \qquad \text{(II, 27)}$$

In der folgenden Tabelle sind die dem Ramsauer-Effekt entsprechenden verkleinerten Elektronenweglängen $\lambda_{e/Hg}$, gemessen in Hg-Dampf, als Funktion der Elektronengeschwindigkeit bzw. der entsprechenden Elektronenenergie V angegeben.

Tab. IX. Freie Elektronenweglängen in Hg-Dampf bei kleinen Elektronen-Energien (für 0^0 C, 1 mm Hg).

v_{-}	1,18	1,48	1,77	2,07	2,47	2,96	3,54	8,88	. 10^8 cm/sec
$\frac{\lambda_e}{Hg}$	0,0068	0,0091	0,0125	0,0154	0,0172	0,017	0,0166	0,028	cm
$\sqrt{V}$	2,00	2,50	3,00	3,50	4,00	5,00	6,00	15,00	$\sqrt{\text{Volt}}$

(λ gerechnet aus Q-Werten von Ramsauer und Kollath 37)

Das Elektronengas verhält sich energiemäßig selbständig im Plasma. Es hat seine eigene, von Gas und Ionenzustand weitgehend unabhängige Elektronentemperatur. Die Elektronentemperatur selbst ist nach den vorliegenden Sondenmessungen im wesentlichen von der Gas- bzw. Dampfdichte, praktisch aber kaum von der Trägerkonzentration und den geometrischen Verhältnissen abhängig, wie die in Abb. 24 veranschaulichten experimentellen Befunde zeigen.

Kenntnis der Elektronentemperatur T_e des Plasmas erlaubt, die spezifische Einströmung y Amp/cm^2 von Trägern gegen eine Wand mit beliebigem Potential zu ermitteln. Die Verhältnisse entsprechen hierbei der in Abb. 22b gezeichneten Sondencharakteristik. Ist das Wandpotential gleich dem einer isolierten Sonde, so ist der gesamte Sondenstrom I_S gleich Null, d. h. Elektroneneinstrom y_- nach Gl. (II, 23) und Ioneneinstrom y_+ heben sich auf. Bei höherem Wandpotential überwiegt der Elektronenein-

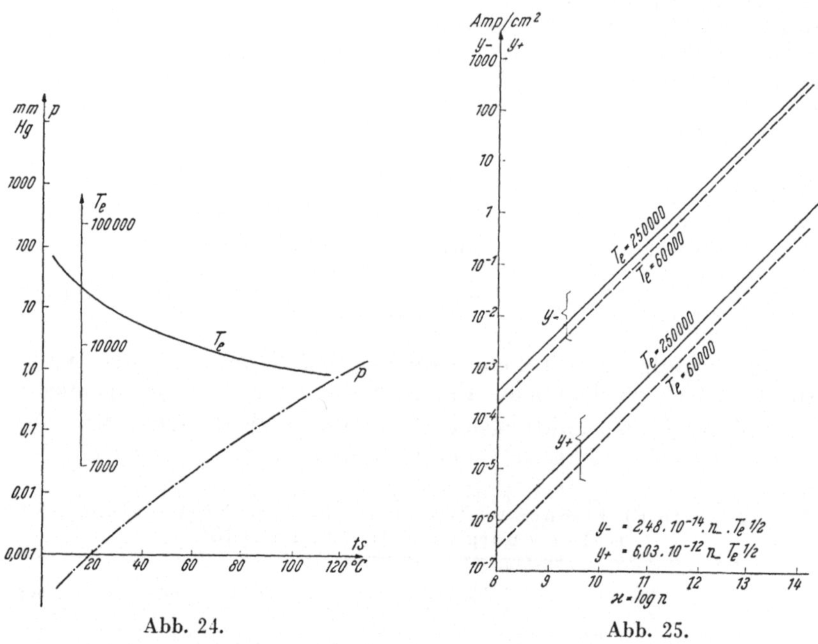

Abb. 24.

Abb. 25.

Abb. 24. Elektronentemperatur in Hg-Dampf-Plasma als Funktion der Hg-Dampf-Sättigungstemperatur t_s.

Abb. 25. Elektronen- und Ioneneinstrom gegen eine Wand als Folge gaskinetischer Teilchenbewegung. Die Werte y_+ bzw. y_- entsprechen den beiden Grenzfällen unipolarer Einströmung bei entsprechenden Wandpotentialen.

strom. An der in halblogarithmischer Darstellung stark ausgeprägten Knickstelle V_2' der Sondencharakteristik ist der volle Elektroneneinstrom $y_-(0)$ vorhanden. Langmuirs Messungen zeigen ein Verhältnis $\frac{y+}{y_-(0)} = \frac{1}{410}$. Die große Abweichung vom erwarteten Verhältnis $\frac{1}{607}$ beweist das Fehlen einer Maxwellschen Geschwindigkeits-Verteilung bei den Ionen.

In Diagramm Abb. 25 ist die Wandeinströmung der beiden Grenzfälle — reiner Elektronen-$y_-(0)$- und reiner Ionen-Einstrom y_+

— für verschiedene Trägerkonzentrationen und Elektronentemperaturen zahlenmäßig dargestellt. Diese beiden Grenzwerte entsprechen Sonden-Potentialen V_2' bzw. Werten unter —10 Volt in der Sondencharakteristik Abb. 22 b. Für Zwischenpotentiale ist der spezifische Einstrom $y = y_+ - y_-$, wobei y_- aus Gl. (II, 23) zu entnehmen ist.

Der an einer isolierten Wand auftretende Raumladungsbelag wird Langmuir-Schicht genannt. Der resultierende Einstrom i an der Wand ist Null; die Raumladungsschicht wird im wesentlichen durch die relativ langsamen Hg-Ionen bestimmt. Man ist daher in der Lage, aus Gl. (II, 18) die Dicke der Langmuir-Schicht für gegebene Plasmadaten zu berechnen. Setzt man die Stromdichte

$$y_+ = \frac{1}{410}\, y_-(0)$$

in die Wandbedingung

$$i = y_+ - y_- = 0 \qquad \text{(II, 28)}$$

ein, so folgt das Wandpotential V_w unmittelbar aus Gl. (II, 23 a)

$$V_w = \frac{T_e}{11\,600} \cdot \ln 410 = 0{,}00049\, T_e \text{ Volt.} \qquad \text{(II, 28 a)}$$

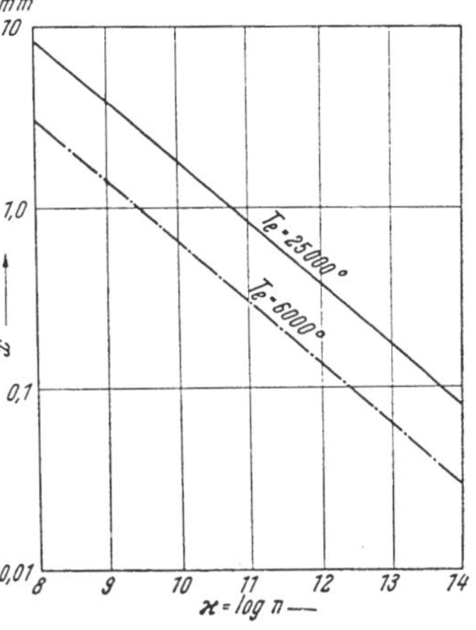

Abb. 26. Stärke der Langmuir-Schichten (Ionen-Raumladungsgebiet) an den das Plasma begrenzenden Wänden bei gleichem Einstrom von Ionen und Elektronen für verschiedene Elektronentemperaturen Te, dargestellt als Funktion der Elektronenkonzentration n_-.

So errechnete Werte für die Ausdehnung der Langmuir-Schicht-Dicke bei verschiedenen Plasmazuständen sind in Abb. 26 wiedergegeben.

Die quantitative Erfassung des Zustandes des Neutral-Gases bzw. Dampfes im Plasma setzt Kenntnis konstruktiver Einzelheiten des Entladungssystems voraus. Die Verhältnisse sind hier außerordentlich verwickelt und exakte Bestimmungen daher kaum möglich. Annäherungsverfahren zur Eingrenzung der in den Stromrichter-Gefäßen für spezielle Betriebsfälle zu erwartenden Neutral-Gas- bzw. Dampf-Temperaturen und -Dichten finden sich in Absch. IV.

II, 6. Übergänge.

Die in den Niederdruck-Stromrichter-Gefäßen ausgenützten Entladungen sind räumlich durch die Gefäßwände und zeitlich durch den Rhythmus der jeweiligen Stromrichter-Schaltung bestimmt. Den bisherigen Ausführungen war im wesentlichen der Zustand einer zeitlich unveränderten (stationären) und räumlich unbegrenzten Entladung zugrunde gelegt gewesen. Es sind daher die diesbezüglichen Übergänge besonders ins Auge zu fassen. Veränderungen im Zustand der Entladung und die dabei sich abspielenden Übergangserscheinungen bilden ein wichtiges Kapitel der Entladungsphysik. Ein kurzer Überblick über die hauptsächlichsten diesbezüglichen Phasen bei Niederdruckentladungen folgt im Abschn. II, 6, 3, während sie im Kap. IV im Zusammenhang mit dem Verlauf der Anodenstrom-Impulse gebracht werden.

Die räumlichen Grenzen der Entladungen waren bisher nur im Zusammenhang mit der Plasmatheorie und den Sondenmessungen in Erscheinung getreten. Für die Stromrichter-Gefäße aber sind gerade die Vorgänge an den räumlichen Grenzen von beträchtlicher Bedeutung, da hier die Rückwirkungen der Entladung auf das Gefäß selber vor sich gehen. Zwei verschiedene Arten von solchen räumlichen Übergangszonen sind zu unterscheiden:

a) Die Wände des Entladungsgefäßes, die die Übergangszone zur unbeteiligten Atmosphäre herstellen; sie begrenzen das Konvektionsstromgebiet und den bloß gas- bzw. dampferfüllten Raum;

b) Elektroden: diese bilden Übergangsgebiete vom Konvektionsstrom zu metallischem Leitungsstrom.

Die Art der räumlichen Übergangsgebiete bestimmt das Prinzip, die Konstruktion und das Betriebsverhalten der Stromrichter-Gefäße. Bei der in Kap. IV folgenden Behandlung der technischen Einzelheiten der Stromrichter-Gefäße werden daher die räumlichen Übergangszonen der Entladungen eingehend berücksichtigt. Die an denselben sich abspielenden Erscheinungen sind aber von den Vorgängen der Entladungsbahn so grundverschieden, daß eine gesonderte Beschreibung der auftretenden physikalischen Phänomene notwendig erscheint.

II, 6, 1. Übergangsphänomene an den räumlichen Grenzen von Niederdruckentladungen.

Die gaskinetische Bewegung der Ladungsträger ergibt, wie die Plasmatheorie nachgewiesen hat, einen dauernden Einstrom von Ionen und Elektronen gegen die Begrenzungswände. Je nach dem Potential V der betrachteten Wandstelle ist das Verhältnis zwischen Elektroneneinstrom y_- und Ioneneinstrom y_+ verschieden.

II, 6, 1, 1. Grenzwände.

Sind die das Konvektionsstromgebiet abgrenzenden Wände aus Isoliermaterial, dann stellt sich an jeder Stelle der Wand das den Plasmadaten entsprechende Sondenpotential V_0' nach Gl. (II, 28 a) ein. Kenntnis der Plasmadaten erlaubt somit, die elektrischen

Verhältnisse an den Wänden — d. i. Potential und Einströmung — zu ermitteln. Die Trägereinströmung zu den Wänden bestimmt aber auch die räumliche Verteilung der Träger im Raum innerhalb der Wände. Schottky hat die Trägerbewegung zu den Wänden als Diffusionsvorgang angesehen und damit rechnerisch Zugang zu dem Raum des Entladungssystems ermöglicht. Im Hinblick auf die große Bedeutung der räumlichen Trägerverteilung für alle Entladungsvorgänge in den Stromrichter-Gefäßen erscheint ein genaueres Eingehen auf die Plasma-Diffusionstheorie [1, 2, 3] geboten.

II, 6, 1, 2. Diffusion von Ladungsträgern.

Im stationären Zustand der Entladung muß in jeder Volumseinheit Trägerneubildung j und Trägerabfluß y im Gleichgewicht stehen[5]:

$$\operatorname{div} y = \mathrm{j} \tag{II, 29}$$

Da im Plasma $n_+ = n_-$ ist, wird auch die Neubildung $\mathrm{j}_+ = \mathrm{j}_-$ sein und damit die Abwanderung beider Polaritäten gleich groß; Schottky bezeichnete diesen Zustand als „ambipolare Strömung". Die Arbeit für die Trägerneubildung bedingt die Höhe der Ionisierungsspannung U_i; sie wird einen Bruchteil κ der Säulenverluste betragen:

$$\mathrm{j}\,\varepsilon \,.\, U_i = \kappa \frac{\partial V}{\partial z} \cdot i \tag{II, 30}$$

und mit

$$i = n\,(\mathrm{b}_+ + \mathrm{b}_-)\,\varepsilon \frac{\partial V}{\partial z}$$

laut Gl. (II, 19 a und b) ergeben:

$$\mathrm{j} = n\,(\mathrm{b}_+ + \mathrm{b}_-) \frac{\kappa}{U_i} \cdot \left(\frac{\partial V}{\partial z}\right)^2. \tag{II, 30 a}$$

Da innerhalb weiter Grenzen der praktisch verwendeten Entladungen $\frac{\partial V}{\partial z} = \mathfrak{E} \sim \text{const}$, kann

$$\mathrm{j} = n \,.\, \mathrm{C} \tag{II, 30 b}$$

mit

$$\mathrm{C} = (\mathrm{b}_+ + \mathrm{b}_-) \frac{\kappa}{U_i} \cdot \mathfrak{E}^2 \tag{II, 30 c}$$

geschrieben werden.

---

[5] Die hier gebrachte Ableitung entspricht formal völlig der von Schottky gegebenen. Trägerneubildung j ist die Anzahl der je cm^3/sec gebildeten Trägerpaare und Trägerabfluß y ist die je Sekunde aus der Volumseinheit austretende Anzahl Trägerpaare.

Die Abflußströmung y wird als Resultierende einer gaskinetischen Diffusion y' und einer feldbedingten Konvektionsströmung y'' angesehen; die Komponenten lauten:

nach Gl. (II, 10) zusammen mit Gl. (II, 12)	nach Gl. (II, 19)
$y'_+ = -b_+ . k . T_+ . \text{grad}\, n_+$	$y''_+ = -b_+ n_+ . \text{grad}\, V$
$y'_- = -b_- . k . T_- . \text{grad}\, n_-$	$y''_- = -b_- n_- . \text{grad}\, V$

Für ambipolare Abwanderung ist

$$y_+ = y'_+ + y''_+ = y_- = y'_- + y''_-, \tag{II, 31}$$

damit erhält man

$$y = -\frac{b_+ . b_- . k (T_+ + T_-)}{b_+ + b_-} \cdot \text{grad}\, n. \tag{II, 31 a}$$

Gl. (II, 31 a) repräsentiert einen komplexen Diffusionsvorgang mit einem Diffusionskoeffizienten[6] D_a.

$$D_a = \frac{b_+ . b_- . k (T_+ + T_-)}{b_+ + b_-}. \tag{II, 31 b}$$

Durch Zusammenfassen der Gl. (II, 29), (II, 30 b) und (II, 31 a) ergibt sich als charakteristische Bedingung für Entladungssäulen:

$$j = n . C = -D_a . \text{div grad}\, n. \tag{II, 31 c}$$

Für eine Entladungssäule mit zylindrischen Begrenzungswänden lautet Gl. (II, 31 c):

$$\frac{D_a}{r} \cdot \frac{\partial}{\partial r}\left(r \frac{\partial n}{\partial r}\right) + C . n = 0, \tag{II, 32}$$

was eine Besselsche Funktion nullten Grades als Lösung für n ergibt:

$$n = n_0 . J_0\left(\sqrt{\frac{C}{D_a}} \cdot r\right). \tag{II, 33}$$

n kann nicht negativ werden; die Querschnittsberandung (R) muß daher äußerstenfalls mit der ersten Nullstelle von Gl. (II, 33) zusammenfallen; man erhält daher

$$\sqrt{\frac{C}{D_a}} \cdot R = 2{,}405 \tag{II, 33 a}$$

[6] In einer der vorgenannten Arbeiten [3] findet sich eine Abschätzung der in Großstromrichtern herrschenden Diffusionsdaten. Demnach liegt D_a zwischen 2000 und 4000 cm/sec und b_+ ist $\sim$ 3000 cm/sec pro Volt/cm.

oder

$$n = n_0 \,.\, J_0\left(2{,}405\,\frac{r}{R}\right). \qquad \text{(II, 33 b)}$$

Die Besselfunktion in der radialen Verteilung (Gl. II, 33 b) beschreibt die Trägerdichte stetig gegen den Rand zu abnehmend. Dies steht im Widerspruch zu der durch die Plasmatheorie nachgewiesenen Raumladungsschicht am Rande, wie sie durch das lokale Wandpotential bedingt ist. Nur bei einer Wandstelle, an der der volle, der Plasma-Temperatur und -Konzentration entsprechende Elektroneneinstrom erfolgt, tritt kein Wandpotential gegenüber dem Plasma auf. Durch Einführen eines etwas verkleinerten Entladungsbahnradius $R' = R - \delta$ (II, 34) kann man den oben gezeigten Widerspruch für technische Berechnungen [21 e] ausreichend beseitigen; δ ist die Stärke der Wandladungsschicht. Bei relativ kleinen freien Weglängen λ, d. h. bei höheren Drucken im Entladungsplasma, wird die Raumladungsschicht am Rand vernachlässigbar klein; damit erweist sich die Verteilung nach Gl. (II, 33 a) als spezieller Näherungsfall der exakteren Plasmatheorie.

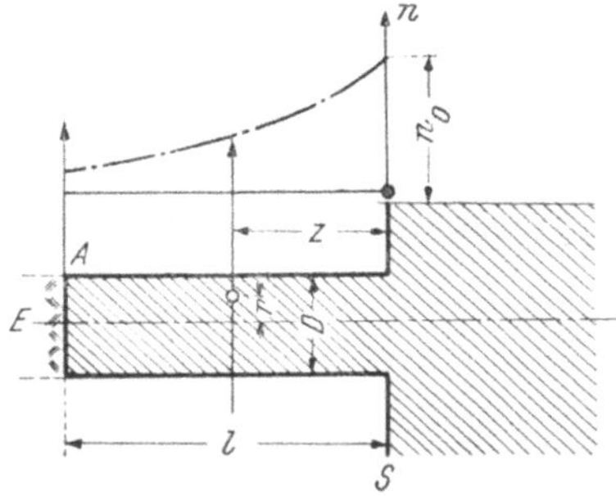

Abb. 27. Ambipolare Trägerdiffusion (nach Schottky) in einen rohrförmigen Abzweig A aus einem Behälter mit gleichmäßig verteiltem Plasma (Dichte n_0). Wiedervereinigung an den Wänden des Ansatzes schafft auch bei einheitlicher Wandtemperatur das nötige Konzentrationsgefälle, um dauernde Diffusion durch die Mündung aufrechtzuerhalten. Die strich-punktierte Linie n — oberhalb A — gibt den exponentiellen Konzentrationsabfall der Ionisation längs der Rohrachse an.

Die große praktische Bedeutung der Schottkyschen Betrachtungsweise liegt aber darin, daß durch die generelle Zurückführung der Ladungsträgerverteilung in Entladungen auf den Mechanismus neutraler Teilchendiffusion die rechnerische Bestimmung der Trägerverteilung für spezielle Anordnungen möglich gemacht wurde, da bereits bekannte Lösungen von Differentialgleichungen der Potentialtheorie verwendet werden können.

Die Vorstellung eines ambipolaren Diffusionsvorganges gilt aber nicht nur innerhalb der Entladungssäule selbst, sondern auch für in die Entladungsbahn einmündende, entladungsfreie Räume. So ist z. B. für Stromrichter-Gefäße vor allem die Diffusion aus einem Reservoir in einen zylindrischen Stutzen von Bedeutung (Abb. 27). Im Diffusionsraum selber ist

$$\operatorname{div} y = 0, \qquad \text{(II, 35)}$$

so daß

$$\operatorname{div}\operatorname{grad} n = \Delta n = 0. \qquad \text{(II, 35 a)}$$

Für einen (unendlich lang angenommenen) Zylinderstutzen wird Gl. (II, 35 a) in Zylinderkoordinaten ausgedrückt:

$$\frac{\partial^2 (n\,r)}{\partial z^2} + \frac{\partial}{\partial r}\left(r\,\frac{\partial n}{\partial r}\right) = 0. \qquad \text{(II, 36)}$$

Die Lösung ist

$$n = \underbrace{n_0 \,.\, J_0\left(\frac{2{,}4\,r}{R}\right)}\cdot e^{-\frac{2{,}4\,z}{R}}. \qquad \text{(II, 37)}$$

J_0 . . . Besselfunktion nullten Grades,
n_0 . . . Trägerpaardichte (Ionisation) am Stutzeneingang.

Der unterklammerte Ausdruck in Gl. (II, 37) bedeutet die radiale Dichteverteilung (identisch mit Gl. (II, 33 b) für eine brennende Säule), die e-Potenz aber die achsiale Dichteabnahme im Rohr bezogen auf die Mündung. Für viele Gefäßbetrachtungen reicht es aus, den Mittelwert $\bar{n}$ der Ionisation in den einzelnen Teilen der Entladungsbahn zu betrachten. Durch dessen Einführung in Gl. (II, 37) wird dieselbe unabhängig von der radialen Verteilung, und man erhält die Trägerabnahme mit zunehmender Entfernung von der Mündung.

$$\bar{n} = \bar{n}_0 \,.\, e^{-\frac{2{,}4\,z}{R}}. \qquad \text{(II, 38)}$$

$\bar{n}_0$ . . . mittlere Dichte am Stutzeneingang.

Die Trägerdichteabnahme nach Gl. (II, 38) setzt gleiche Temperatur entlang des ganzen Stutzens voraus. Wenn aber die von der Mündung entfernteren Stellen einen Temperaturanstieg aufweisen, dann äußert sich die in Abschn. II, 2, 4, 1, beschriebene Diffusionserschwerung in einer Erhöhung des Konzentrationsgefälles. Ein Zahlenbeispiel möge den beträchtlichen Umfang dieses Temperatureinflusses in dem Dimensions- und Arbeitsbereich von Niederdruckentladungen von Stromrichtern veranschaulichen:

In gesättigtem Hg-Dampf von 40^0 C mit $\lambda \sim 1$ cm, bei einer Trägerkonzentration $n_0 = 8 \,.\, 10^{13}$ an der Stutzenmündung und einem Konzentrationsgefälle $\frac{\partial n}{\partial z_0} = 4 \,.\, 10^{12}$ ergibt sich nach Gl. (II, 14) eine Diffusionsbehinderung von 22 % für ein Temperaturgefälle von 70^0 C/cm.

Bei metallischen Begrenzungswänden erfolgt eine analoge Trägereinströmung wie bei Wänden aus Isoliermaterial, und es entsteht ebenso eine die Intensität der Einströmung regelnde dünne Wandladungsschicht. Die durch die Leitfähigkeit der Wände auftretenden Begleiterscheinungen werden in Kap. IV, 3, 4, behandelt.

Bei allen Wandströmungen darf nicht übersehen werden, daß bei der Trägerrekombination an den Wänden zumindest die Befreiungsarbeit ψ frei wird; dies führt zu einer entsprechenden Wanderwärmung. In Gebieten hoher Plasmakonzentration treten hierdurch beträchtliche Wärmemengen auf, die leicht Erhitzungen dortselbst befindlicher Teile bis zu Rotglut bewirken können.

II, 6, 2. Elektroden.

Die Übergänge zwischen Konvektionsstrom der Entladung und Leitungsstrom im metallischen Stromkreis können prinzipiell in vier verschiedenen Formen vor sich gehen, nämlich:

Ioneneintritt — Elektroneneintritt,
Ionenaustritt — Elektronenaustritt.

Betrachtet man das Gefäß und bezieht man sich auf die Entladung als Bezugssystem, dann bedeutet die Kathode den Elektroneneintritt aus der Elektrode in die Entladung entsprechend einer negativen Stromflußrichtung im üblichen Sinn. In der Stromrichter-Technik hingegen bezieht man sich auf die Anschlußklemmen des Ventils; die Kathode bezeichnet daher die Austrittsstelle positiven Stromflusses und dementsprechend die Anode die Eintrittsstelle dieser Flußrichtung.

Bei den heute in Stromrichter-Gefäßen verwendeten Niederdruckentladungen sind die Elektronen der tragende Bestandteil des Konvektionsstromes i; die Träger-Elektronenbewegung im Gefäß verläuft daher wie die übliche Stromflußbezeichnung. Elektroneneintritt in die Entladung an der Kathode — Emission — und Elektronenaustritt aus der Entladung an der Anode sind daher in Stromrichter-Gefäßen die vor allem zu beachtenden Übergangs-Mechanismen. Die für Stromrichter-Gefäße heute ausgenutzten wichtigen Emissions-Mechanismen werden im nächsten Abschnitt (II, 7) eingehend behandelt. Der Anoden-Mechanismus = Elektroneneinstrom an der Anode erscheint im Licht der Plasmatheorie relativ einfach; alle an der Anodenoberfläche zufolge thermischer Bewegung einlangenden Elektronen passieren die Grenze der Anode ohne Widerstand; im Gegenteil, die ihnen früher zur Lostrennung aus der Kathode zugeführte Trennungsarbeit ψ wird jetzt analog wie die Verdampfungswärme bei der Kondensation wieder frei und erhitzt das Anodensystem. Die Anodenoberfläche muß zumindest so groß sein, daß die gaskinetisch auftreffende Elektronenzahl dem Entladungsstrom entspricht, sonst ergibt sich ein positiver Anodenfall, der durch zusätzliche Ionisierung höhere Trägerdichte vor der Anode hervorruft. Ist die Anodenfläche aber größer, dann kann sich sogar ein kleiner negativer Anodenfall einstellen.

Ionen-Emission (Eintritt) wird bei technischen Niederdruck-Stromrichter-Gefäßen nicht ausgenutzt. Es gibt wohl einige Phänomene [21 d], die Ionen-Emission unmittelbar ergeben, doch machen die erzielbaren geringen Intensitäten und der große Aufwand hierzu sie für Stromrichter-Zwecke ungeeignet.

Ionen-Austritt aus der Entladung kann in zwei prinzipiell verschiedenen Formen vor sich gehen:

a) Ionen treffen unter dem Einfluß elektrischer Felder auf eine Elektrode artfremden Materials. Dann wird ein Elektron aus dem Elektrodenmaterial losgelöst, und das neutrale Teilchen bleibt seinem Schicksal an der Elektrodenoberfläche überlassen. Es bildet vorerst einen Bestandteil der unmittelbar angrenzenden Atmosphäre, wobei allerdings die herangebrachte Bewegungsenergie eine Zerstörung des Oberflächengefüges bewirkt, was sich als Elektrodenzerstäubung äußert;

b) die Elektrode besteht aus dem gleichen Material wie das Ion. Dann geht das neutralisierte Ion spurlos in die Elektrode über, ein Fall, der z. B. bei Quecksilberanoden auftritt.

II, 6, 3. Übergänge zwischen verschiedenen Entladungszuständen.

Im heutigen Sprachgebrauch wird sowohl der Übergang vom stromlosen Zustand zu einer Entladung allgemein als auch die diesen Übergang auslösende Maßnahme bzw. Ursache als Zünden bezeichnet. Zwecks Trennung der beiden Begriffe soll weiterhin der Vorgang selbst Zünden, die Auslösung aber Zündung genannt werden. Nun sind aber selbst in einem bestimmten Entladungsapparat ganz verschiedene Entladungsformen je nach den äußeren Bedingungen möglich, so daß dementsprechend viele Übergänge zu unterscheiden sind.

In der Literatur über Gasentladungen [21] ist es üblich, diese Übergänge so zu beschreiben, wie sie sich in der klassischen Untersuchungsanordnung für Niederdruckentladungen abspielen.

Hierbei wird im wesentlichen immer ein Entladungsgefäß mit zwei neutralen Elektroden (Graphit, Eisen oder Aluminium) verwendet, das mit einer bestimmten Gas- oder Dampffüllung veränderlichen Druckes gefüllt wird und wo der Stromfluß in Abhängigkeit von der allmählich gesteigerten Spannung beobachtet und registriert wird. In dem hier vor allem interessierenden Niederdruckgebiet findet man auf diese Weise das in folgender Tabelle schlagwortartig charakterisierte Verhalten.

Tab. X. Entladungsformen im Niederdruck-System mit unpräparierten Elektroden.

Entladungsform	Strom-Verlauf / Bereich (Größenordnung)	Spannung V an Entladungsstrecke (Größenordnung) Volt	Anmerkung
Vorstrom	allmählich zunehmend / μAmp. und darunter	0 bis 100	Trägerbildung durch äußere Einflüsse (radioaktive oder kosmische Strahlung) — Strom von Entladungsvolumen und Feldstärke abhängig
normales Glimmen	sprunghafte Zunahme, danach aber durch Widerstand des äußeren Kreises bestimmt, bis Kathodenfläche völlig von Glimmhaut bedeckt / mAmp./cm^2	bleibt über bestimmtem Schwellwert $S_1 > 100$ V in weitem Strombereich konstant	je nach Gasart und -druck sowie Elektrodenart verändert sich Schwellwert S_1, wo Glimmen einsetzt. Stromdichte in Glimmhaut abhängig von Mediumsart und -dichte
anomales Glimmen	Stromerhöhung über normales Glimmen hinaus bringt	weitere Spannungserhöhung bis zu oberem Schwellwert S_2	
Bogen	Strom schwillt sprunghaft an / Amp. und Vielfaches davon	bei Überschreiten von S_2 tritt plötzlich Spannungszusammenbruch ein	die Übergangsverhältnisse zum Bogen variieren sehr stark mit den Einzelheiten der Anordnung. Im Niederdruckgebiet noch kaum Gesetzmäßigkeiten erforscht.

II, 6, 3, 1. Durchbruchsspannung.

Im unteren Bereich des Niederdruckgebietes sind die Glimmströme meist nur schwach, und ihr Verlauf ist undeutlich. Stark ausgeprägt hingegen ist dort der Übergang S_2 zum Bogen. Die entsprechende Durchbruchs- oder Funkenspannung ist Gegenstand eingehender experimenteller Untersuchungen gewesen, deren Ergebnisse durch das Paschen-Gesetz ausgedrückt werden. Demnach ist die Durchbruchsspannung vom Produkt Gasdruck × Elektrodenabstand nach einer V-Kurve (vgl. Abb. 28) abhängig, deren näherer Verlauf im wesentlichen von der Natur des Gases abhängt. Der linke Ast steigt viel rascher und höher an. Die dadurch ausgedrückte Tatsache einer Erhöhung der Durchbruchsspannung bei Verkleinerung des Elektrodenabstandes unter ein bestimmtes Maß bezeichnet man als Entladungsbehinderung.

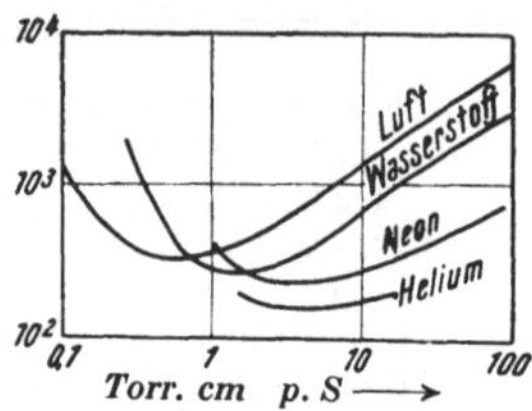

Abb. 28. Durchbruchsspannungen (Paschendiagramm) für Edelgase (nach Mierdel).

Im Laboratorium des Siemens-Röhrenwerkes in Berlin wurden speziell im Druckbereich von Niederdruckstromrichtern Durchbruchsmessungen von Hg-Dampf durchgeführt, wobei ein möglichst einfaches Zwei-Elektroden-System, wie es idealisiert oben in Abb. 29 gezeichnet ist, verwendet wurde. Die Ergebnisse der Messungen von Smede und Pforte sind durch die auf dem gleichen Blatt entsprechend bezeichneten Kurven wiedergegeben. Beachtlich ist die gute Übereinstimmung der unter diesen Umständen gewonnenen Zahlenwerte mit dem Paschenschen Gesetz. In das gleiche Diagramm sind weiters die in der vorgenannten Arbeit von Hull [6a] angegebenen Werte eingetragen, und zwar bedeutet die mit a bezeichnete Kurve die Spannungsfestigkeit ohne und b die Spannungsfestigkeit mit Rückwirkung einer benachbarten brennenden Anode.

Die Anordnung von Hull läßt sich nicht unmittelbar mit den idealisierten Versuchsanordnungen von Smede und Pforte vergleichen, da Hull die Untersuchungen an einem Entladungsapparat in der üblichen technischen Ausführung, mit Anoden in eigenen Anodenhülsen mit Gittern und weitabliegender Kathode durchgeführt hat. Es folgt aber unmittelbar aus der Plasmatheorie, daß irgend welche, im Entladungspfad befindliche isolierte Teile, wie Gitter, Hülsen oder ähnliches, während des Brennens ein Potential nahe dem der Entladung und damit auch nahe dem der Kathode annehmen und dieses auch während der Sperrphase behalten. Daher wirkt ein isoliertes Gitter nahe der Anode in der Sperrphase potentialmäßig wie eine kalte Kathode.

Ohne die Details der Hullschen Anordnung zu kennen, läßt sich annehmen, daß der Abstand des Anodengitters in der Größenordnung von 10 bis 20 mm gelegen war. In diesem Fall ergibt sich ein gutes Zusammenpassen der Kurve a mit den Werten von Smede und Pforte, wie es durch die strichlierte Linie in Abb. 29 gezeigt ist. Diese Kurve ist als idealisierte Durchbruchsspannungscharakteristik für Hg-Dampf in einer Anordnung nach Abb. 29, oben, bei etwa 20 mm Elektrodenabstand anzusehen.

Die starke, von Hull angegebene Absenkung der Durchbruchsspannungen von a nach b nach dem Einschalten der Hilfserregung des untersuchten Stromrichter-Gefäßes weist auf bei b grundsätzlich abweichende Durchbruchsbedingungen hin. Diese besonderen, für Stromrichter-Gefäße bedeutungsvollen Verhältnisse werden eingehend in Kap. III und IV erörtert werden.

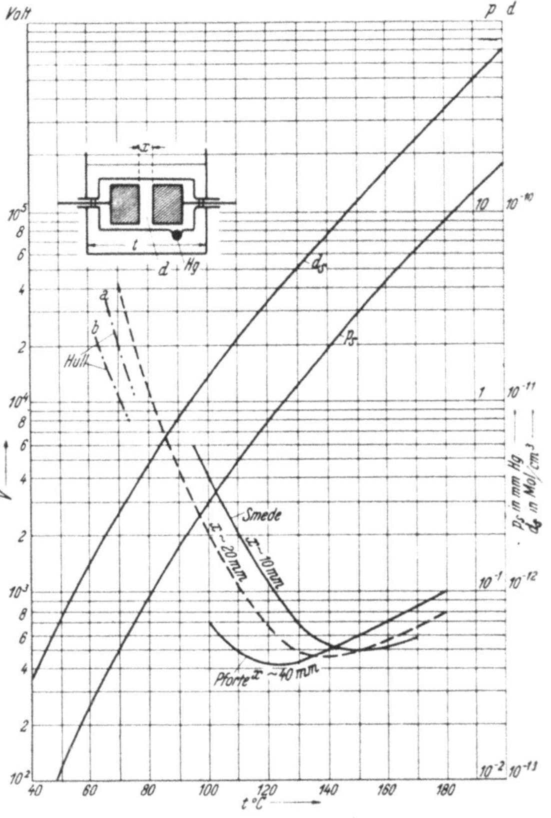

Abb. 29. Zusammenstellung verschiedener Messungen über Hg-Dampf-Durchbruchsspannungen. Die Skizze links oben veranschaulicht das Prinzip der Meßanordnung mit gesättigter Hg-Dampf-Atmosphäre zwischen den Elektroden. p_s und d_s geben den zur jeweiligen Temperatur °C gehörigen Sättigungsdruck bzw. die Sättigungsdichte an.

Doch selbst für den einfachen Fall des unbeeinflußten Spannungsdurchbruches ist es im allgemeinen noch nicht geglückt, die Übergangserscheinungen zwischen den verschiedenen Entladungsformen mathematisch zu beschreiben. Der klassische Ansatz von J. Townsend [38] gibt mit einem anschaulichen Bild der Vorstellung zumindest einen Hinweis über die Art der sich beim Zünden abspielenden Vorgänge. Ausgegangen wird von einer Entladungsstrecke in Form eines planparallelen Kondensators mit Plattenabstand d, an der ein Potential V herrscht. Durch einen Primäreffekt (Photo-Ionisation z. B.) werden an der Kathode n_0 Elektronen/sec freigemacht, die sich unter Einfluß des Feldes zur Anode bewegen und unterwegs mit einem Ionisierungs-Koeffizienten α (erster Townsend-Koeffizient) neue Trägerpaare bilden. Die entsprechenden Ionen strömen zur Kathode und befreien dort weitere Elektronen nach einem zweiten Townsend-Koeffizienten γ, so daß sich der Elektronenstrom zur Anode dadurch erhöht. Greift man eine Phase dieses Wechselspiels heraus, wo als Folge von n_0' von der Kathode ausgehenden Elektronen n Elektronen an der Anode einlangen, so gelten folgende zwei Beziehungen:

$$n = n_0' \cdot e^{\alpha d}, \qquad \text{(II, 39 a)}$$

Ionisierung im Gas

$$n_0' = n_0 + \gamma (n - n_0'); \qquad \text{(II, 39 b)}$$

totale Kathodenemission

daraus ergibt sich unmittelbar:

$$\frac{n}{n_0} = \frac{e^{\alpha d}}{1 - \gamma (e^{\alpha d} - 1)} \qquad \text{(II, 40 a)}$$

oder nach Multiplikation mit der Elektrodenoberfläche F und der Elementarladung ε

$$\frac{I}{I_0} = \frac{e^{\alpha d}}{1 - \gamma (e^{\alpha d} - 1)}, \qquad \text{(II, 40 b)}$$

worin I_0 den bloß vom primären Kathodeneffekt herrührenden Strom bedeutet.

Man sieht, daß bereits für

$$\gamma (e^{\alpha d} - 1) = 1 \qquad \text{(II, 41)}$$

Gl. (II, 40) gegen unendlich konvergiert, daß also der Zusammenbruch in Form einer bei mehrmaligem Hin- und Herlauf lawinenartig anwachsenden Trägervermehrung vor sich geht. Leider ist die quantitative Übereinstimmung der Townsendschen Theorie mit praktischen Messungen nur mangelhaft. Einerseits variieren die eingeführten Koeffizienten α und γ unter verschiedenen Verhältnissen so stark, daß sie kaum als Konstanten angesprochen werden können, und anderseits führt die Townsendsche Theorie zu Aufbauzeiten der Entladung, die wesentlich länger sind als die wirklich gemessenen (Bouwers [38 a]).

Es ist nicht leicht, die an bestimmten einfachen Versuchsanordnungen gewonnenen Vorstellungen über Durchbruchsspannungen ohne sorgfältige Kritik auf konstruktiv komplizierte Entladungssysteme, insbesondere auf die technischen Stromrichter-Gefäße zu übertragen. Ohne weiteres darf man wohl nur die Durchbruchswerte nach Abb. 28 und 29 mit den bei Stromrichter-Gefäßen mit abgeschalteten Hilfskreisen erzielten Durchbruchswerten vergleichen. Man wird in solchen Fällen auch nicht fehlgehen, bei plötzlichem Anlegen einer Spannung $V > S_2$ ein rasches Aufeinanderfolgen der einzelnen Vorstufen von Tab. X bis zum Durchbruch anzunehmen, da Kathodenstrahl-Oszillogramme Übergangszeiten von 10^{-7} sec feststellen lassen [39].

Hingegen dürfen die vorangeführten Entladungsvorstellungen von Tab. X nicht direkt auf Stromrichtersysteme mit vor der Zündung bereits emittierenden Kathoden angewendet werden, wie sie heute die Regel vorstellen. Bei der klassischen Entladungsuntersuchungsart hat die angelegte Spannung den Emissionsmechanismus erst einleiten müssen, wogegen dies bei einer dauernd emittierenden Kathode wegfällt. Die hier freigemachten Elektronen, aber auch die damit verbundenen Ionen und Metastabilen diffundieren nämlich von ihrer Eintrittsstelle oder ihrem Entstehungsgebiet weg und gelangen dabei nicht nur in die Entladungsstrecke, sondern auch in die Anodennachbarschaft; dadurch entsteht nunmehr dort ein geänderter Zustand, gekennzeichnet durch verstärkte Anwesenheit von Ladungsträgern bzw. angeregten Stufen, die eine oder viele Zehnerpotenzen größer sein kann als der in der klassischen Entladungsröhre vorhandene Normalzustand. Ohne die Einzelheiten der Zusammensetzung weiter zu berücksichtigen, wird diese durch eine benachbarte Entladung hervorgerufene Anwesenheit von angeregten bzw. ionisierten Teilchen als Vorionisation — *VI* — bezeichnet. So verändern sich die Voraussetzungen für die Übergänge zwischen dem stromlosen Zustand und den verschiedenen Entladungsformen grundsätzlich. Bereitstellung und Ausbreitung der *VI* in Entladungsgefäßen sind in Kap. III ausführlich behandelt.

Der Einfluß der dauernd emittierenden Kathode äußert sich, wie die Durchbruchskurve b in Abb. 29 zeigt, in einer starken Herabsetzung der Zündschwellwerte S_2, wobei das Ausmaß derselben von den jeweiligen speziellen Gegebenheiten der Anordnung abhängt.

II, 7. Kathoden und Elektronen-Emission.

II, 7, 1. Kalte Kathoden.

Elektroneneintritt in eine Niederdruckentladung aus einer kalten, gewöhnlichen Metallfläche wurde in den historischen Experimenten von Hittorf, Crook, Geisler, ja sogar Röntgen ohne nähere Detailkenntnis des Elektronenbefreiungsprozesses ausgenutzt. Die zur Befreiung der Elektronen aus dem Metallverband erforderliche Arbeit wird aus der kinetischen und potentiellen Energie der auf die Metallfläche auftreffenden Ionen bzw. angeregten Atome und Moleküle bezogen [33]. Ist

$$\left\{\begin{array}{ll}\text{bei Ionen} \ldots\ldots\ldots\ldots & \frac{M v^2}{2} + \varepsilon\, U_i \geqq 2\,\varepsilon\,\psi \\ \text{bei angeregten Stufen} \ldots & \frac{M v^2}{2} + \varepsilon\, U_i \geqq \varepsilon\,\psi\end{array}\right\}, \qquad \text{(II, 42)}$$

U_i . . . Ionisierungsspannung,
ψ . . . Austrittsarbeit,
M . . . Ionenmasse,
v . . . Ionengeschwindigkeit,

dann können Elektronen aus dem Metall herausgeholt werden; bei Ionenstoß sind zumindest zwei Elektronen erforderlich, um auch die Ladung des Ions selber zu kompensieren; bei Metastabilen und angeregten Stufen aber reicht bereits ein Elektron aus, so daß hier niedrigere Energieniveaus schon elektronenbefreiend wirken. Es bedarf aber ziemlich großer Ionengeschwindigkeiten entsprechend mehreren 100 Volt, um einigermaßen nennenswerte Ausbeuten an Elektronen zu erzielen. (Für die sehr günstige Kombination Aluminium und Helium sind z. B. ca. 600 V für eine Ausbeute von 10% entsprechend einem zweiten Townsend-Koeffizienten $\gamma = 0{,}1$ erforderlich.) Mit diesem Ionenbombardement verbunden ist wieder eine materialabhängige, mehr oder weniger starke Zerstäubung.

Erst in jüngster Zeit ist es gelungen, durch Alkaliüberzüge die Ausbeute bei Kalt-Kathoden so weit zu verbessern, daß solche für technische Entladungsgefäße — doch auch da vorerst nur als Relais für sehr kleine Ströme — Verwendung finden können.

II, 7, 2. Glühkathoden.

Die Tatsache, daß glühende Oberflächen im Vakuum imstande sind, Elektronen freizumachen, wurde vor der Jahrhundertwende von Edison festgestellt. Die Emissionsstromdichte bei Glühemission wird durch die Gleichung von Richardson [40]

$$i = A \cdot T^2 \cdot e^{-\frac{\varepsilon \psi}{kT}} \text{ Amp./cm}^2. \qquad \text{(II, 43)}$$

A . . . Konstante (zwischen 65 und 100 Amp./cm²),
T . . . Kelvin-Temperatur,
k . . . Boltzmann-Konstante,
ψ . . . Austrittsarbeit.

Man hat bald gelernt, durch richtige Materialwahl dauerhafte und verläßliche Kathoden herzustellen. Dadurch ist die Glühemission heute ein Elementarmechanismus des modernen Lebens als Kern der Nachrichtentechnik geworden. Auch für die Stromrichter-Technik sind Glühkathoden von beträchtlicher Wichtigkeit. Abb. 30 zeigt Emissionsstromdichten für verschiedene Kathodenmaterialien. Auf weitere Details der Glühemission soll hier nicht eingegangen werden, da einerseits selbst im Beschränken auf die wichtigsten Probleme das zur Verfügung stehende Volumen zu stark in Anspruch genommen würde und anderseits gerade über Glühkathoden ausgezeichnetes Schrifttum vorliegt [41].

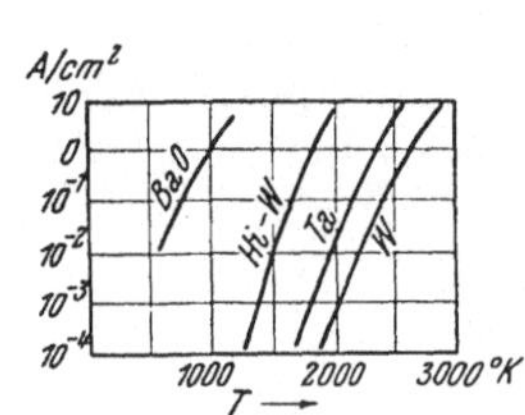

Abb. 30. Kathoden-Stromdichten bei Glüh-Emission (nach Mierdel).

II, 7, 3. Fleckkathoden an Metalloberflächen (flüssige Metallkathoden).

II, 7, 3, 1. Problematik.

Auf freien Oberflächen von Metallen mit niedrigen Schmelzpunkten (vor allem Quecksilber, aber auch Kalium, Natrium, Kadmium u. a. m.) kann durch bestimmte Auslösevorgänge — Zündung — ein mit niedrigen, treibenden Spannungen sich selbst erhaltendes, leuchtendes Phänomen — Kathodenfleck genannt — mit praktisch unbegrenzter Elektronenemissionsfähigkeit hervorgerufen werden. Trotz zahlreicher Untersuchungen in den vergangenen 50 Jahren, trotz der außerordentlich ausgebreiteten Verwendung und trotz umfangreichen Beobachtungsmaterials herrscht über den Emissionsvorgang selbst noch reichlich Unklarheit. Interessante, bisher vorgeschlagene Erklärungsversuche waren:

a) Thermische Emission zufolge hoher Quecksilbertemperatur im Fleck [42, 43],

b) Feldemission, hervorgerufen durch außerordentlich hohe Feldstärken oberhalb des Flecks [44],

c) thermische Ionisierung des Dampfes im Fallraum oberhalb des Flecks [45, 46],

d) stufenweise Anregung des Dampfes im Fallraum oberhalb des Kathodenflecks durch rasche Aufeinanderfolge von Stößen (Mehrfachstöße) [47],

e) thermische Emission zufolge hoher Temperatur der Leitungselektronen in dünner Grenzschicht des (relativ kalten) Metalls — Smith-Effekt [48].

Die älteren Theorien a)—d) sind bereits sehr scharfen Kritiken, insbesondere durch quantitative Überprüfung der meßbaren Begleiterscheinungen unterzogen worden. Nach F. Lüdi [47] oder L. B. Loeb [21 h] kann keine derselben solchen quantitativen Kontrollen standhalten. Nur die Feldtheorie [44] erhielt neuestens Stützung durch Froomes [49, 50, 51] Beobachtung sehr hoher Stromdichten unmittelbar nach dem Zünden.

C. G. Smiths Vorstellungen hingegen bewegen sich außerhalb der herkömmlichen Anschauungsweise. Sie führen aber zu zahlenmäßigen Ergebnissen, die mit den beobachteten und gemessenen Verhältnissen des Kathodenflecks viel besser übereinstimmen als alle anderen Hypothesen. Überdies geben sie Aufschluß über einige bisher undeutbare Begleiterscheinungen.

Vor einem näheren Eingehen auf die beiden heute zur Diskussion stehenden Theorien: Langmuirs Feldemission und die Grenzschichtemission C. G. Smiths soll jedoch eine elementare Beschreibung der von außen beobachtbaren Umstände der Fleckemission gegeben werden.

II, 7, 3, 2. Äußere Merkmale der Fleckkathode.

a) Visuelle Eindrücke. Beobachtung eines arbeitenden Glasgleichrichter-Gefäßes vermittelt unmittelbar folgende Tatsachen: Je nach der Intensität des von der Fleckkathode emittierten Stromes bewegen sich ein oder mehrere hell leuchtende Flecken unregelmäßig über die Metalloberfläche, wenn man vorerst von besonderen Anordnungen absieht, wo der Fleck an Molybdän- oder Wolframkörpern, die aus der Metalloberfläche herausragen (Fleckfixierung), absieht. Bei schwachen Strömen (ca. 5 bis 10 Amp.) ist die Hg-Oberfläche kaum bewegt. Bei höheren Kathodenströmen entstehen aber Wellen, die 15 mm und darüber erreichen können.

Zunehmende Kondensation am Kühldom läßt im Zusammenhang mit Stromsteigerung auf stromabhängige Verdampfung des Kathodenmaterials schließen. Näheres über die Verdampfung selber folgt im Kapitel IV. Ein Gebiet starker Leuchtdichte liegt unmittelbar an der Metalloberfläche.

b) Mindeststrom. Unterhalb eines nach den jeweiligen Verhältnissen etwas schwankenden Mindeststromes ist die Fleck-Emission nicht fähig zu bestehen.

Erfahrungswerte hierfür sind:

ca. 3 bis 5 Amp. auf freier Hg-Oberfläche,
ca. 0,5 Amp. auf metallischen Fixierkörpern,
ca. 0,05 Amp. auf gesintertem Wolfram oder Molybdän (Steenbeck [21 a]).

c) Kathodenfall U_k. Fast unabhängig von der Höhe des Emissionsstromes findet sich ein — etwas dampfdruckabhängiger — Spannungsabfall (Größenordnung 9 Volt) in unmittelbarster Nähe des Fleckes. Mit beweglichen Prüfelektroden, die bis auf 2 mm Entfernung genähert werden konnten, wurde festgestellt [51], daß derselbe bei Quecksilber in einem Druckbereich von 0,5 bis 20 μ Hg-Säule 11,3 bis 9,0 Volt beträgt. (Bei den Alkali- und Erdalkalimetallen ergeben sich zum Teil wesentlich niedrigere Kathodenfallwerte.)

E. Kobel [52] betrachtet die unmittelbar an der Hg-Oberfläche liegende, leuchtende Schicht als das Kathodenfallgebiet. Zur Hg-Oberfläche parallele, mikroskopische Beobachtungen ließen die Dicke derselben mit ca. 0,002 cm feststellen. Spätere noch genauere, photographische Aufnahmen von C. G. Smith [53] zeigten dort 0,001 cm Dunkelraum unterhalb von 0,003 cm leuchtende Zone.

Kathodenfallmessungen bei Dampfdrucken, wie sie in Hg-Großstromrichter-Gefäßen an der Quecksilberoberfläche bestehen — Größenordnung 100 μ etwa — sind bisher noch nicht mit einer den oben angeführten Messungen vergleichbaren Genauigkeit bekannt geworden. Doch scheint der Kathodenfall dabei einem Grenzwert von ca. 8 Volt zuzustreben.

d) Fleckspektrum. Der Fleck weist ein kontinuierliches Spektrum über das ganze, beobachtbare Gebiet auf, so wie es glühende Körper aussenden.

e) Fleckenstrom. Unter stationären Arbeitsbedingungen beträgt der Mittelwert pro Fleck 6 bis 7 Amp. E. Schmidt [54] hat aus einer großen Anzahl kinematographischer Beobachtungen die statistische, in Abb. 31 dargestellte Häufigkeit w der Brennflecke je Emissionsstromeinheit ermittelt. Die anschaulichere Beziehung zu einer bestimmten Fleckintensität kann auf der linksgerichteten Abszisse abgelesen werden.

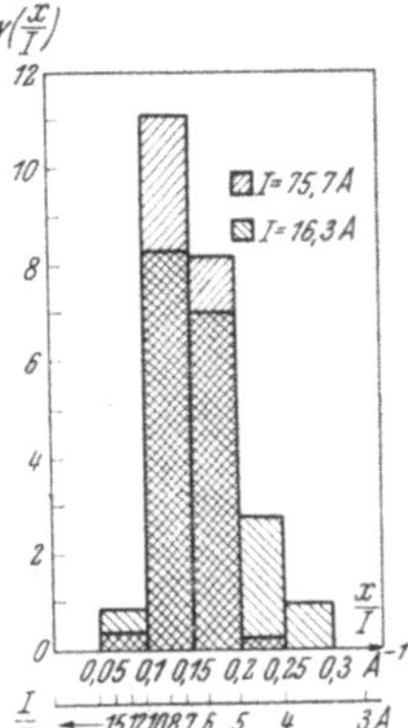

Abb. 31. Statistische Häufigkeit w der Anzahl x vorhandener Kathodenflecken (E. Schmidt). Brennfleckzahl bezogen auf die jeweilige Entladungsstromeinheit. Die untere, nach links gerichtete Abszisse I/x gibt eine überwiegende Häufigkeit von Einzelflecken zwischen 5—10 Amp an. Das gezeigte Diagramm umfaßt Beobachtungen aus dem weiten Bereich von Kathodenbelastungen zwischen 16 und 76 Amp.

Nach neuesten Beobachtungen ist die Fleckauftrennung bei größeren Strömen das Resultat der Ausbreitungsbehinderung eines einzelnen Flecks zufolge Muldenbildung der Oberfläche [50]. Bei intensiven Stromänderungen fand nämlich Froome die Ausbildung zusammenhängender Emissionsgebiete, solange $\frac{\Delta I}{\Delta t} < \pi \cdot 10^7$ Amp./sec. Darüber hinaus — gefunden aus Beobachtungen herab bis zu $5 \cdot 10^{-7}$ sec — entstehen aber bereits unabhängige neue Flecken während des Stromwachsens.

Ausbildung zusammenhängender Emissionsgebiete verlangt ruhige, ebene Oberfläche. Nach einigen μsec hört aber diese Bedingung auf, da Wellen auftreten, und das Emissionsgebiet zerbricht in Teile: Kerrzellenphotographie hat diesen Vorgang erstmalig verfolgen lassen.

f) Fleckbewegung und Fleckgeschwindigkeit. Zeitlupenaufnahmen von E. Schmidt [54] für stationäre Kathodenströme und seitlich ungehinderte Ausbreitungsmöglichkeit der Kathodenflecken herab bis zu kleinsten Aufnahmeintervallen von $\Delta t = 3{,}75 \cdot 10^{-4}$ sec zeigten bei Auswertung der einzelnen aufeinanderfolgenden Wegstrecken ein der Brownschen Molekularbewegung entsprechendes Verhalten des Kathodenflecks. Demnach weisen aufeinanderfolgende Wegstrecken statistisch nach allen möglichen Richtungen, und die wahrscheinlichste Zeit zum Durchlaufen einer Wegstrecke Δx cm ist gegeben durch

$$\Delta t = \frac{\Delta x^2}{15{,}2} \text{ sec.} \qquad \text{(II, 44)}$$

Dieser Zusammenhang nebst der daraus abgeleiteten, wahrscheinlichen Geschwindigkeit $\bar{v} = \frac{\Delta x}{\Delta t}$ (II, 45) als Funktion verschiedener Distanzen Δx ist in Diagramm Abb. 32 dargestellt, wobei die höchste beobachtete Geschwindigkeit 200 cm/sec betrug.

Wesentlich verschieden aber ist die Fleckbewegung während rascher Stromsteigerungen. Froome ermittelt aus einer photographischen Aufnahme aufeinanderfolgender Fleck-Positionen (Aufnahmezeit je Position 0,3 μsec, Intervall 4,2 μsec) Anfangs-Ausbreitungsgeschwindigkeiten der Flecke von maximal 10^4 cm/sec für die radiale Entfernung vom Entstehungsort. Hg-Dampf-Druckveränderungen in weiten Grenzen zeigten dabei anscheinend keinen Einfluß auf die Geschwindigkeitsverhältnisse.

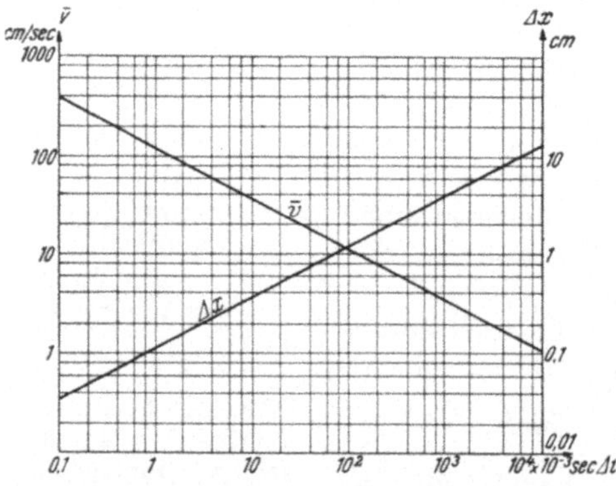

Abb. 32. Mittlere Geschwindigkeit $\bar{v}$ für verschiedene gerade Fortbewegungsstrecken Δx bei unbeeinflußtem Kathodenfleck.

Befindet sich der Kathodenfleck in einem Magnetfeld, das parallel zur Metalloberfläche verläuft, so nimmt der Fleck eine gerichtete Bewegung an. Er bewegt sich senkrecht zum Magnetfeld, aber in verkehrter Richtung, als es gleichsinniger Stromfluß in einem metallischen Leiterdraht ergeben würde. In einem weiten Bereich (bis etwa 4000 Gauß) nimmt diese Fleckgeschwindigkeit proportional mit der Feldstärke zu [48]; je nach der Quecksilbertemperatur erhält man als Proportionalitätsfaktor 2 bis $4{,}5 \cdot 10^{-2}$ cm/sec u. Gauß; die größeren Werte ergeben sich für kühleres Quecksilber. Bei noch höherenFeldstärken verlangsamt sich aber die Fleckbewegung, und bei 5000Gauß ist eine Umkehr zu einer langsamen Fleckbewegung in der elektrodynamisch bedingten Richtung festzustellen. Weitere Beobachtungen von C. D. Gallagher [55] ergänzen diese Richtungsumkehr durch Nachweis einer Druckabhängigkeit des Umkehrpunktes.

g) Stromdichte und Fleckausdehnung. Bis 1948 galt eine Fleckenstromdichte von etwa 4000 Amp./cm² als eine der wenigen gesicherten Konstanten der Fleckkathode. Dieser Wert wurde von verschiedenen Beobachtern, Güntherschulze [42], C. G. Smith [48], durch Filterbeobachtungen von Kathodenflecken ermittelt. Der erstere beobachtete unbeeinflußt frei bewegte, der zweite in einem transversalen Magnetfeld rasch umlaufende Flecken. Beide vorgenannten Beobachter sowie auch andere nehmen eine im wesentlichen kreisförmige Fleckform an.

Cobine und Gallagher [56] aber berichteten neuerdings von Fleckbeobachtungen (2 bis 12 Amp) vermittels eines besonderen Blendensystems, das die genaue Ausmessung zweier senkrechter Fleckdimensionen gestattet. Als Resultat wird angegeben, daß die Stromdichte mindestens 50000 Amp/cm^2, bei Berücksichtigung des Nachleuchtens an den Fleckrändern aber wahrscheinlich ein Mehrfaches davon betrage. Es handelt sich hierbei um einen magnetisch vorwärtsgetriebenen Fleck, der ca. 1 bis 2 msec nach dem Entstehen die Meßordnung passiert.

Noch wesentlich höhere Stromdichten stellte schließlich Froome [49, 50] mit Hilfe der von ihm eigens hierzu gebauten Einrichtung für kerrzellengesteuerte Mikrophotographie fest. In einem Zeitraum von ca. 100 µsec anschließend an die Zündung findet er unter den vorangeführten extremen Stromsteigerungen Werte zwischen 10^6 und 10^7 Amp/cm^2.

Cobine und Gallagher wollen den größenordnungsmäßigen Unterschied zwischen ihren Messungen und denen ihrer Vorgänger mit unzureichender Beobachtungsgenauigkeit erklären, insbesondere durch Mitberücksichtigen von (statistischen) Seitenbewegungen des Fleckes. Da Cobines und Gallaghers Meßanordnung solche Ungenauigkeiten eliminiert hat, ist die gleiche Erklärung bezüglich der Differenzen zu Froome nicht gut anzuwenden. Es ist verlockend, die höchsten Stromdichten derart in Zusammenhang mit dem Zündvorgang zu bringen, daß im Moment des Entstehens die größten Werte auftreten, worauf dann der Fleck sich ausdehnt und im stationären Zustand einen Mittelwert von ca. 4000 Amp/cm^2 führt. Danach würden die Cobine-Gallagherschen Beobachtungen einen Zwischen-Momentzustand des Abklingens beschreiben.

h) Verdampfung und Dampfstrahlen aus dem Fleck. Die Dampfentwicklung aus der freien Metalloberfläche — das Fleckgebiet selber ausgenommen — wird später (IV, 1) unter den konstruktiven Problemen behandelt. Der Kathodenfleck selbst entwickelt einen ebenso unerwartet schnellen als wenig dichten Dampfstrahl [52]. Mit der in Abb. 33 gezeigten Anordnung stellte E. Kobel bei einer Stromstärke von ca. 35 Amp Gleichstrom folgendes fest:

> Dampfdruck im Behälter: 0,5 bis $1{,}5 \cdot 10^{-3}$ mm Hg,
> verdampfte Hg-Menge: $0{,}017 \cdot 10^{-3}$ grm/sec,
> Rückstau: bis 6,5 cm,
> errechnete Dampfgeschwindigkeit: bis $43 \cdot 10^5$ cm/sec.

Die Dampfdichte im Strahl errechnet sich zu nur etwa $^1/_{6000}$ der 50^0 C entsprechenden Dichte von $4{,}2 \cdot 10^{14}$ Mol/cm^3.

Der diese Dampfstrahlen, die mit ähnlichen Extremwerten auch bei anderen Metallen — z. B. Kupfer, Tanberg [57] — gefunden wurden, hervorrufende Mechanismus war längere Zeit stark umstritten. Die befriedigende Antwort scheint R. Risch und

F. Lüdi [57 a] gegeben zu haben. Danach erfahren die im Kathodenfallgebiet befindlichen Dampf-Moleküle zufolge der hohen Elektronendichte dortselbst so viele Stöße (Stoßfolge $>10^8$/sec), daß eine Mehrfachanregung zu höheren Ionisierungsstufen erfolgt. Trifft nun ein solches mehrfach angeregtes Ion, z. B. ein fünffach ionisiertes Molekül M^{5+}, auf die Metalloberfläche, dann neutralisiert es sich mit der entsprechenden Anzahl Elektronen aus dem Metall, wobei die restliche, beträchtliche Energiedifferenz $U_i^{5+} - 5\psi$ (vgl. Abb. 18) sich in Bewegungsenergie des nunmehr neutralen Moleküls umsetzt, das nun mit einer mehreren hundert Volt entsprechenden Geschwindigkeit den Kathodenfallraum verläßt.

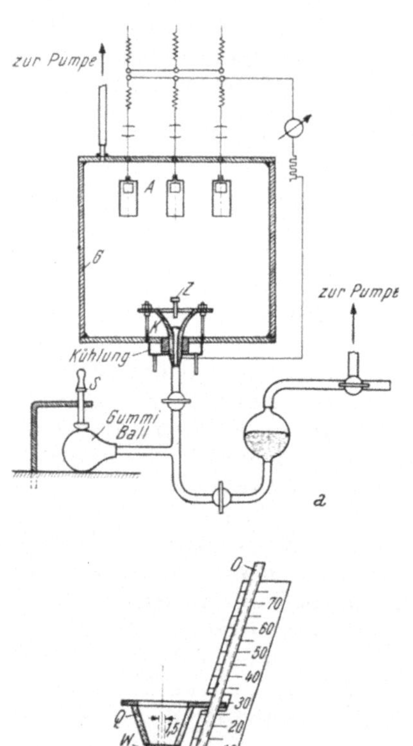

Abb. 33. Geschwindigkeitsbestimmung des aus einer Fleckkathode austretenden Dampfes. Versuchsanordnung von E. Kobel.

a) Gesamtanordnung: Eisengefäß G mit drei Anoden A und Meßkathode K mit Zündstift Z. Unter dem Gefäß ist eine Füllanordnung mit einem Gummiball, um die Höhe der Quecksilberoberfläche (Meniskus) mittels der Presse S genau einzustellen;

b) Meßkathode (vergrößert): Q Quarzkonus, W Wolframkörper mit konischer Bohrung, O Barometerrohr.

Nach dieser Erklärung sind daher bei den den Fleck verlassenden Dampfstrahlen durchaus verschiedene Geschwindigkeitswerte zu erwarten. Weiters müßte die Menge der in diesen Strahlen enthaltenen Hg-Moleküle lediglich durch die jeweilige Flecktemperatur bedingt sein.

E. Kobels Anordnung erlaubte, die Hg-Oberfläche gerade der Fleckgröße anzupassen; so war es möglich, die zusätzliche Verdampfung der am Fleck jeweils unbeteiligten Oberfläche zu eliminieren. Der dabei festgestellte extrem niedrige Verdampfungswert von 0,017 grm/Amp/sec ist nach den in Kap. IV, 1, folgenden Ausführungen nur ein Zufallswert entsprechend der gerade vorhandenen Wärmeableitung.

i) Fleckfixierung. Ragen Metallteile aus der Hg-Oberfläche heraus, deren Oberfläche ganz oder teilweise vom Kathodenmaterial benetzt wird, so zeigt der Kathodenfleck unter Umständen die Tendenz, sich an den Benetzungsrändern und deren benachbarten Gebieten anzusetzen. Die meisten Metalle werden hierbei sehr stark zerstäubt (Eisen, Kobalt, Nickel, Chrom, Tantal), hingegen widerstehen Molybdän und Wolfram den auftretenden Beanspruchungen ohne merkbare Beeinträchtigung. Man verwendet deswegen gelegentlich zur Ausschaltung der durch die Fleckbewegung verursachten Unruhe Kathodeneinbauten aus diesen Materialien, doch sind solchen Systemen bisher sehr enge Grenzen gezogen, da anscheinend der Absolutwert des Stromes einen Einfluß auf den Fixiervorgang ausübt. Irgend welche sichere Gesetzmäßigkeiten der Fleckfixierung sind bisher nicht bekannt geworden, doch steht fest, daß bis zu 20 oder 30 Amp Kathodenstrom deutliche Beruhigung der Kathodenvorgänge mit einfachen Stab- oder Streifeneinsätzen erzielt werden kann, darüber hinaus aber eine Vergrößerung der Benetzungslinie keineswegs eine proportionale Steigerung der Wirkung ergibt.

Durch Verwendung von Molybdän- oder Wolframschwamm können dochtartige Fixierkörper gebildet werden, die sich durch besonders niedrige Minimalströme auszeichnen.

k) Fleckstromzusammensetzung. Für die Tatsache eines bestimmten Emissionsstroms ist es belanglos, in welcher Verteilung er aus Elektronen, die den Fleck verlassen, und ein- oder mehrfach geladenen Ionen, die zum Fleck strömen, zusammengesetzt ist. Da eine diesbezügliche Klarstellung den Arbeitsmechanismus der Fleckkathode zweifelsohne leichter hätte verfolgen lassen können, sind verschiedene diesbezügliche Hypothesen an die experimentellen Untersuchungen angeschlossen worden. Direkte Messungen aber sind in dem in Frage stehenden Mikroraum des Kathodenfalls mit bisherigen Methoden nicht möglich; die indirekten Ableitungen aber stellten fast jeden möglichen Prozentsatz von 0 bis 100 fest. Neuere Untersuchungen (Lüdi u. a. m.) kommen allerdings zu kleineren Werten von 10 bis 20 %. Oberhalb des Fallraumes handelt es sich jedoch eindeutig um praktisch reinen Elektronentransport.

l) Fleckerlöschen. Bei Lastzuschaltungen, Überströmen, Kurzschlüssen und Rückzündungen kann es gelegentlich beobachtet werden, daß die Zündeinrichtung unmittelbar anschließend oder noch während der Stromänderung anspricht. Eine orientierende Zusammenstellung solcher Beobachtungen im Elin-Laboratorium 1936/37 hat zur Vorstellung geführt, daß bei sehr rapider Stromänderung ein Abwürgen des Kathodenflecks hervorgerufen wird. Später hat C. G. Smith dieses Kathodenfleck-Abwürgen durch Überlagerung eines hochfrequenten Stromstoßes [48] willkürlich zu reproduzieren vermocht und als Mindest-Frequenz $\nu_{min} > 10^7\,sec^{-1}$ festgestellt.

II, 7, 3, 3. Erklärungsversuche des Emissions-Mechanismus.

a) Feldemission. Nach I. Langmuir soll es die hohe Feldstärke des Kathodenfallraumes sein, die aus dem kalten Metall Elektronen befreit. Zufolge der hohen Beweglichkeit der Elektronen muß der Ioneneinstrom so wie an den Begrenzungswänden der Entladung (II, 6) ein Raumladungsgebiet über dem Kathodenfleck erzeugen. Die Feldstärke an der Kathodenoberfläche erhält man durch Differentiation der Stromgleichung (II, 18) für Raumladungsgebiete, die hier aber in der Form für Ionenstrom zu verwenden ist und lautet:

$$i_+ = 5{,}462 \,.\, 10^{-8} \sqrt{\frac{\Phi}{M_+}} \cdot \frac{V^{3/2}}{d^2}. \qquad \text{(II, 46)}$$

Darin bedeuten:

i_+ . . . Ioneneinstrom in Amp/cm^2
Φ . . . Valenz des Moleküls,
M_+ . . . Ionenmasse,
V . . . Potentialdifferenz der Raumladungsschicht,
d . . . Ausdehnung der Raumladungsschicht in cm.

Man erhält somit die Feldstärke $\mathfrak{E}$ im Kathodenfallgebiet aus bekanntem Kathodenfall U_k und bekannter Ionenstromdichte i_+ im Kathodengebiet:

$$\mathfrak{E} = 5{,}6 \,.\, 10^3 \sqrt[4]{\frac{M_+}{\Phi}} \cdot i_+^{1/2} \cdot U_k^{1/4}. \qquad \text{(II, 47)}$$

Fowler und Nordheim [58] haben 1928 quantenmechanisch abgeleitet, was für ein Emissionsstrom i aus kaltem Metall für verschiedene Feldstärken zu erwarten ist

$$i_- = \frac{6{,}2 \,.\, 10^{-6} \,.\, \mathfrak{E}^2}{\psi} \cdot e^{-\frac{6{,}8 \,.\, 10^7 \,.\, \psi^{3/2}}{\mathfrak{E}}} \ \text{Amp./cm}^2. \qquad \text{(II, 48)}$$

Erst die von K. D. Froome beobachteten Stromdichten i_- von 10^6 bis 10^7 Amp/cm^2 reichen aus, um nach Gl. (II, 47) zu Feldstärken zu führen, die, eingesetzt in Gl. (II, 48), Emissionsströme entsprechend den tatsächlich beobachteten ergeben würden; vorausgesetzt muß allerdings werden, daß der Ionenanteil i_+ des Einstromes einen nennenswerten Bruchteil des Gesamtstromes i ausmacht. Gl. (II, 48) ist mit den beobachteten Werten vorerst nur für Natrium-Kalium-Fleckkathoden angenähert erfüllt; doch ist die Wahrscheinlichkeit nicht von der Hand zu weisen, daß unter besonderen Umständen, z. B. unmittelbar während des Ziehens des Zündfunkens, auch andere Metalloberflächen das gleiche Verhalten zeigen.

b) Smith-Effekt. Smith vertritt die Vorstellung, daß die Leitungselektronen des Kathodenmaterials in der Grenzschicht durch direkten Stoß der von außen anprallenden, energiereichen Elektronen des Fallraumes genügend Energie erhalten können, um vermöge der nun entsprechend hohen Geschwindigkeit aus dem Metallgebiet heraus in den Kathodenfallraum einzufliegen. Dort sollen sie durch eine Vielzahl von Stößen die notwendige Energiezufuhr erfahren, um einerseits als Träger in das quasineutrale Gebiet der Entladungsstrecke einzutreten, und auch um anderseits bei Bewegung gegen die Kathodenoberfläche wieder die notwendige Befreiungsarbeit für weitere Elektronen in das Kathodenmaterial zu bringen.

Die drei Grundgleichungen von Smith beschreiben diesen Prozeß quantitativ wie folgt:

$$I = I_1 + I_2, \qquad \text{(II, 49)}$$

$$I_2 = n\,\varepsilon \left(\frac{\mathrm{k}\,.\,\mathrm{T_e}}{2\,\pi\, m}\right)^{1/2} \cdot \mathrm{e}^{-11600\, U_\mathrm{k}/\mathrm{T_e}}, \qquad \text{(II, 50)}$$

$$2\,(I_2/\varepsilon)\,\mathrm{k}\,.\,\mathrm{T_e} + \psi\,.\,I_2\,.\,10^7 = \psi\, I\,.\,10^7 + 2\,(I/\varepsilon)\,.\,\mathrm{k}\,.\,\Theta. \qquad \text{(II, 51)}$$

I . . . Gesamtelektronenstrom aus Fleck,
I_1 . . . beobachteter Emissionsstrom,
I_2 . . . in das Metall zurückkehrender Elektronenstrom,
ε . . . $1{,}6\,.\,10^{-19}$ Amp/sec (Elementarladung),
k . . . Boltzmann-Konstante $1{,}37\,.\,10^{-16}$ erg/grad Mol,
ψ . . . Austrittsarbeit,
Θ . . . Temperatur der Grenzschichtelektronen,
U_k . . . Kathodenfall (Volt),
$\mathrm{T_e}$ . . . Temperatur der Elektronen des Plasmas,
n . . . Elektronendichte im Plasma.

Die zweite Gleichung entspricht der Boltzmann-Gleichung (II, 15) und bestimmt, wie viele Elektronen aus dem Fallraum zufolge ihrer vorhandenen thermischen Energie trotz des entgegengesetzten Feldes die Kathode erreichen. Die dritte Gleichung stellt die Energiebilanz des Elektronenkreislaufes dar.

C. G. Smith findet für die dem benachbarten Plasma entsprechenden Werte von $\mathrm{T_e} = 37\,000^0$K und $n = 1{,}5\,.\,10^{16}$ cm^{-3} ein Verhältnis $\frac{I}{I_1} = 2$, wobei er I als thermische Emission $I = 120\,\Theta^2\,.\,\mathrm{e}^{-11600\,\psi/\Theta}$ berechnet. Θ ergibt sich für die oben genannten Werte mit 4000^0 als Temperatur der Leitungselektronen der Grenzschicht.

Dieses von den anderen Kathodenfleck-Vorstellungen völlig abweichende Bild erweist sich nun als geeignet, zwei bisher unerklärbaren Begleitphänomenen näherzukommen. Die dem Smith-Effekt zugrunde liegende Grenzschicht höher angeregter Elektronen mit einer Temperatur Θ muß gegen die normalen Leitungselektronen ein starkes Temperaturgefälle $\frac{d\Theta}{dz}$ aufweisen, ohne daß die Elektronenenergie der Grenzschicht durch Wärmeleitung in das übrige Metall stark beeinträchtigt wird. Ein hohes Temperaturgefälle zusammen mit einem starken parallelen Elektronenstrom bewirkt das Entstehen der sogenannten Thomson-Wärme [59], einem Temperaturgefälle, das entgegengesetzt dem Stromfluß gerichtet ist. Der Zusammenhang der beteiligten Faktoren wird durch folgende Gleichung ausgedrückt:

$$10^7 . \sigma I_1 \frac{d\Theta}{dz} = -\lambda_{Hg} \frac{d\Theta}{dz}. \qquad \text{(II, 52)}$$

Der linke Ausdruck entspricht der Thomson-Wärme, der rechte dem Wärmeabfluß zufolge der Materialleitfähigkeit.

λ_{Hg} . . . Hg-Wärmeleitfähigkeit: $8 . 10^5$ erg/cm/sec,

σ . . . ist der Thomson-Wärme-Koeffizient; nach Sommerfeld [60] beträgt derselbe $3{,}3 . 10^{-8} . \Theta$; er führt auf eine Schichtdicke von $z = 1$ bis $2 . 10^{-5}$ cm, in welcher der gesamte Temperaturabfall von 4000° auf Raumtemperatur erfolgt und wo die Thomson-Wärme somit die Wärmeableitung trotz des hohen Temperaturgefälles auf die beobachtbaren, sehr kleinen Restbeträge reduziert.

Das große Temperaturgefälle $\frac{d\Theta}{dz}$ in der Fleckgrenzschicht kann einen weiteren, bisher wenig beobachteten Transversaleffekt zur Folge haben, nämlich den Righi-Leduc-Effekt [59]. Demnach tritt bei einem starken Temperaturgefälle und einem dazu senkrechten Magnetfeld $\mathfrak{H}$ ein weiteres, auf beiden Richtungen senkrecht stehendes Temperaturgefälle $\Delta\Theta_1$ auf.

$$\frac{\Delta\Theta_1}{B} = \rho \cdot \mathfrak{H} \cdot \frac{d\Theta}{dz}. \qquad \text{(II, 53)}$$

B . . . Fleckbreite senkrecht zu $\mathfrak{H}$,

$\Delta\Theta_1$ . . . Temperaturunterschied längs B,

ρ . . . Righi-Leduc-Koeffizient; dieser beträgt nach Sommerfeld [60] $\frac{2\varepsilon\lambda e}{h} \cdot \left(\frac{\pi}{3n}\right)^{1/3}$, (II, 53 a)

$\mathfrak{H}$ . . . Feldstärke des magnetischen Feldes parallel zur Oberfläche,

h . . . Planksches Wirkungsquantum.

Zahlenmäßige Auswertung von Gl. (II, 53) ergibt Übereinstimmung mit der tatsächlichen Bewegungsrichtung des Fleckes und Geschwindigkeitsabhängigkeit von $\mathfrak{H}$, so daß die bisher unerklärliche gegenläufige Fleckbewegung in Magnetfeldern als Folge des Righi-Leduc-Effektes erscheint. Eine weitere Stütze erhält Smiths Hypothese durch eine energetische Betrachtung des Fleckausblasens durch überlagerte, hochfrequente Ströme. Es wurde schon früher erwähnt, daß die Überlagerung hochfrequenter Wechselstromimpulse mit $\nu = 10^7\,\mathrm{sec}^{-1}$ oder darüber die Kathodenemission in einem Hg-Dampf-Stromrichter völlig abstellen kann. Dabei ist die Löschwirkung wesentlich intensiver, wenn die erste Halbwelle der überlagerten HF im Sinne einer Emissionserhöhung wirksam ist und der überlagerte Impuls dem vorherigen Emissionsstrom etwa entspricht. Smith findet, daß die entfernte Energie E bei $t = 10^{-7}$ sec und $I = 8000$ Amp./cm^2

$$E = \psi_{Hg}\, I \,.\, t \,.\, 10^7 \text{ erg sec/cm}^2 = 30000 \text{ erg sec/cm}^2$$

beträgt. Dies entspricht sogar besser als nur größenordnungsmäßig der Grenzschicht-Elektronen-Energie mit einer mittleren Temperatur von $\Theta = 2000^0$ in einer Schicht der vorher ermittelten Dicke $z = 1$ bis $2 \,.\, 10^{-5}$ cm, wenn die dort enthaltene Energie aus der Elektronentemperatur Θ errechnet wird:

$$z \,.\, \Theta \,.\, c_- = 550 \,.\, z \,.\, \Theta^2 = 30000 \text{ erg/sec};$$

hierzu wurde eingesetzt: $z = 1{,}4 \,.\, 10^{-5}$ cm und eine spezifische Elektronenwärme (Sommerfeld [60])

$$c_- = \frac{4\,\pi^2 \,.\, m \,.\, k^2}{3\,h^2} \cdot \left(\frac{3\,n_-}{\pi}\right)^{1/2} \cdot \Theta. \qquad \text{(II, 54)}$$

Soweit in den Berechnungen, insbesondere der verschiedenen Hilfsgrößen, Stromdichten zu berücksichtigen waren, rechnet Smith durchwegs mit 4000 Amp./cm^2, nachdem er an einem ausgebildeten Fleck diesen Wert in Übereinstimmung mit früheren Beobachtungen festgestellt hatte. Eine zahlenmäßige Nachprüfung der Gedankengänge von Smith zeigt aber, daß sie auch für wesentlich höhere Stromdichten ihre Gültigkeit behalten.

Vergleicht man als Abschluß der Kathodenfleckbetrachtungen Langmuirs Feldemissions-Idee mit dem Smith-Effekt, so ist es nicht abwegig, beide als mögliche Mechanismen für die Kathodenfleck-Emission zuzulassen, derart, daß beim Zünden durch Abreißen oder andere Funkenbildung zuerst Feldemission wirksam ist, so lange der Fleck noch sehr klein ist; diese geht dann aber zum Smith-Effekt über, wenn der Fleck die diesen Verhältnissen entsprechende Ausdehnung gewonnen hat. Das Bild des Smith-Effektes, bei welchem die zum Überwinden der Austrittsarbeit notwendige Energie den Leitungselektronen direkt durch Stoß der eintretenden energiereichen Elektronen ohne Zwischenschaltung der Metallatome mitgeteilt wird, läßt die Temperatur der Metallmasse als weitestgehend unbeteiligt am Emissionsvorgang erscheinen und legt es nahe, die Verdampfung des Kathodenmaterials im wesentlichen als ein konstruktiv bedingtes Kühlproblem anzusehen.

Das knappe, derzeit vorhandene Zahlenmaterial über Kathodenflecken ist in der folgenden Tabelle zusammengestellt.

Tab. XI. Zusammenstellung der derzeitig verfügbaren Zahlenwerte über Hg-Fleckkathoden-Erscheinungen.

Kathodenfleck-Daten auf freier Hg-Oberfläche	
Stromdichte stationär [42, 48]	$i =$ ca. 4000 Amp./cm^2
Höchste beobachtete Stromdichte	
ca. 10^{-6} sec nach Einschalten [49, 50]	10^6 bis 10^7 Amp./cm^2
ca. 10^{-3} sec nach Einschalten [56]	50 000 bis 200 000 Amp./cm^2
Mittlere Ausbreitungsgeschwindigkeit in einer Richtung	$\overline{v}^2 = \frac{15{,}2}{\Delta x}$ cm^2/sec^2
Maximale beobachtete Geschwindigkeit in sehr kurzen Zeiträumen [50]	$v_{max} = 10^4$ cm/sec
Wahrscheinlichster Strom pro Einzelfleck im stationären Zustand [54]	6 bis 7 Amp.
Austrittsarbeit von Hg	$\psi_{Hg} = 4{,}52$ Volt
Kathodenfall	$U_k =$ ca. 8,0 bis 11,5 Volt
Kathodenfallgebiet — Tiefe [53]	ca. 0,004 cm
Fixierter Kathodenfleck (Sehr wenig Zahlenwerte veröffentlicht)	
Stromdichte der Linie	ca. 10 Amp./cm
Kathodenfall	wie oben

III. Allgemeines Wirkungsbild der Niederdruck-Stromrichter-Gefäße.

Zur kritischen Beurteilung des Verhaltens eines Stromrichter-Gefäßes gegenüber den verschiedenen, durch die jeweilige Stromrichtungs-Aufgabe bedingten Strom- und Spannungsimpulsen soll den durch dieselben auf das Gefäß ausgeübten Beanspruchungen nachgegangen werden. Die Niederdruck-Stromrichter-Gefäße sind komplexe Systeme, zusammengesetzt aus Einzelteilen, die in verschiedener Weise an der Schaltwirkung der Gefäße teilhaben. Es gibt eine erstaunliche Vielfalt von Niederdruckventilen, unterschiedlich in der Art der verwendeten Einzelteile, der Gesamtanordnung und der Leistungsfähigkeit, so daß man die Zusammengehörigkeit aller dieser Gefäße kaum von vornherein vermuten möchte.

Aber das Abspielen der gleichen Vorgänge in bezug auf die Schalthandlungen dürfte die weite Fassung des Begriffes „Niederdruck-Stromrichter-Gefäße“ in diesem Buch rechtfertigen. Hierzu wird ein auf die Schaltvorgänge bezogenes Wirkungsbild dienlich sein, welches die gemeinsamen diesbezüglichen Momente zusammenfaßt. Auf dieser Basis ist es dann unschwer möglich, die Vielzahl der praktischen Bauformen als kombinatorische Varianten verschiedener, aber wirkungsbildgleichwertiger Komponenten zu behandeln.

III, 1. Wirkungsbild und Schaltfunktionen.

Die elektrischen Aufgaben der Stromrichter-Gefäße sind durch die Begriffe Strom-Führen und -Sperren sowie die als Schalten bezeichneten Übergänge zu beschreiben. Nach den allgemeinen Ausführungen des zweiten Abschnittes über Niederdruckentladungen ergibt sich unmittelbar die folgende Zuordnung dieser Funktionen zu den Gefäßteilen, wobei man das Stromrichter-Gefäß als Unterbrechung im metallischen Leiterkreis des Stromrichter-Systems ansieht.

Das Stromführen ist eine gemeinsame Aktion aller elektrisch aktiven Teile; die Kathode bildet an dem einen Unterbrechungspunkt den primären Trägerlieferanten für den Konvektionsstrom der Entladung; die Entladungsstrecke stellt das Flußbett des Konvektionsstromes vor, und die Anode schließlich an dem zweiten Unterbrechungspunkt des Stromrichter-Kreises bewirkt die Rückführung des Entladungsstromes in den metallischen Stromfluß.

Den mit der Stromführung verbundenen Spannungsabfall zwischen Anode und Kathode bezeichnet man als Brennspannung. Je nach den besonderen Einzelheiten der Gefäßanordnung liegt dieselbe zwischen etwa 10 und 30 Volt.

Das Schalten umfaßt zwei funktionell grundverschiedene Vorgänge: Bei Übergang vom Sperren zum Stromführen handelt es sich um den Aufbau der Entladung, was als (reguläres) Zünden bezeichnet wird, während beim umgekehrten Übergang vom Strom-Führen zum -Sperren, allgemein gesehen, eine bestehende Entladung bis auf Null abzubauen ist. Das Zünden der Entladungen wird hier in engem Zusammenhang mit der jeweiligen Vorionisation — *VI* — des Anodengebietes betrachtet, da es nach Kap. II, 6, 3, 1 gerade dieser Faktor ist, der das Eintreten oder Ausbleiben des Zündens einer Entladung bei gegebener Spannung bestimmt. Ja, die Tatsache des Bereitstellens einer solchen *VI* wird hier als grundsätzliches Merkmal für die Einbeziehung eines Entladungsgefäßes zu den Stromrichter-Gefäßen verwendet.

Beim regulären Zünden empfiehlt es sich, zwei Formen zu unterscheiden:

a) das unverzögerte Zünden, das sich in mehrphasigen Stromrichter-Systemen bei der normalen Kommutierung ergibt, ist die Stromübernahme einer Anode unmittelbar nach dem Auftreten einer positiven Anodenspannung an derselben; Voraussetzung hierfür ist, daß in diesem Augenblick bereits ausreichende *VI* vorhanden ist; bei unzureichender *VI* setzt die stromführende Entladung erst nach einem gewissen Spannungszusammenbruch (Zündspitze) ein. Unter einer gewissen Vorionisations-Mindestgrenze aber bleibt das Zünden ganz aus;

b) das verzögerte Zünden. Hier wird über den Moment normaler Kommutierung hinaus bis zu dem gewünschten, verspäteten Zündmoment die zum Zünden notwendige *VI* zumindest in der Anodenumgebung [61] verhindert und erst im Zündmoment selber dort eintreffen gelassen, worauf die vorher positive Anodenspannung schlagartig zusammenbricht.

Der Abbau einer bestehenden Entladung wird bei den heute technisch ausgenutzten Stromrichter-Gefäßen ausschließlich durch entsprechende Spannungsänderungen im Stromrichter-Kreis im Sinne einer Stromumkehr bewirkt. So geht der Strom in der abzuschaltenden Entladungsstrecke zwangsläufig zurück, und das Abschalten des entsprechenden Kreises kommt dadurch zustande, daß die einseitige Stromdurchlaßfähigkeit der Anoden den Stromfluß im Gegensinn verhindert (Strom-Richtungsauswahl). Es ist entweder die normale, zyklische Umkehr der Spannungsrichtung im Speisekreis, das Parallelschalten einer zweiten Anode mit höherem Momentanspannungswert, das einen temporären, gegensinnigen Kurzschluß schafft, oder die willkürliche Überlagerung einer Umschaltspannung aus einem besonderen Hilfssystem, immer und ausnahmslos muß in der zum Löschen bestimmten Anode der Strom zu einer Richtungsumkehr getrieben werden.

Die willkürliche Abschaltung — Löschung im engeren Sinn — von Entladungen in Stromrichter-Gefäßen gegen die Tendenz der treibenden Spannung ist ein interessantes und bedeutende, praktische Möglichkeiten in Aussicht stellendes Problem, das aber noch in den Kinderschuhen der experimentellen Voruntersuchungen steckt.

Versuche zur willkürlichen Stromlöschung mit Hilfe besonders gebauter Gefäße haben bereits mehrfach die theoretische Möglichkeit gezeigt, Anodenstromimpulse auch beim Weiterbestehen der treibenden Spannung des äußeren Kreises innerhalb der Entladungsstrecke abzuwürgen.

E. Kobel [62] und F. Lüdi [63] in Baden, Schweiz, und später Schumann [64] in München und seine Mitarbeiter haben nachgewiesen, daß es bei bestimmten Dampfzuständen und mit besonderen Gitter- und Blendensystemen grundsätzlich möglich ist, Entladungen selbst großer Stromstärken willkürlich zum Erlöschen zu bringen. Der bauliche Aufwand der veröffentlichten Anordnungen erscheint aber derzeit noch so groß, daß eine praktische Anwendung nicht unmittelbar zu erwarten ist.

Fig. 6 im Übersichtsschema prinzipieller Stromrichter-Gefäß-Anordnungen (Abb. 41) bezieht sich auf diesen Fall, und Diagramm d von Abb. 2 zeigt den Einfluß vorzeitigen Löschens auf den Anodenstromimpuls.

In gleicher Weise wie die Löschung der brennenden Entladung durch Hilfselektroden vor der Anode wird sich vielleicht auch das Ausblasen des Kathodenflecks durch Hochfrequenz oder Spannungsstöße ausnutzen lassen (vgl. II, 7, 3, 3).

Das Sperren schließlich ist am sinnfälligsten wohl als das Ausbleiben einer Zündung trotz eines bestehenden Potentialunterschiedes zu beschreiben. So wie das Sperren in der Vorwärtsphase bei verspätetem Zünden auf dem Fehlen ausreichender *VI* beruht, verlangt das Sperren einer Entladung im Gegensinn zur Arbeitsrichtung, daß die *VI* auch unterhalb gewisser Grenzen bleibt.

Glücklicherweise liegen diese zweiten Grenzen in einem weiten Arbeitsbereich hoch über den Mindestzündgrenzen, so daß sich ohne weiteres automatisch ein ausgezeichneter Ventileffekt darbietet.

Sichere Sperrwirkung wird nur dann vorhanden sein, wenn das Gefäß während der vollen Dauer der negativen Anodenspannung entsprechend hoch darüberliegende Durchbruchsspannungen (negative Zündspannungen) aufweist. Die negative Durchbruchsspannung entwickelt sich nach dem Aufhören des Anodenstromes erst allmählich bis zu ihrem Höchstwert; so entsteht nach jedem Stromabschalten zunächst ein kritischer Wettlauf zwischen der häufig sprunghaft einsetzenden Anodenspannung und der stetig anwachsenden Durchbruchsspannung; bleibt letztere dabei dauernd in der Vorhand bis zu einem über der höchsten Anodenspannung gelegenen Endwert, so ist die angestrebte Sperrung richtig durchgeführt. Sonst tritt ein Durchbruch im Gegensinn — Rückzündung — auf. Das Bestehen zweier *VI*-Grenzen führt das den ganzen Stromrichter-Gefäßbau beherrschende Dilemma der richtigen Dosierung der *VI* klar vor Augen. Es besteht darin, einerseits gut und sicher zu zünden und anderseits ausreichend und verläßlich zu sperren. Das Vorhandensein mehrerer Prinzipien, die geeignet sind, *VI* zu schaffen, und die verschiedenen Möglichkeiten, diese ins Anodensystem[7] zu übertragen und dort wirksam werden zu lassen, führen zu einer beträchtlichen Anzahl kombinatorischer Niederdruck-Stromrichter-Gefäß-Varianten. Doch soll vor einem diesbezüglichen Überblick und einer Beschreibung der heute wichtigsten Gruppen noch eine knappe zusammenfassende Darstellung der in Frage stehenden *VI*-Quellen und der *VI*-Übertragungsmöglichkeiten zu den Anoden gegeben werden.

---

[7] Hierunter soll der Anodenkörper, der denselben umgebende Raum und dessen Grenzen verstanden sein.

III, 2. Vorionisationsquellen.

Die die *VI* für die Zündung der Entladung hervorrufenden Prozesse wirken bei manchen Gefäßtypen kontinuierlich, solange das betreffende Stromrichter-Gefäß in Betrieb steht. Teils wird aber auch der Vorionisationsprozeß „alternierend" mit der Periode des zu schaltenden Stromkreises bzw. auch in beliebigen Momenten auftreten gelassen.

III, 2, I. Kontinuierlich wirkende VI-Quellen.

Hierfür werden vor allem zwei Möglichkeiten verwendet: a) eine Glühkathode; sobald das Emissions-System die notwendige Temperatur erreicht hat, entsteht eine wolkenartige Schicht freier Elektronen um die Kathode, aus welcher Elektronen dauernd in den umgebenden Raum abdiffundieren,

b) die Entladung einer Hilfssäule, allgemein **Erregung** genannt. Dauernd brennende kleine Hilfs-Entladungssäulen werden wegen ihrer anscheinenden Einfachheit bei den großen Stromrichter-Gefäßen wenig beach-

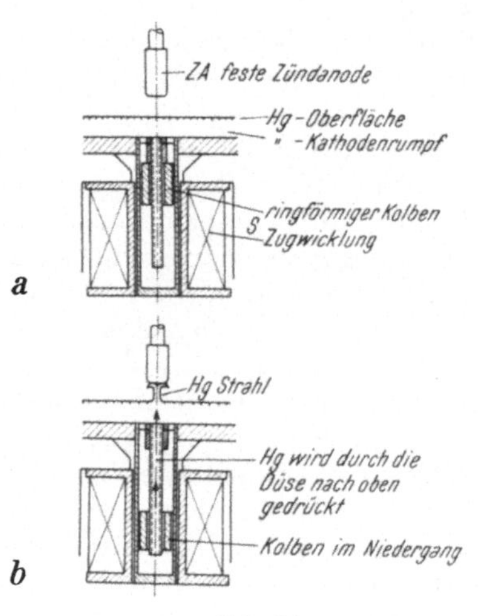

Abb. 34.

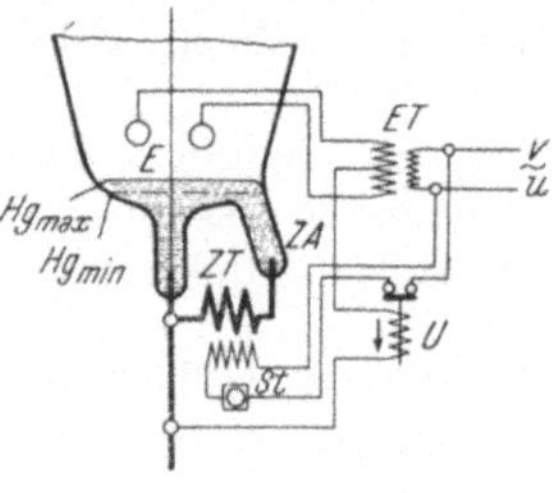

Abb. 35.

Abb. 34. Spritzzündung. Das Solenoid S reißt einen ringförmigen Kolben nach abwärts und erzeugt dadurch kurzzeitig einen Quecksilberstrahl (Abb. 34 b), der die feste Zündanode ZA trifft. Beim Aufhören des Strahls entsteht ein Unterbrechungsfunke, der den Erregerbogen einleitet.

(Siemens-Schuckert, Berlin und English Electric, Stafford.)

Abb. 35. Kontraktionszündung. E Erregeranoden, ET Erreger-Transformator, U Unterbrecherrelais, ZA Zündanode, ZT Zünd-Transformator, ST Schutzeinrichtung.

Zur Zündung wird kurzzeitig ein entsprechend hoher (~ 1000 A) Strom durch die Hg-Brücke zwischen ZA und der Kathode fließen gelassen. Das stromeigene Feld bewirkt Kontraktion der Stromfäden in dem Brückenquecksilber bis zum Abreißen des letzteren (Pincheffekt), wobei ein kräftiger Funke auftritt. Da sich die Brücke nach einer Unterbrechung wieder zu schließen sucht, wiederholt sich das Spiel bis zum Abschalten des Zündkreises.

tet. Sie sind aber theoretisch nicht leicht zu behandeln und bedeuten für die Stromrichter-Gefäßwirkung einen funktionell grundsätzlichen Mechanismus. Als Erregung wird entweder die Säule einer gleichstromgespeisten Elektrode oder mehrerer, ein eigenes Hilfs-Gleichrichter-System bildender Wechselstromanoden verwendet, die unabhängig von der Gefäßbelastung arbeitet. Solche Dauer-Erregungen müssen naturgemäß nach Betriebspausen — Abschaltungen — selbst eigens angelassen werden. Hierzu dienen verschiedene, im Sprachgebrauch der Gleichrichter-Technik allgemein als Zündung bezeichnete Systeme. Von den vielen diesbezüglich entwickelten Anordnungen sind einige besonders bewährte hier abgebildet: Tauchzündung Abb. 61, Spritzzündung Abb. 34, Kontraktionszündung Abb. 35. Die Wirkungsweise dieser Zündungen ist jeweils in den Bildunterschriften kurz beschrieben. In allen Fällen handelt es sich um eine Funkenbildung an der Hg-Oberfläche, hervorgerufen durch eine mechanische Stromunterbrechung, die das Einsetzen der Erregersäule und das Bilden eines Kathodenfleckes hierfür ermöglicht.

III, 2, 2. Alternierend wirkende VI-Quellen.

Im Gegensatz zu den dauernd, auch während der Sperrzeit der einzelnen Anoden, *VI* erzeugenden Einrichtungen des vorigen Abschnittes handelt es sich hier um Hilfssysteme, die imstande sind, in bestimmten Momenten ohne Verzug eine Entladung zu zünden,

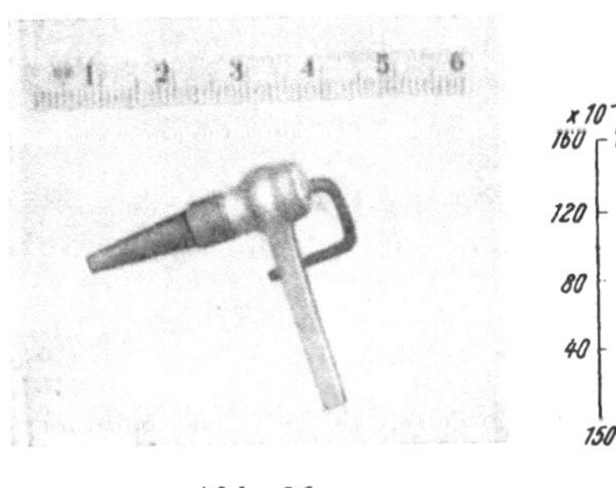

Abb. 36.

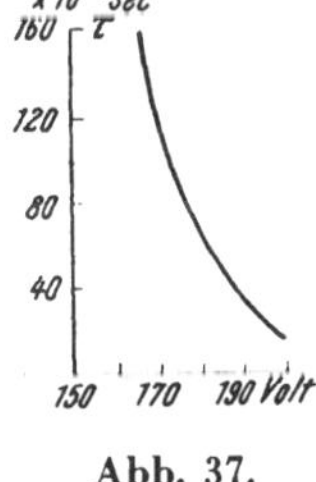

Abb. 37.

Abb. 36. Halbleiterzünder (Ignitor) nach Slepian. Der eigentliche Zündstift besteht aus entsprechend hoch-ohmigen Widerstandsmaterial entweder auf Graphit- oder Siliziumkarbid-Basis. Das in das Hg tauchende Ende ist nach unten konisch verjüngt. Das obere Ende ist in einer Metallfassung gehalten. Letztere arbeitet kurzzeitig als Hilfsanode, indem sie im Augenblick des Zündstoßes die zwischen Ignitor und Hg auftretenden kleinen Fünkchen zu einer Entladungssäule ausbaut — Kalibrierung der Skala in cm.

Abb. 37. Zündverzögerung von Halbleiterzündern für verschieden hohe Zündspannungen.

die ausreichend *VI* schafft, um damit die Hauptentladung schnell und sicher einsetzen zu lassen, und die überdies geeignet sind, diesen Zündvorgang dauernd und in rascher Aufeinanderfolge — meist mit der Frequenz des speisenden Netzes — erfolgen zu lassen. Glimmentladungen von benachbarten Hilfsanoden können z. B. wegen ihrer kurzen Aufbauzeiten als solche alternierende *VI*-Quellen verwendet werden. Vor allem aber ist es der von Slepian [65] gefundene Halbleiter-Zündeffekt von Fleckkathoden, der den Ausgangspunkt für den Großteil der heutigen USA.-Stromrichter-Technik gebildet hat. Das wesentliche Organ der Halbleiter-Zündung, den Zündstift (Ignitor), zeigt Abb. 36. Die zugehörige Bildunterschrift erläutert in kurzen Worten die Wirkungsweise dieser Zündstifte. Bei Beaufschlagung mit dem richtigen Zündsignal ist die Zündfolge sehr präzise (Abb. 37). Der relativ hohe Energiebedarf für die Ignitor-Zündung — ca. 20 Amp., 200 V — allerdings nur für ‰ der Arbeitszeit, beschränkt die Anwendung der Halbleiter-Zündung im allgemeinen auf Stromrichter-Anlagen für Leistungen über 100 kW etwa. Ausgenommen jedoch sind Spezialsteuergebiete, besonders beim Schweißen, wo wegen der durch den Ignitor gebotenen Freizügigkeit in der Wahl des Schaltmoments die Ignitrons, wie die mit Zündstiften ausgestatteten Stromrichter-Gefäße genannt werden, selbst für geringe Ströme ein ideales Schaltelement vorstellen.

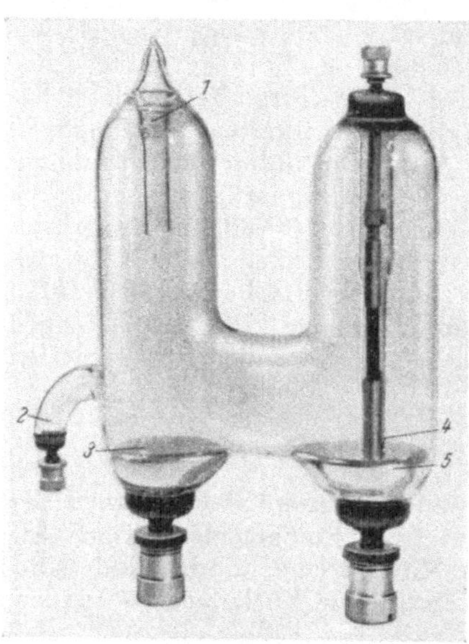

Abb. 38. Stromrichtungs-unabhängiges Hg-Dampf-Schaltrohr mit Kapazitätszünder und Hilfselektrode zur Verwendung als Relais.

Der Kapazitätszünder ist hier innerhalb des Entladungsraumes angeordnet. Zündbelag wird durch in ein Glas- oder Quarzrohr eingeschlossene Quecksilbermenge gebildet.

1 ... Pumpstengel; 2 ... Hilfselektrode; 3 ... Hauptanode (Quecksilber); 4 ... Kapazitätszünder; 5 ... Kathode.

(Philips, Eindhoven, 1947.)

Die Kapazitätszündung nach Abb. 38 hat sich, obwohl sie seit den Anfängen der Gleichrichter-Technik immer wieder versucht wird, bis heute noch nicht durchsetzen können. Sie geht auf Untersuchungen P. C. Hewitts zurück, der feststellte, daß ein in der Höhe des Kathoden-Quecksilbers außen am Glas des Behälters angebrachter Metallbelag bei Beaufschlagung mit Hochfrequenz das Entstehen eines Kathodenflecks innen auf der Quecksilberoberfläche hervorruft, und der diesen Effekt auch zur Zündung von Quecksilberdampf-Lampen und Glasgleichrichtern verwendete. Solche Anordnungen zünden mit minimalen Zündenergien. Nach einiger Zeit fehlerfreien Arbeitens jedoch beginnen plötzlich Zündungen auszusetzen. Es ist bisher noch nicht gelungen, ein dauerhaftes Material für den Kapazitätszünder zu finden. Die theoretische Begründung [66] der Wirkungsweise dieser Zündart mit Feldemission zufolge hoher Feldstärke am Berührungspunkt des nach abwärts gekrümmten Meniskus an der Grenzfläche:

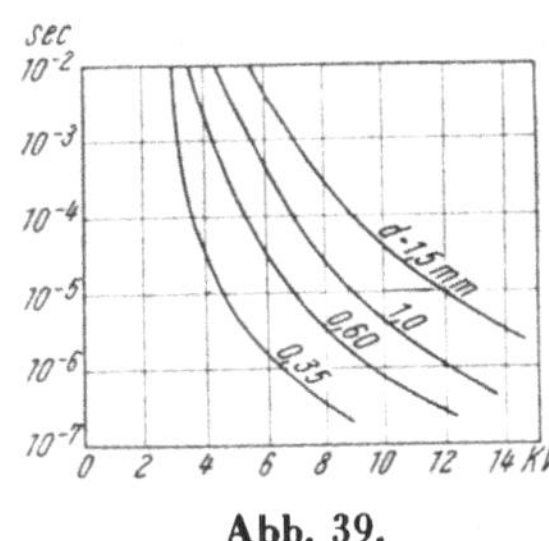

Abb. 39.

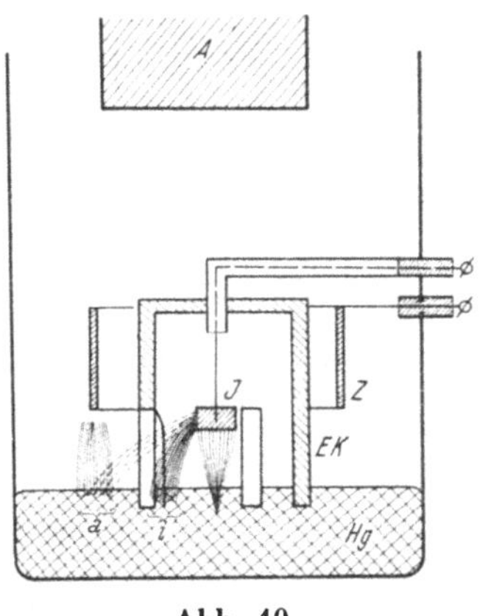

Abb. 40.

Abb. 39. Zündverzögerung von Kapazitätszündern als Funktion der angelegten Spannungshöhe. Zeitintervall zwischen Anlegen von Spannungsimpuls an Kapazitätszünder und Zündung der Hauptentladung oszillographisch gemessen. d ... Wandstärke des Dielektrikums.

(Philips, Review, 1947.)

Abb. 40. Kammerentladung als Vorionisations-Prinzip. EK ... Entladungskammer mit Schlitzen in Mantelfläche; J ... Halbleiterzünder (Ignitor); Z ... Zwischenelektrode; Hg ... Kathoden-Quecksilber; A ... Anode; i ... Entladung innerhalb Kammer, keine Vorionisation im Hauptentladungsraum; a ... Entladung zufolge Erteilung positiven Potentials an Zwischenanode Z aus Kammer herausgeholt; Hauptentladungsraum dadurch vorionisiert.

Quecksilber-Kapazitätszünder-Oberfläche befriedigt nicht völlig, da die Feldstärke selbst nicht übermäßig hoch ist, so daß zusätzliche Oberflächendeformationen zur Erklärung weiterer Feldstärken-Erhöhung eingeführt werden müssen. Bei Beobachtung mit einer mäßigen Vergrößerung sieht man an der Grenze Kathodenmetall — Kapazitätszünder immer mikroskopische Funken, die als Vorläufer der Entladung angesprochen werden können. Abb. 39 zeigt die an einer Anordnung nach Abb. 38 beobachteten Abhängigkeiten zwischen den zur Zündung erforderlichen Größen des Zündsignals und der Zünderwandstärke.

Die Kammerentladung, Abb. 40.

Diese *VI*-Quelle ist nichts anderes als eine in einer Kammer eingeschlossene Dauererregung, woraus im Normalzustand praktisch keine Vorionisation zur Hauptanode gelangen kann. Eine besondere, vor einer kleinen Öffnung der Kammer angeordnete Hilfselektrode soll nun die Hilfsentladung ganz oder teilweise herausholen, so daß dieser Teil der Säule seinerseits Ausgangspunkt der *VI* für die Hauptanode wird. Obwohl diese Anordnung bestechend einfach aussieht, haben Kammerentladungs-Systeme wohl aus technologischen Schwierigkeiten bei Stromrichter-Gefäßen noch keine praktische Verwendung gefunden.

III, 3. Übertragung der Vorionisation zu den Hauptanoden.

Der Zutritt der *VI* zu den Hauptanoden spielt sich in seinen Einzelheiten stark verschieden je nach den besonderen Bauprinzipien der einzelnen Stromrichter-Gefäße ab. Immer aber ist es ein mechanischer Transport von Ladungsträgern, die entweder durch grobmechanische Konvektion oder Diffusion aus einem höherkonzentrierten Gebiet in das Anodensystem gebracht werden [3]. Die Einzelheiten des Übertragungsvorganges hängen aber naturgemäß stark von der Gefäßbauform und insbesondere von der Elektrodenanordnung und den Zugangspfad-Querschnitten zu denselben ab. Einzelheiten hierüber werden ausführlich in Kap. IV, 4, 2, behandelt.

III, 3, 1. Ionisations-Übertragung bei kontinuierlicher VI-Quelle.

Für den *VI*-Eintritt in den Anodenraum bestehen hier grundsätzlich zwei Möglichkeiten:

a) kontinuierlich, entsprechend der durch die Geometrie des Entladungsgefäßes bedingten räumlichen Ionisations-Ausbreitung; diese Eintrittsart schließt offensichtlich jede Steuermöglichkeit aus und ist daher nur für Gleichrichter mit normaler Kommutierung geeignet (für solche Gefäß-Anordnungen vgl. z. B. Abb. 62, 101, 103),

b) willkürlich beeinflußt durch Steuerelektroden (Gitter) vor der Hauptanode derart, daß

VI zur Sperrung abgehalten,
VI zur Zündung eingelassen wird.

Stromrichter-Gefäße mit Dauer-Erregung und Steuergittern vor den Anoden stellen die in Europa bevorzugt benutzte Form der Stromrichter-Gefäße dar. Zur Sperrung wird das Gitter auf ausreichend negativem Potential gehalten, so daß keine *VI* in den Anodenraum eintreten kann; zur Zündung aber wird das Gitterpotential im Gegensinn verändert, was nunmehr *VI* in den Anodenraum gelangen läßt.

Bei flachen und offenen Gittern zünden die Anoden bereits unterhalb Kathodenpotential. Schachtförmige, enge Gitter aber müssen vorher selber als Anode zünden, so daß aus deren Vorentladung erst *VI* zur Hauptanode übertritt. *VI*-Übertragung von solchen positiven, als zeitweilige Hilfsanode wirkenden Gittern stellt eine einstufige Kaskadenzündung, Kathode — Gitter — Anode, vor. (Für die räumliche Anordnung der Steuergitter vgl. z. B. Abb. 55, 78, 118.) Eine besondere Art von Kaskadenzündung wurde zu Beginn der Gittersteuertechnik auch verwendet, um die Steuergenauigkeit, besonders bei niederen Spannungen, zu verbessern; durch Lockelektroden zwischen den Anoden und dem Kathodensystem, die etwas phasenvoreilend zu den Hauptanoden zur Zündung kamen, wurde das Zünden der Steuergitter und Anoden erleichtert. Die später gewonnenen Erfahrungen über die Dimensionierung der notwendigen Anodensysteme haben es aber erlaubt, auch ohne Lockanoden und ohne übermäßigen Steuerleistungsaufwand ausreichende Zündgenauigkeit zu erzielen.

III, 3, 2. Ionisierungs-Übertragung bei alternierenden VI-Quellen.

Auch hier sind zwei Grundmöglichkeiten zu unterscheiden:

a) *VI* folgt unmittelbar und entsprechend der Geometrie des Gefäßes wie in der Grundform der Ignitrons (vgl. Abb. 41, Fig. 5),

b) *VI* folgt kaskadenartig durch Zünden von Hilfsentladungen zu einer oder mehreren Hilfselektroden. Solche Zündkaskaden sind heute bei allen größeren Ignitrons die Regel, da es zur Erzielung ausreichender Sperrfestigkeit notwendig war, Anodenschutzmaßnahmen [68, 69] vorzusehen, wodurch die vom Ignitor selbst herrührende VI nicht mehr zur sicheren Zündung der Hauptanode ausreichte (vgl. z. B. Abb. 72 oder 121).

Durch Kombinatorik der einzelnen *VI*-Übertragungsmöglichkeiten mit den verschiedenen Kathodensystemen ergeben sich die Grundformen der Stromrichter-Gefäße. In Abb. 41 ist eine Auswahl derselben schematisch dargestellt, um die Vielzahl der möglichen Gefäßtypen und die daraus resultierenden Aufgaben deutlich vor Augen zu führen und das angeschlossene Kombinationsschema veranschaulicht die sich so ergebende Mannigfaltigkeit noch besser. Die heutige Technik verfügt über einen Großteil dieser nur anscheinend gleichwertigen Gefäße, da es sich im Lauf der Entwicklung gezeigt hat, daß einzelne Typen für besondere Verwendungsgebiete besser geeignet sind als andere; diesbezügliche Hinweise werden bei Behandlung der Einzelausführungen jeweils angefügt werden.

Mit den aus den bisher genannten Elementen kombinierten Stromrichter-Gefäß-Grundformen sind die allgemeinen Möglichkeiten aber noch keineswegs erschöpft. Das Einbeziehen jedes neuen Elementes erweitert naturgemäß die Reihe stark; als Beispiel hierfür soll nur ein solches Prinzip erwähnt werden. In Patentschriften von G. M. Toulon [70] finden sich Hinweise auf Hg-Dampfentladungssysteme ohne ausgeprägte Stromflußrichtung, um so, wie beim Marx-Ventil, Stromdurchgang willkürlich einmal nach der einen Richtung und ein anderes Mal in der entgegengesetzten Richtung mit dem gleichen Ventil zu erzielen bzw. um in Wechselströme Eingriffe vorzunehmen, wie sie in dem Diagramm c von Abb. 5 angedeutet sind. Die Entladungsstrecke muß hierzu beidseitig Elektroden besitzen, die nach Wahl entweder als Anoden oder als Kathoden wirken können. In Fig. 8, 9 und 10 von Abb. 41 sind solche Anordnungen schematisch dargestellt. Dabei ist entweder Periodenzündung, Glühkathode oder dauererregter Kathodenfleck als Emissionssystem vorgesehen. Das Steuergitter St muß dabei in Fig. 9

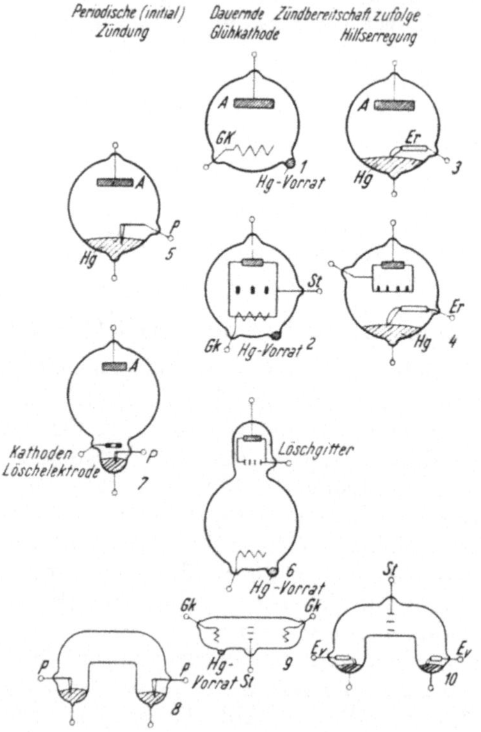

Abb. 41. Grundformen von Niederdruckentladungs-Stromrichterventilen.

A .... Anode; Er .... Erregung; P ... Halbleiterzünder; GK.. Glühkathode; St..Steuergitter; Hg .... Quecksilberkathode.

(Emission) kathodische Trägerbereitstellung	Medium der Entladungsstrecke	Steuerung
Kaltkathode K	**Edelgas** E	einseitige Durchlässigkeit bestimmter Anodenmaterialien (Eisen, Graphit) 1
Glühkathode GK	**Hg-Dampf** Hg **Alkali- oder Erdalkali-Dampf** A	Verzögerung der Entladung durch: a) zeitweilige Sperrung durch Hilfselektroden (Gitter) St b) Verkürzung durch vorzeitiges Stromabwürgen durch Löschgitter lg
Quecksilberfleckkathode Hg	**Dampf- und Edelgasmischung** M	c) durch Verspätung der Trägerbereitstellung i

Kombinationsschema für Niederdruckentladungsventile (vgl. Abb. 41).

Figur	Kathode	Medium	Steuerung
1	GK	Hg, E, M	1 —
2	GK	Hg, E, M	1 — St
3	Hg	Hg, Hg+E, Hg+A	1 —
4	Hg	Hg, Hg+E, Hg+A	1 — St
5	Hg	Hg, Hg+E, Hg+A	1 — i
6	GK	Hg, E, M	1 — e
7	Hg	Hg, Hg+E, Hg+A	1 — Ig
8	Hg	Hg, Hg+E, Hg+A	2 — i
9	GK	Hg, E, M	2 — St
10	Hg	Hg, Hg+E, Hg+A	2 — St

und 10 das Zünden im verkehrten Sinn verhindern. So bestechend derartige Anordnungen im Prinzip wirken, so haben technische Schwierigkeiten, wie z. B. Veränderungen im Quecksilberniveau zufolge ungleichmäßiger Kondensation oder Zerstörung der emissionsfähigen Schicht der als Anode verwendeten Glühkathode durch Ionenbombardement, bisher eine praktische Ausführung derselben vereitelt.

III, 4. Medium der Entladungsstrecke.

Ganz allgemein gesehen könnte jedes Gas und jeder Dampf als Medium für eine Stromrichter-Entladung dienen. Es sind aber praktische Forderungen an das Verhalten des Mediums bei der Entladung, die die Auswahl sehr eng machen. Diese sind:

III, 4, 1. Chemische Inaktivität.

Das Medium soll weitgehend chemisch inaktiv sein, um sekundäre, störende Prozesse, wie Angriff der Gefäßbauteile oder Aufzehrung, zu vermeiden. Ionisierter Sauerstoff z. B. verbindet sich an den Graphitanoden zu CO, dieses aber zerfällt in der Entladung wieder in C und O, wobei ersteres sich als schwarzer Belag oder als Staub im Gefäß niederschlägt und zu elektrischen Störungen durch Kriechströme führen kann, wohingegen der freigewordene Sauerstoff den die Anode langsam abbauenden Kreisprozeß von neuem beginnt.

Lange Zeit war es ausschließlich Quecksilberdampf, der als Entladungsmedium in Stromrichter-Gefäßen verwendet wurde. Später haben sich einzelne Edelgase in bestimmten Bereichen als gut brauchbar herausgestellt, und in letzter Zeit wurden auch einige andere Dämpfe von Metallen niedriger Atomzahlen z. B. Cäsium [71] in Erwägung gezogen.

III, 4, 2. Mediumsdichte.

Wie später näher ausgeführt, hängt das Leistungsvermögen des einzelnen Stromrichtergefäßes sehr wesentlich von der Einhaltung eines bestimmten Dichtebereiches des Mediums in der Entladungsstrecke ab. Handelt es sich um ein abgeschmolzenes Entladungsgefäß mit einer anfänglich festgelegten definierten Gasmenge, so ist eine solche Anordnung praktisch außentemperaturunabhängig. Es sind aber im Betriebe als Folge der Entladung verschiedene gasaufzehrende Vorgänge nicht ganz zu vermeiden; es sind dies vor allem Absorption in den Baubestandteilen, besonders Metall und Graphit, und Adsorption in allmählich auftretenden Belägen aus Zerstäubungsprodukten. Man wendet daher viel Augenmerk auf Konstruktionen mit möglichst kleiner Zerstäubung (z. B. Abb. 46) und auf Gase mit geringer Neigung zur Absorption. Durch solche Maßnahmen hat man besonders in den letzten Jahren die Gasaufzehrung wirksam bekämpft und damit die Lebensdauer von edelgasgefüllten Stromrichtergefäßen auf wirtschaftlich interessante Höhe gebracht [72].

Wird hingegen ein Metalldampf mit einem Metallvorrat als Medium der Entladungsstrecke verwendet, so ist eine Mediumsverknappung nicht zu befürchten; Dampfdruck und Dampfdichte folgen aber in erster Annäherung der Temperatur des als Dampfquelle dienenden Metallvorrates, der sich an der kühlsten Stelle des Gefäßes befindet. So wird der Dampfzustand im Entladungsgefäß daher im wesentlichen durch die Temperatur dieses Vorrats bestimmt sein und bei tieferer Temperatur bedeutend niedrigere Dichte als bei hoher Temperatur aufweisen. Da die maximale Strom-Transportfähigkeit einer Entladung wesentlich von der vorhandenen Mediumsdichte abhängt (s. Abschn. IV, 3, 1, 3), bestimmt die beabsichtigte Stromdichte in der Entladung damit den entsprechenden Temperaturbereich bzw. bestimmt die Temperatur des Gefäßes die jeweils erzielbaren Ströme. In Tab. XII sind für verschiedene Medien die einem Stromdichtebereich von 1 bis 10 Amp/cm^2 entsprechenden Temperaturgebiete eingetragen, soweit Werte auffindbar waren. Offensichtlich führt ein weites Temperaturintervall im Niveau der Raumtemperatur zu einfacheren Gefäßkonstruktionen als ein enges Intervall oder gar ein hohes Temperaturniveau, das erst durch besondere Aufheizung des Gefäßes erzielt werden muß.

III, 4, 3. Mediumsabhängigkeit der Durchbruchsspannungen.

Die verschiedenen Gase und Dämpfe zeigen unter gleichen äußeren Umständen starke Unterschiede in dem Spannungsverhalten. Da die Sperrfestigkeit von Stromrichter-Gefäßen in gewissem Zusammenhang mit dem Verlauf des Paschen-Diagramms (vgl. Abschn. II, 6, 3, 1) steht, sind, soweit auffindbar, die Mindest-

Tab. XII. Übersicht über Entladungsmedien.

	Ionisierungsspannung für erste Stufe U_i . . Volt	Atom- bzw. Molekulargewicht, bezogen auf $O_2 = 32$ M	Volt/pd (Torr cm) im Minimum der Paschenkurve a), b)	Atome/Molekül Ø	Dampfdruck bei 30° C mm Hg p (30°)	Dampfdichte bei 30° C Moleküle/cm³ n (30°)	Siedepunkt der flüssigen Phase bei 760 mm Hg °C	Spezifische Wärme der flüssigen Phase cal/grm	Austrittsarbeit aus flüssiger Phase ψ Volt	Spannungsgradient	Erforderlicher Arbeitsbereich °C für 1 bzw. 10 Amp./cm² bei 1/10 Ionisierung c) d) e)
Helium	24,47	4,00	$\frac{150}{4}$	1	$p/n = 3{,}11 \cdot 10^{-17}$ Torr/Moleküle/cm³ (for all gases Helium to Wasserstoff)		—269			Weder absolute noch relative Vergleichsdaten vorhanden (for all substances)	einheitlich 0,6 . . . 20 mm Hg (for all gases Helium to Wasserstoff)
Argon	15,69	39,94	$\frac{250}{2{,}5}$	1			—186				
Neon	21,5	20,2	$\frac{200}{3}$	1			—246				
Krypton	14,0	83,7		1			—151				
Xenon	12,08	131,3		1			—108				
Wasserstoff	13,54	2,02	$\frac{300}{2}$	2			—253				
Quecksilber	10,4	200,6	$\frac{400}{4}$	1	3×10^{-3}	$\sim 10^{14}$	356,7	0,034	4,52		12 . . . 55
Natrium	5,12	23,00		1	$< 10^{-8}$	$< 10^{9}$	877		2,46		230 . . . 320
Kalium	4,32	39,1		1	4×10^{-8}	$\sim 10^{9}$	62		2,24		150 . . . 220
Lithium	5,37	6,9		1	$\ll 10^{-8}$	$\sim 10^{9}$	1400		2,28		470 . . . 510
Cäsium	3,87	132,9		1	1×10^{-6}	3×10^{11}	670		1,93		100 . . . 180
Kadmium	8,96	112,4		1	$< 10^{-8}$	$< 10^{9}$	767		4,50		210 . . . 290

a) Zündung ohne äußere Vorionisation (Werte nach Mierdel).
b) Die Werte sind vom Elektrodenmaterial nicht unabhängig.
c) Molekülzahl = 10 × erforderlicher Trägerzahl (vgl. Abb. 88).
d) Druck für Gase bei 0°.
e) Temperaturbereich für gesättigte Dämpfe.

durchbruchsspannungen mit den zugehörigen p- und d-Werten des Paschen-Diagramms in der Übersichtstabelle XII angegeben. Medien mit hohen Durchbruchsspannungswerten bei größeren Dichtewerten, die demnach höhere Stromdichten in der Entladung erlauben, werden für Stromrichter-Füllung offensichtlich besser geeignet sein als solche, die kleinere Gasdichten hierzu voraussetzen.

III, 4, 4. Mediumsabhängigkeit der Entladungsverluste.

Die Verluste der Entladung werden, abgesehen von konstruktiven Einflüssen, durch die Ionisierungsspannung des Mediums in der Entladungsstrecke und durch die Austrittsarbeit des Kathodenmaterials bestimmt. Niedrige Werte dieser beiden Materialkonstanten führen bei gleichen geometrischen Verhältnissen zu niedrigeren Verlusten als umgekehrt. Entsprechende Zahlenwerte sind ebenfalls in die Übersichtstabelle XII aufgenommen.

III, 4, 5. Mischfüllungen.

Von Daellenbach [73 a u. b] stammt der bei Glas- und kleinen pumpenlosen Eisengleichrichtern viel ausgenutzte Gedanke, durch eine zusätzliche Edelgasfüllung den Mangel an Hg-Dampf bei tiefen Temperaturen zu kompensieren. Bei Systemen mit hohen Anodenbeanspruchungen allerdings ist diese Maßnahme wegen der damit verbundenen Herabsetzung der Durchschlagsfestigkeit nur begrenzt anwendbar.

Die Zusatzfüllung muß dann genau dosiert werden. Die Aufzehrung der Zusatzfüllung bildet bei Stromrichter-Gefäßen mit Fleckkathoden im Hinblick auf die größeren vorhandenen Gesamtvolumina keine solche Gefahr wie bei Glühkathoden. Außerdem wirken die betriebsmäßig auftretenden Dampfstrahlen auch im konservierenden Sinn, da sie kurze Zeit nach dem Anlassen die Edelgaskomponente aus dem Anodengebiet abgesaugt und am Scheitel des Dampfraumes angereichert haben.

III, 4, 6. Vakuumhaltung.

Wenn man bei Niederdruck-Entladungs-Gefäßen von der Güte des Vakuums spricht, bezieht man sich stillschweigend auf den noch vorhandenen Restgasgehalt. Jedes technisch herstellbare Vakuum ist nämlich selber nur als ein bestimmter Fall geringer Gasdichte des Entladungsraumes anzusehen, denn selbst das höchste derzeit erreichbare Vakuum von etwa 10^{-6} mm Hg-Säule enthält immer noch $3{,}4 \cdot 10^{10}$ Moleküle je cm^3 gegenüber einem Gehalt von rund $3 \cdot 10^{19}$ bei Atmosphärendruck.

Der in technischen Stromrichter-Gefäßen ausgenutzte Druckbereich des Arbeitsmediums mag zwischen 10^{-3} bis 10^{1} mm Hg-

Säule eingegrenzt werden. Restgase können aus verschiedenen Gründen nicht völlig entfernt werden, aber ihr Anteil hat zumindest eine Zehnerpotenz unter dem Druckniveau des Arbeitsmediums zu liegen, um ernsthaftere Rückwirkungen auf das Verhalten der Entladung hintanzuhalten. Es mag hier am Platz sein, darauf zu verweisen, daß lange Zeit hindurch der eigentliche Charakter der Entladungsvorgänge in den Stromrichter-Gefäßen durch eine Reihe von störenden Nebenerscheinungen, herrührend von Restgaseinflüssen, verschleiert worden ist, was das Herausarbeiten der wesentlichen Vorgänge und damit die Entwicklung stark beeinträchtigt hat.

Bei der Vakuumhaltung im Stromrichter-Gefäß handelt es sich nicht um Extremwerte verglichen mit den heute erzielbaren Bestwerten: das Problem liegt vielmehr darin, die Beschränkung des Restgasanteiles in den angegebenen Grenzen über größere Zeiträume zu sichern.

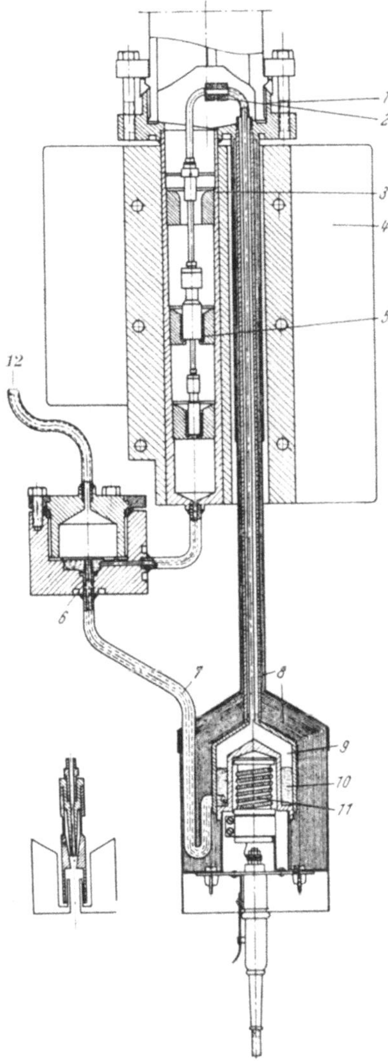

Abb. 42 a. Querschnitt durch dreistufige Hochvakuum-Diffusionspumpe für natürliche Luftkühlung. 200 W Eigenverbrauch.

1 Anschluß zum Behälter; 2 Dampfrohr; 3 Pumpengehäuse; 4 Kühlfahnen; 5 Hg-Dampfdüsen (links unten vergrößerter Querschnitt); 6 Hg-Falle; 7 Quecksilberrückfluß; 8 Wärmeisolation; 9 Quecksilberverdampfraum; 10 Quecksilber; 11 Heizkörper; 12 Vorvakuumanschluß.

(Asea Vaesteros.)

Die Restgase können aus verschiedenen Quellen stammen:

a) aus den Gaseinschlüssen der verwendeten Konstruktionsmaterialien. Gute Ausheizung und Vorentgasung kann heute diese Quelle praktisch abstellen.

b) aus Undichtigkeiten der Gefäßwände und isolierenden Elektrodeneinführungen. Erstere Ursache kann durch entsprechende Materialkontrolle, Schweißtechnik und Dichtigkeitsprüfung heute so weit verringert werden, daß Standproben[8] selbst über Monate nur Zunahme von einigen μ zeigen, was jahrelanger Betriebsbereitschaft entspricht.

Die zweite Ursache, Undichtigkeit der isolierenden Einführungen, leitet zu einem besonders interessanten Sonderkapitel der Vakuumtechnik über, nämlich den vakuumdichten, wärmefesten Stromeinführungen. Bei den später gebrachten Konstruktionsbeispielen wird jeweils besonders auf die verwendeten Prinzipien hingewiesen. Die diesbezüglichen Fragen zusammen mit jenen nach Eignung der Baumaterialien für Entladungsventile sind heute eine Wissenschaft für sich geworden. Hierüber sowie über die anderen Einzelheiten der Vakuumtechnologie muß auf die entsprechende Fachliteratur [74] verwiesen werden. Im besonderen sind für Materialfragen das bekannte Buch von Knoll und Espe [74a] und für Vakuumerzeugungs- und -aufrechterhaltungsprobleme das grundlegende Buch von S. Dushman [74b] unentbehrliche Nachschlagequellen.

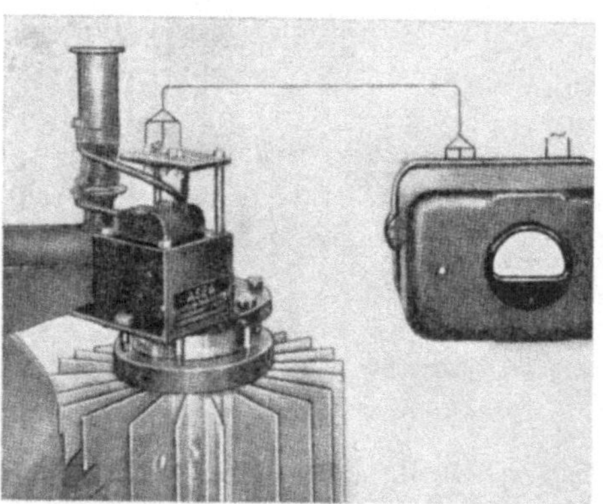

Abb. 42 b. Vakuummeßeinrichtung am Hochvakuumanschlußrohr der Diffusionspumpe. Veränderung des elektrischen Widerstandes eines Meßbandes im Vakuum zufolge verschiedener Wärmeabstrahlung wird mit Hilfe einer Brückenschaltung angezeigt. (Instrument zeigt nur Summe der Partialdrücke, d. i. Hg-Dampf zusammen mit Restgasen in Umgebung der Meßstelle.)

(Asea Vaesteros.)

c) Diffusion durch die Behälterwände. Unterschiede im Lösungsdruck des Kühlmediums außerhalb des Stromrichter-Gefäßes können zu einer Wanderung [73 b] von Komponenten durch diese Wände führen. Wasserstoffionen diffundieren z. B. durch Eisen aus dem Kühlwasser in den Vakuumbehälter und setzen den Restgasanteil in Kürze über das zuträgliche Maß hinauf, wenn sie nicht dauernd entfernt werden. Rostfreier Stahl, verschiedene Oberflächenplattierungen und auch chemische Behandlungen (Bonderung) haben sich als wirksame Mittel zur Hintan-

[8] Hierunter versteht man Vakuumkontrolle über längere Abstände.

haltung der Wasserstoffdiffusion bei wassergekühlten Eisenstromrichter-Gefäßen erwiesen.

Die Ursachen für eine allmähliche Vakuumverschlechterung und die prinzipiellen Wege zur Bekämpfung derselben sind im vorangegangenen kurz skizziert. Lange Zeit hindurch war es nicht möglich, Eisenstromrichtergefäße ohne dauernd laufende vakuumhaltende Einrichtung (bestehend aus Hochvakuumdiffusionspumpe [vgl. Abb. 42 a und b], Vorvakuumpumpe und entsprechenden Kontrolleinrichtungen) zu betreiben. Die Fortschritte in der Vakuumtechnologie haben es seit etwa 1935 in steigendem Maße gestattet, pumpenlose, d. h. abgeschmolzene Eisenstromrichter-Gefäße zu bauen. Obzwar man dadurch in den Gesamtabmessungen der einzelnen Gefäße etwas mehr eingeengt worden ist, als man es vorher bei den dauergepumpten Großstromrichtern war, ist es trotzdem möglich geworden, durch Übergang zum pumpenlosen Einanodengefäß auch die größten Leistungen zu beherrschen.

III, 5. Aufbau der Stromrichtergefäße.

Die äußere Erscheinung und der innere Aufbau der Gefäße sind nicht nur durch die Wahl einer bestimmten Grundform bedingt. Verschiedene Begleiterscheinungen im Zusammenhang mit den die Schaltoperationen vornehmenden Entladungen sowie das für den Behälter verwendete Material und dessen Bearbeitungsverfahren bestimmen weitgehend die Gefäßkonstruktion.

III, 5, 1. Begleiterscheinungen und Behälterbau.

Mit den in den vorangegangenen Abschnitten erörterten nutzbringenden elektrischen Funktionen sind eine Reihe von Begleiterscheinungen untrennbar verbunden, denen die Stromrichter-Gefäßkonstruktion zusätzlich Rechnung tragen muß und die zum Teil Formgebung und Ausmaße grundsätzlich bestimmen. Es handelt sich dabei vor allem um den Anfall einer nicht unbeträchtlichen Verlustwärme, die durch besondere Kühlmaßnahmen abgeführt werden muß, um Störungen der richtigen Arbeitsatmosphäre für die Entladung zu vermeiden; Wärmeabfuhr und Behälterbaumaterial stehen dabei in engem Zusammenhang. Bei den Quecksilber-Fleckkathoden spielt überdies die Kondensation der beträchtlichen Menge verdampften Quecksilbers eine wichtige Rolle.

Einen Überblick über die heute im Stromrichter-Gefäßbau üblichen Behälter-Baumaterialien und die angewendeten Kühlverfahren gibt die nachstehende Tab. XIII zusammen mit Hinweisen auf entsprechende Ausführungsbeispiele.

Tab. XIII. Technisch-konstruktive Übersicht der Stromrichter-Gefäßtypen.

Grundtype vgl. Abb. 41	Übliche Bezeichnung	Behälter	Wärmeabfuhr	Kennzeichnende Abb.-Nr.
	Kaltkathodenrohr oder Relais	Glas, abgeschmolzen	natürlich	44 a, b
1	Glühkathoden-Gleichrichter	Glas, abgeschmolzen	natürlich	45, 48
2	Stromtore Thyratrons	Glas, Eisen abgeschmolzen	natürlich oder Ventilator in Einzelfällen	46, 47, 49
	Fleckkathodensysteme			
	Mehranodige Gefäße	Glas, abgeschmolzen	natürlich Ventilator	61, 62, 63
		Porzellan, abgeschmolzen	Ventilator	
		Eisen, Vakuum-Pumpe	Wasser Wasser, Luft kombiniert	64 68
		Eisen, abgeschmolzen	Luft	58, 66, 67 69, 70, 71
		Eisen, Vakuum-Pumpe	Wasser	50
3	Einanodige Gefäße	Glas, abgeschmolzen	Luft	77
4	Excitrons	Glas, Eisen kombiniert, abgeschmolzen	Wasser und Luft kombiniert	76
		Eisen, abgeschmolzen		78, 79, 80
5	Ignitrons	Glas, abgeschmolzen	Luft natürlich oder Ventilator	51 b
		Eisen, abgeschmolzen	Wasser	72, 73, 122
		Eisen, Vakuum-Pumpe	Wasser	75, 121
	Impulsgefäße	Glas, abgeschmolzen	natürlich	59

III, 5, 2. Technische Ausführungen.

Da die Art des jeweils verwendeten Kathodensystems sowohl den konstruktiven Aufbau bestimmt als auch den gesamten Fabrikationsgang weitgehend beeinflußt, liegt eine auf die Kathode ausgerichtete Unterteilung bei der Beschreibung der technisch konstruktiven Momente der Gefäße nahe.

III, 5, 2, 1. Kaltkathodensysteme [75].

Diese äußerlich einfachste Anordnung steht erst am Beginn ihrer praktischen Verwendung. Vor allem handelt es sich hier um ein während des letzten Krieges im Siemens-Röhrenwerk entwickeltes Niederdruckventil, das verschiedentlich als äußerst spannungs-

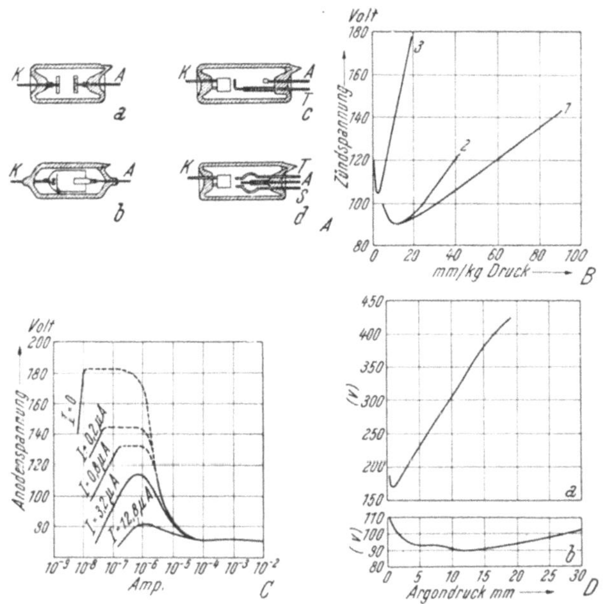

Abb. 43. Kaltkathoden-Niederdruckentladungsgefäße.

A Anordnungsschemata: a Diode mit ebenen Elektroden; b Diode mit konzentrischen Elektroden; c Triode; d Tetrode. A ... Anode; K ... Kathode); T ... (Trigger) Auslöseelektrode.

B Zündspannungsabhängigkeit bei konzentrischen Dioden verschiedener Ausführungsformen: 1 Anodendurchmesser 1 mm, Kathodendurchmesser 4,5 mm, Neon-Argon-Gemisch; 2 Anodendurchmesser 1,5 mm, Kathodendurchmesser 8,0 mm, Neon-Argon-Gemisch; 3 Anodendurchmesser 1 mm, Kathodendurchmesser 4,5 mm, reines Argon.

C Strom-Spannungscharakteristik der Triode *(A)* bei verschiedenen Triggerströmen *I* (μA).

D Zündspannungsabhängigkeit von Haupt- und Triggerkreis einer Kaltkathodentriode für verschieden hohen Argon-Fülldruck.

(Ferranti, Manchester.)

Tab. XIV. Technische Daten von Kaltkathoden-Ventilen.

Dioden KD 60 (Neonfüllung) — Spannungsgleichhalter.

max. Zündspannung	85 Volt
max. Arbeitsstrom	2,5 mAmp.
min. „	125 µAmp.
min. Strom, um Ionisation aufrecht zu halten	100 µAmp.
Spannungsabfall im Arbeitsbereich	max. 63 Volt, min. 60 Volt
Stromabhängigkeit des Spannungsabfalls zwischen 125 µA bis 2,5 mA	± 0,4 Volt
„ 0,5 mA bis 1,0 mA	± 0,20 Volt
„ 1,0 mA bis 1,2 mA	± 0,15 Volt
Gesamthöhe 2″, größter Ø 0,45″	

Trioden K3 und K3A

Anodenspannung	130 bis 150 Volt max.
Triggerspannung	79 bis 84 Volt (bei 135 Volt Anodenspannung)
zulässiger Anodenstrom (dauernd)	5 mAmp. max.
Spitzen-Anodenstrom (bei unterbrochenem Betrieb)	20 mAmp. bei 5 mAmp. mittel
Triggerstrom	4 µAmp. (bei 135 Volt an der Anode)
Spannungsabfall (Glimm-Entladung)	70 Volt

Tetroden NSPI und NSPIE (Argon- bzw. Neonfüllung)

Betriebskennwerte:

Anodenspannung	400 Volt max.
Anodensperrspannung	200 Volt min., 350 Volt max.
mittlerer Anodenstrom	40 bis 100 mAmp. max.*
höchst zulässiger Anodenstrom	250 Amp. max.
kleinster erforderlicher Anodenstrom	5 Amp. min.**
mittlerer Abfall (Bogenentladung)	20 Volt
Stoßfrequenz	300 sec^{-1}

Zündkennwerte:

Schirmgitter muß um 80 bis 130 Volt positiv gegenüber Triggerelektrode sein	
Erforderlicher Triggerstrom min.	20 µAmp. bei 400 V an Anode 200 µAmp. bei 200 V an Anode
Ansprechzeit (angenähert)	50 µsec bei Neonfüllung 35 µsec bei Argonfüllung
Freiwerdezeit	~1 msec

Daten entnommen aus Typenblatt EL/NS/N 1949, Ferranti Ltd. Electronics, Moston, Manchester

* Je nach Belastungsspiel durch die Erwärmung der Kathode festgelegt.

** Minimalwert, um einen Kathodenfleck für eine Bogenentladung zu bilden.

empfindliches Relais Verwendung gefunden hat und neuerdings auch an anderen Stellen erzeugt wird. Die einfache Kaltkathodendiode (Abb. 43 *A*/a u. *A*/b) entspricht nicht der eingangs gegebenen Stromrichter-Gefäß-Definition, da die Zündung hier ein richtiger Spannungszusammenbruch ist, wie Abb. 43 *B* angibt.

Bei den Trioden (Abb. 43 *A*/c) und den Tetroden (Abb. 43 *A*/d) aber wird die Entladung zur Hauptanode A aus der Vorionisation von einer Trigger-[9](Hilfs-)elektrode T aus aufgebaut. Die Triggerelektrode ist in unmittelbarer Nähe der (aktivierten) Kathode angeordnet und weist im Gegensatz zur Hauptanode eine bemerkenswert geringe Durchbruchsspannungs-Abhängigkeit vom Fülldruck auf (Abb. 43 *D*). Den großen Einfluß der *VI* auf die Zündung der Hauptanode veranschaulicht vor allem Abb. 43 *C*; bei größerem Triggerstrom wird das Hauptanodenzünden wesentlich erleichtert.

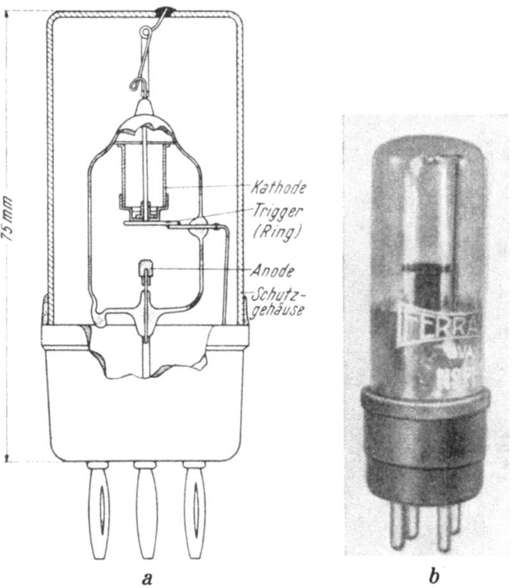

Abb. 44. Kaltkathodenrohr-Ausführungen.

a) Querschnitt durch Kaltkathoden-Triode, Type K 3, Maßstab 2 : 1, Ferranti;

b) Ansicht einer Kaltkathoden-Tetrode NSPI auf amerikanischem Vierstiftsockel. Gesamthöhe 115 mm.

(Ferranti Ltd. Electronics, Manchester, 1949.)

Bei den Tetroden wird durch das zusätzliche Schirmpotential das Zünden noch genauer gemacht; die Einzelheiten des Zündvorganges sind hier noch nicht völlig geklärt.

Abb. 44 a zeigt den Querschnitt durch eine Kaltkathodentriode, Abb. 44 b die Ansicht einer Tetrode, die imstande ist, kurzzeitig stromstarke Entladungen zu führen und dadurch z. B. als Stroboskop-Lichtquelle geeignet ist.

III, 5, 2, 2. Glühkathodensysteme.

Die Anfänge der Grundtype dieser heute sehr wichtigen Stromrichter-Gefäßgruppe gehen auf die Untersuchungen von Wehnelt [76] um 1905 zurück; den Anstoß zu der heutigen großen Verbrei-

[9] Trigger = Auslösesystem.

tung aber gaben erst die Arbeiten A. W. Hulls in den Zwanzigerjahren [77]. Von 1930 ab finden sich gas- und dampfgefüllte Glühkathodenventile in den Fabrikationsprogrammen der meisten röhrenbauenden Werke. Während die ursprünglichen Formen Zeugnis für die ungehinderte Phantasie der Konstrukteure ablegen, herrscht heute mit Ausnahme der Birn- oder Ballonform bei ganz kleinen Leistungen das Zylindergefäß vor. Bei den Glühkathoden-Stromrichter-Gefäßen sind die elektrischen Erscheinungen der Entladung weniger verwickelt als bei den Stromrichtern mit Fleckkathoden. Die Glühkathodenstromrichter-Literatur [78] enthält dementsprechend auch zahlreiche verallgemeinbare Angaben und Ausführungen über diese Ventiltype. Daher soll hier im Gegensatz zu den Fleckkathodengefäßen nur eine knappe Beschreibung der wichtigsten Eigenheiten an Hand einiger kennzeichnender Ausführungsformen gegeben werden, für Einzelheiten muß aber auf die Spezialliteratur verwiesen werden.

Im allgemeinen werden Glühkathodenventile einanodig ausgeführt, d. h. je eine Anode wird mit einer eigenen Kathode in einem Behälter vereinigt. Nur für Gleichrichtung niedriger Spannungen sind zwei und hie und da sogar drei Anoden in einem Gefäß zu finden (Abb. 45). Zur Herabsetzung der gegenseitigen Beeinflussung werden dabei die Anoden durch Hülsen und Zwischenwände abgeschirmt.

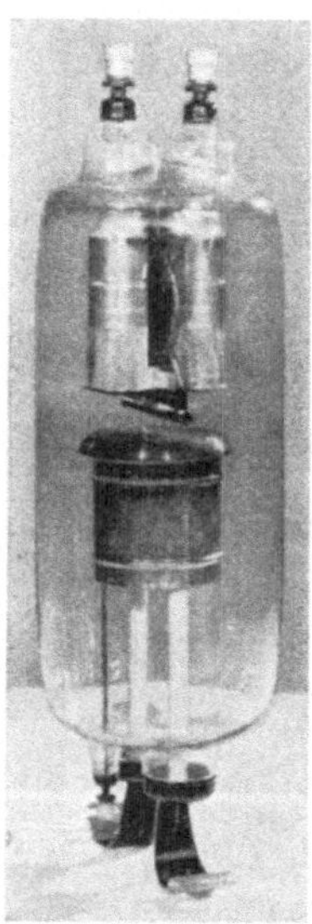

Abb. 45. Zweipuls-Glühkathoden-Gleichrichterrohr, Argon-Füllung.

Betriebsspannung: max. 115 Volt eff., min. 30 Volt eff., Dauerstrom 40 Amps. Max. Stromspitze (per Anode) 120 A. Arbeits-Zündspannung 30 V. Max. zulässige Rückwärtsspannung 325 V. Heizleistung 1,92 V × 70 Amps. Gesamthöhe 445 mm.

(Philips, Eindhoven, 1948.)

Man unterscheidet drei Hauptformen der Kathoden-Anordnung:

a) direkte Heizung, wo die Heizwendel, die an ihrer Oberfläche aktiviert ist, gleichzeitig als Emissionskörper wirkt,

b) indirekte Heizung, wobei der Träger des emittierenden Überzuges von der Heizwicklung getrennt ist (Abb. 46), und

c) Hohlkathoden, bei welchen die aktivierte Innenseite eines Hohlkörpers durch Strahlung aufgeheizt und in Art eines schwarzen Körpers gleichmäßig zur Emission gebracht wird. Die Entladung selber tritt durch eine oder mehrere Öffnungen in der Wand des Systems in das Gefäß.

Je besser der Wärmeschutz der Kathode ist, um so geringer wird die erforderliche spezifische Heizleistung, das sind die pro

Ampere-Emissionsstrom erforderlichen Watt. Die Behälter sind zum größeren Teil aus Glas geblasen: es sind aber auch einige erfolgreiche Metallsysteme bekannt geworden (Abb. 47 und 48).

Für einfache Gleichrichtung werden Glühkathodensysteme verwendet, die bloß aus Kathode und Anode bestehen, wie z. B. Abb. 45 und 48, wohingegen für Steuerzwecke Zwischenelektroden

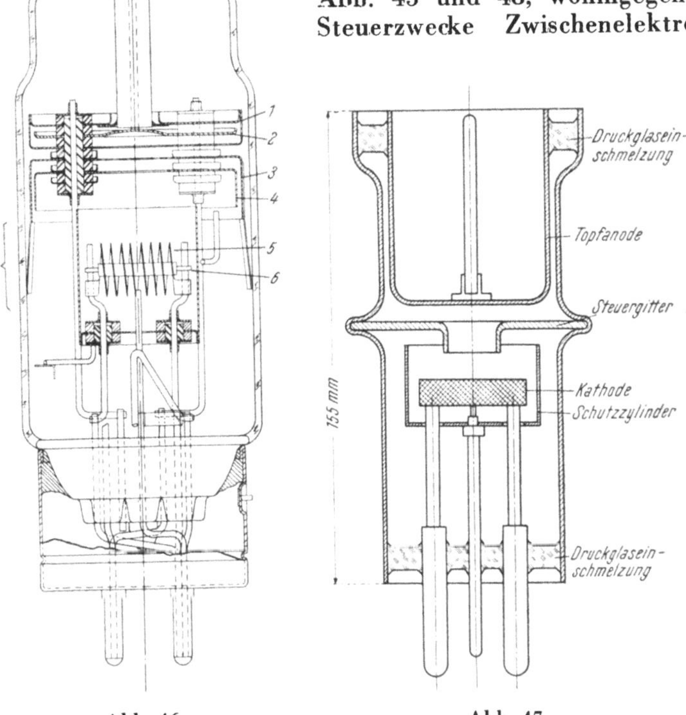

Abb. 46. Abb. 47.

Abb. 46. Xenongefülltes Hochleistungs-Thyratron GL 5545.

Sperrspannung 1500 V, Anodenstrommittelwert 6,5 A, Anodenstromscheitel 80 A, Gesamthöhe ca. 20 cm, größter Durchmesser ca. 6,5 cm; Arbeitsbereich —55° bis 70°.

Kathode: Heizleistung 50 W (Ni_2O_3-Beigabe) 1 min Anheizzeit. Fülldruck 100 μ. 1 Anodenschirm; 2 Anodenplatte; 3 Steuergitter; 4 Abregegitter; 5 Heizwicklung; 6 Emissionskörper; indirekt geheizte Kathode.

(General Electric, Schenecktady, USA, 1948.)

Abb. 47. Glühkathoden-Ganzmetall-Stromtor.

Argonfüllung, Arbeitsbereich —50° C bis +50° C, Nennspannung 400 V, Sperrspannung 1000 V. Druckglaseinschmelzungen trennen die topfförmige Stahlanode, den mit dem Steuergitter metallisch verbundenen Behälter und die Kathodenzuleitungen.

(Siemens-Schuckertwerke, 1942.)

(Gitter) vorgesehen werden. Abb. 46, 47 und 49 zeigen einige solche gittergesteuerte Glühkathodenventile; die wichtigsten Kenndaten sind jeweils unter den Abbildungen angegeben.

Die ersten eingehenden Untersuchungen über Betriebseigenschaften und Arbeitsverhal-

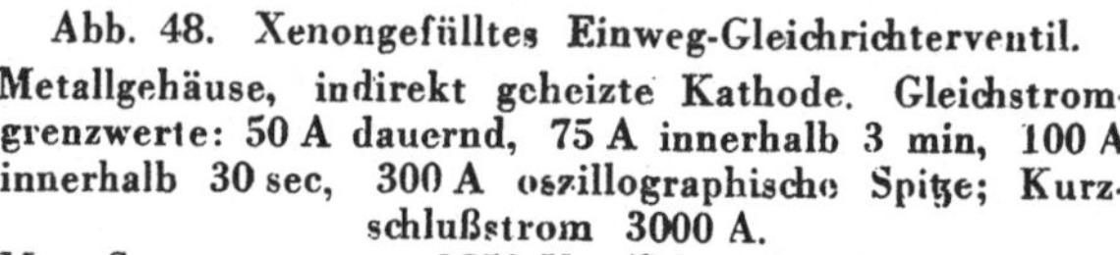

Abb. 48. Xenongefülltes Einweg-Gleichrichterventil.
Metallgehäuse, indirekt geheizte Kathode. Gleichstromgrenzwerte: 50 A dauernd, 75 A innerhalb 3 min, 100 A innerhalb 30 sec, 300 A oszillographische Spitze; Kurzschlußstrom 3000 A.
Max. Sperrspannung 1850 V (Scheitel), Kathodenheizleistung 115 V × 1,3 ± 0,1 A, Kathodenheizzeit 4 min, Zündspannung 15 V im Mittel (max. 30 V), zulässiger Temperaturbereich —40° C bis +40° C.
(Electrons Inc., Newark, N. J., USA, 1945.)

ten von Glühkathodenventilen stammen aus dem Forschungsinstitut der AEG. in Berlin [78 b, c, d]. Dort sind im besonderen die Einflüsse von Belastungsstrom, Temperatur und Frequenz auf das Zünden durch die Arbeiten von Glaser und seinen Mitarbeitern behandelt und auch die Folgen von Dampfdruck- und Anodendurchgriffs-Einflüssen geklärt worden.

Die quantitativen Zusammenhänge zwischen Formgebung und Leistungsvermögen sind bei den sehr kompakt gebauten, relativ kleinen Glühkathoden-Stromrichter-Gefäßen nicht sehr leicht zu erfassen, da die Unterscheidung zwischen elektrisch erforderlichem Volumen

Abb. 49. Glühkathoden-Stromtor.
Xenonfüllung, Tantalanode; Gleichstromgrenzen: 6,4 A dauernd, 17,8 A innerhalb 3 sec, 77 A Scheitel. Spannungsgrenzen: 750 V vorwärts, 1250 V rückwärts (Scheitelwerk). Mittlerer Spannungsabfall 9 V.
Heizzeit ungefähr 60 sec, Heizleistung 2,5 V × 21 ± 2 A. Gitterdaten: Kritische Gitterspannung —3,5 ± 1,5 V bei 750 V Scheitel an der Anode, kritischer Gitterstrom kleiner als 10 Mikro-Amp. Längste Entionisierungszeit 1 msec, Gitter-Anodenkapazität 4 μμf. Gitter-Kathodenkapazität 21 μμf. Temperaturbereich —55° C — +70° C.
(Elektrons Inc., Newark, N. J., USA, 1945.)

bzw. Oberfläche und konstruktions- bzw. herstellungsmäßig bedingten Gebieten häufig kaum durchführbar ist. Im wesentlichen aber folgen diese Zusammenhänge zwischen Leistungsvermögen und Geometrie des Aufbaues weitgehend den in Kap. IV beschriebenen Verhältnissen der größeren Stromrichter-Gefäße mit Fleckkathoden (vgl. Abb. 126, Fig. a bis f).

Glühkathoden-Stromrichter-Gefäße haben sowohl in der Fernmeldetechnik als auch in dem Starkstromgebiet außerordentlich weite Anwendung gefunden und werden von der Elektrizitätsindustrie serienmäßig in Standardtypen hergestellt.

Speziell solche für Gittersteuerung, die im Schrifttum teilweise als Stromtore, teilweise als Thyratrone bezeichnet werden, stellen ein geradezu ideales Bauelement vor. Abgesehen von wirtschaftlichen und fabrikationstechnischen Vorzügen war es besonders die Tatsache, daß wichtige Züge des Leistungsvermögens durch eine Reihe sauber reproduzierbarer Charakteristiken (siehe z. B. [18 a] Katalog von „Electrons", Newark) festgelegt werden konnten. Die Schwierigkeit, Glühkathoden zur dauernden Abgabe von höheren Strömen (100 Amp. ist bereits als sehr hoch zu bezeichnen) herzustellen, dürfte die Hauptursache sein, daß die Verbreitung der Stromtore nicht den noch weiteren Umfang angenommen hat, der zur Zeit der Einführung der ersten, nach modernen Röhrenbaugesichtspunkten herausgebrachten Typen vor etwa fünfzehn Jahren erwartet wurde.

Heute liegen die praktischen Grenzen für Niederspannungstypen bei etwa 220 Volt und 100 Amp., für Hochspannungstypen bei etwa 15000 Volt und 20 Amp.

Die Lebensdauer der Kathoden beträgt im Durchschnitt viele tausend Brennstunden, bei gittergesteuerten Typen tritt allerdings eine allmähliche Veränderung der Steuereigenschaften durch Kathodeneinflüsse auf [78 c], die die Verwendungsdauer gegenüber der Kathodenlebensdauer etwas verkürzen, wenn es sich um sehr empfindliche Steuerungen handelt.

III, 5, 3. Fleckkathodensysteme.

Für Stromrichtungsaufgaben im Bereich mittlerer und hoher Leistungen aber werden fast ausschließlich Ventile mit Fleckkathoden verwendet. Obwohl deren Entwicklung sich bereits über nahezu 50 Jahre erstreckt, ist noch keine den Glühkathoden-Stromrichtern vergleichbare Normalform entstanden. Peter Coopor Hewitt [20] begann die Entwicklung mit mehranodigen Glasgefäßen, wobei zuerst die Anoden von dem ballonförmigen Behälter eingeschlossen waren; er ging aber sehr bald zu der noch heute für Glasstromrichter kennzeichnenden Armform (vgl. Abb. 61) über.

B. Schäfer in Frankfurt/M [79 a] steht 1911 mit dem Bau des ersten Stromrichter-Ventils in einem wassergekühlten Eisenbehälter am Ausgangspunkt der zweiten Entwicklungsreihe, der Eisenstromrichter. Abb. 50 zeigt sein erstes in Betrieb gesetztes Modell; es ist ein Einanodensystem mit dauernd erregter Kathode.

B. Schäfer verließ aber das Einanodenprinzip schon im nächsten Jahre zugunsten der mehranodigen Großstromrichter, einer Bauform [79 b], der sich von da an die Industrie — BBC Baden an der Spitze — für die nächsten Jahrzehnte ausschließlich zuwandte und die in Europa zu außerordentlichen Höchstleistungen (vgl. Abb. 64) entwickelt wurde.

Die dritte Hauptlinie der Fleckkathoden - Stromrichter - Gefäß-Entwicklung wurde um 1933 von Slepian mit der Einführung des Ignitors [65]

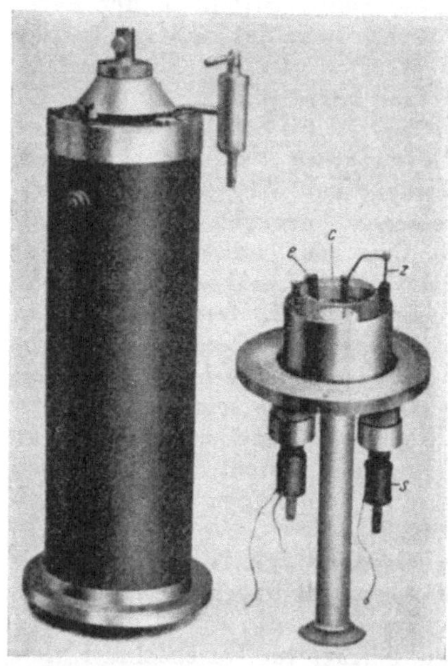

Abb. 50. Erstes wassergekühltes Hg-Dampf-Stromrichter-Gefäß in Eisenbehälter. Erregtes Einanoden-System, anzuschließen an dauernd arbeitendes Vakuumpumpensystem. Kathode (unten rechts) demontiert. c .. Schutzzylinder; e ... Erregeranode; s ... Zündspule; z ... Zündelektrode.

begründet. Abb. 51 zeigt ein modernes, kleines Glas-Ignitron, welches aber in seinem Aufbau von den ursprünglichen Vorschlägen Slepians kaum verschieden ist. Die amerikanische Praxis hat sich überwiegend diesen periodisch gezündeten, einanodigen Stromrichter-Gefäßen zugewandt und steht heute hinsichtlich der Gesamtinstallation mit diesem Prinzip an der Spitze.

Die zunehmende Verbreitung von Stromrichter-Antrieben für schwierige und genaue Regelaufgaben, das wachsende Interesse an Gleichstrom-Höchstspannungsübertragungen, die zunehmende Verwendung von zeitlich genau begrenzten Strompulsen teilweise sehr hoher Intensität im Radar und andere

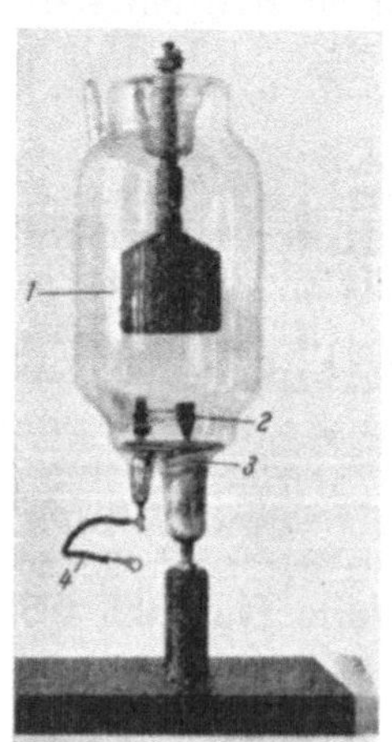

Abb. 51. Halbleiter-Zündstift-Gefäß VJ 40 (Ignitron). 1 ... Anode; 2 ... Igniter; 3 ... Quecksilberkathode; 4 ... Igniteranschluß.

(Siemens-Schuckert, Berlin, 1950.)

Spezialgefäße erfordernde Sonderaufgaben lassen erwarten, daß die Konstrukteure von Fleckkathoden-Stromrichter-Gefäßen in den kommenden Jahren nicht zur Ruhe kommen werden. Es wird zur Erleichterung ihrer Arbeiten dienen und einer zukünftigen Vereinheitlichung der Gefäßanordnungen hoffentlich dienlich sein, wenn die heute feststellbaren einheitlichen Züge weitgehend herausgearbeitet sind, wie dies in dem folgenden Abschnitt versucht wird.

IV. Technische Einzelheiten über Niederdruck-Stromrichter-Gefäße, besonders solche mit Fleckkathoden.

IV, 1. Die Quecksilber-Fleckkathode.

Für die Beschreibung des Leistungsvermögens von Fleckkathoden-Stromrichter-Gefäßen ist eine Erklärung des elementaren physikalischen Mechanismus des Kathodenflecks nicht nötig; ausgehend von den charakteristischen Daten der unmittelbar zu erfassenden, im Absch. II, 3 ausgeführten Eigenschaften des Kathodenflecks können hiermit die erforderlichen Kathodenberechnungen, vor allem hinsichtlich der Hg-Oberflächentemperatur, durchgeführt werden. Über die technisch wichtige Hg-Verdampfung, die mit der Kathoden-Oberflächentemperatur in engem Zusammenhang steht, finden sich in der Literatur von verschiedenen Autoren [80 a, b, c, ferner 21 a, 42, 52] zum Teil recht abweichende Zahlendaten. Daher wird es vor Eingehen auf die thermischen Kathodenprobleme notwendig, eine Übersicht über die diesbezügliche Situation zu geben.

IV, 1, 1. Hg-Verdampfung und Dampfstrahlenverteilung.

Die Hg-Verdampfung bestimmt nicht nur mengenmäßig, sondern auch ihrem Verlauf nach die zur Dampfbewältigung notwendigen Bauelemente des Stromrichter-Gefäßes und ist daher vom konstruktiven Standpunkt aus ein maßgebender Faktor. Die pro Sekunde von der Kathode in Dampfform ausgehende Hg-Menge ist meßtechnisch nicht einfach zu erfassen, da der an das Vakuum gebundene Prozeß in einem nach außen abgeschlossenen, einen Hg-Kreislauf ergebenden System erfolgt. Aus diesem Grunde können direkte Messungen an Stromrichter-Gefäßen nicht vorgenommen werden, sondern es sind Sonderanordnungen erforderlich. An verschiedenen Stellen wurden auch tatsächlich solche Versuchseinrichtungen ausgeführt und damit die an der Fleckkathode pro Sekunde für bestimmte Stromstärken verdampfende Quecksilbermenge festgestellt. In Abb. 52 sind die Meßresultate von I. v. Issendorff, Wellauer, Kobel, Güntherschulze und anderen einander gegenübergestellt. Man sieht, daß diese „spezifischen" Werte in einem Gebiet von über zwei Größenordnungen schwanken. Der Ruf der einzelnen Autoren bürgt für die Richtigkeit der verschiedenen Messungen als solcher. Man muß daher aus den großen Diskrepanzen derselben den Schluß ziehen, daß die Verdampfung wohl von verschiedenen äußeren Umständen bedingt ist und deswegen nicht sehr enge mit dem Emissionsprozeß selber verbunden sein kann. Wenn dies aber zutrifft, muß sie lediglich als eine parasitäre — allerdings dem Gefäßbauer viel Mühe und Aufwand verursachende — Begleiterscheinung der Fleckemission angesehen werden. Zusammenfassend handelt es sich in der Tat bei den fraglichen Versuchsanordnungen um Kathodensysteme beträchtlich voneinander abweichender konstruktiver Gestaltung. Überdies unterscheiden sich die Messungen auch dadurch voneinander, daß in einzelnen Fällen das bei dem Wallen der Hg-Oberfläche verspritzende Quecksilber und Tröpfchen, die von den unmittelbar beim Kathodenfleck austretenden Dampfstrahlen mitgerissen werden, mitgezählt worden sind, in anderen Fällen aber nicht; außerdem wurden teilweise freie Hg-Oberflächen verwendet, teilweise waren aber auch Kathodeneinbauten und Fixierkörper im Kathodensystem enthalten. Die durch Abb. 52 ausgedrückte Tatsache, daß die verdampfende Hg-Menge nicht in irgend einem festen Verhältnis zum Emissionsvorgang steht, führt somit zu dem Schluß, daß die „spezifische" Verdampfung (Hg-Menge/Amp. Kathodenstrom und Sekunde) nicht als eine primäre Kenngröße, sondern nur als eine die Kathodenkonstruktion kennzeichnende Hilfsgröße angesehen werden soll. Unter den verschiedenen Werten von Abb. 52 sind die von Wellauer am ehesten als kennzeichnend für technische Großstromrichter-Gefäße anzusehen.

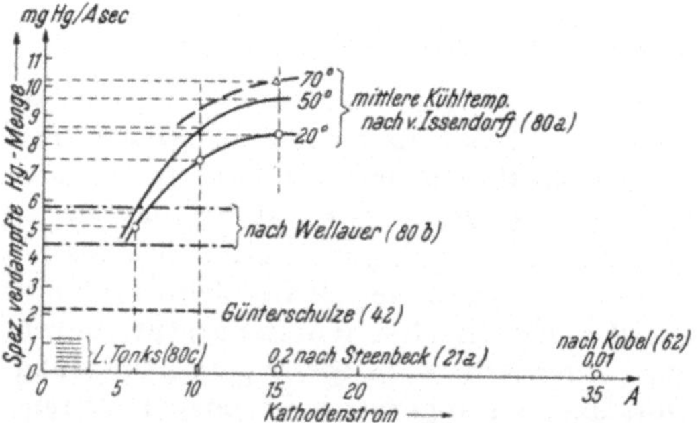

Abb. 52. Spezifische Quecksilberkathodenverdampfung. Vergleichsweise Zusammenstellung von Meßresultaten verschiedener Autoren. Die beiden extrem niedrigen Werte sind unter besonderen Kühlbedingungen gewonnen.

Das Auftreten einer größeren Anzahl häufig in Gruppen erscheinender Kathodenflecken auf der Hg-Oberfläche und deren statistische Bewegung ergibt das Auftreten mehrerer sich gegeneinander bewegender Dampfentwicklungszentren. Ist die Hg-Oberfläche glatt, so kann man eine Dampfgeschwindigkeitsverteilung erwarten, wie sie schematisch in Abb. 53a dargestellt ist. Durch das Auftreten von Wellen auf der Hg-Oberfläche müssen die einzelnen Flecken bzw. Fleckgruppen wie Wellenreiter über die Oberfläche hingleiten. Dadurch, daß sie den Dampf senkrecht zu ihrer jeweiligen Lage aussenden, erweitert sich das Ausbreitungsgebiet

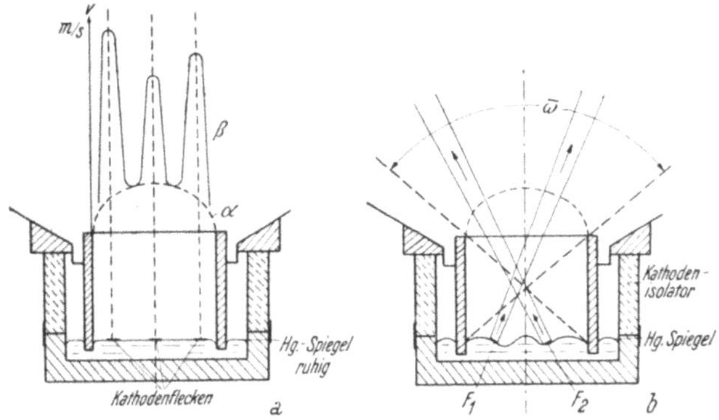

Abb. 53. Dampfströmungsschemata für Quecksilberkathoden.

a) Geschwindigkeitsverteilung der: (α) Grundströmung, entsprechend mittlerer Übertemperatur der Kathode; (β) überlagerten schnellen Dampfstrahlen. Momentanwerte für drei willkürlich angenommene Kathodenflecke auf ebener Hg-Oberfläche.

b) Streufeld einzelner Dampfstrahlen bei bewegter Hg-Oberfläche. F_1, F_2 Momentanpositionen zweier Flecke.

dieser Dampfstrahlen zu einem Dampfstrahlkegel, dessen Öffnungswinkel $\bar{\omega}$ im wesentlichen durch den bei allen größeren Kathodensystemen eingebauten Quarzzylinder bestimmt wird. Ein schematisches Bild über diesen Ausbreitungskegel soll Abb. 53 b vermitteln.

IV, 1, 2. Wärmeabfuhr und mittlere Oberflächentemperatur.

Messung der durch den Kathodenboden fließenden Wassermenge und der Wassertemperaturen beim Ein- und Austritt läßt bei wassergekühlten Kathoden die für verschiedene Belastungen und verschiedene Gefäßgrößen anfallende Wärmemenge bestimmen. Bei im Siemens-Stromrichterwerk durchgeführten Beobachtungen war — bei einem, kleine Gefäße für 1000 Amp. Nennstrom und größte Gefäße für 10000 Amp. Nennstrom umfassenden Variationsbereich und bei Belastungen von etwa $^1/_{10}$ Nennlast angefangen bis Überlast — der Wärmeanfall im stationären Betrieb, bezogen auf die Einheit des Kathodenstromes, überraschend konstant mit rund 1,5 Watt/Amp. gefunden worden, was nicht unbeträchtlich unter den von Güntherschulze [42] festgestellten 2,68 Watt/Amp. liegt. Die Abweichung des letzteren ist zweifelsohne damit zu erklären, daß es sich um ungewöhnliche Kühlverhältnisse eines kleinen Glasgleichrichters mit in ein Wasserbad eingetauchter Kathode handelte, wo der geringe Wärmewiderstand eine größere Wärmeabfuhr zur Kathode ergab.

Diese und ähnliche Beobachtungen führten dazu, die Temperaturverhältnisse an der Hg-Oberfläche vorwiegend als Wärmeleitungsproblem aufzufassen. Im Hinblick auf die statistische Streuung der Kathodenflecken über die Oberfläche läßt sich eine gleichmäßige mittlere Oberflächentemperatur erwarten und einfach berechnen, da die dauernde Bewegung der Kathodenflecke im Durchschnitt eine angenähert gleichmäßige Verteilung der Wärmezufuhr über die ganze Hg-Oberfläche ergeben muß. Wenn man Zeiträume in der Größenordnung von Minuten ins Auge faßt, dann ist das thermische Ersatzbild einer Hg-Fleckkathode eine einseitig erwärmte Wand ohne Wärmeableitung nach den Seiten, wobei die Wand aus einer Quecksilberschicht und einer anschließenden Eisenschicht zusammengesetzt ist.

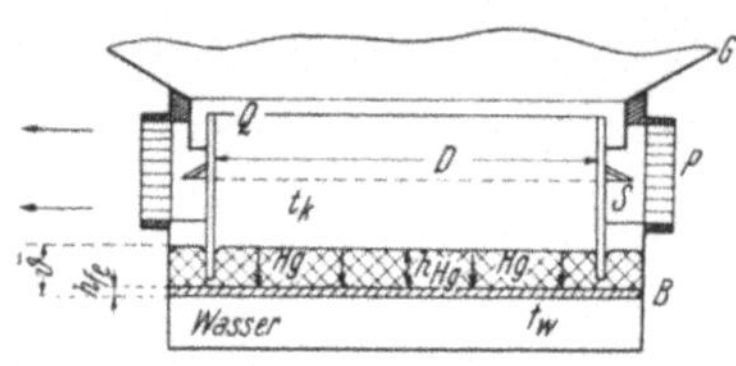

Abb. 54. Konstruktionsschema einer Großgleichrichterkathode.

G ... Bodenteil des Stromrichtergefäßes; P ... Kathodenisolator; B ... Kathodenboden mit Wasserkühlung; Hg ... Quecksilberinhalt; Q ... Quarzzylinder; S ... Tropfschutz, bestehend aus Ablaufnase und Schirmring.

Die mittlere Oberflächentemperatur t_k ergibt sich dann unmittelbar als Summe aus der Kathoden-Bodentemperatur t_w, die angenähert der Kühlwassertemperatur gleichzusetzen ist, und dem Temperaturgefälle $\overline{\vartheta}$ in dem Quecksilber. Mit den in Abb. 54 ersichtlichen Bezeichnungen berechnet sich der Temperaturunterschied zwischen Kühlmedium und Hg-Oberfläche:

$$\overline{\vartheta} = \frac{4\,W}{\pi\,D^2} \cdot \left(\frac{h_{Hg}}{\lambda_{Hg}} + \frac{h_{fe}}{\lambda_{fe}}\right) {}^0\,C. \qquad (IV, 1)$$

Darin bedeutet:

W ... die durch das Hg abgeleitete Gesamtwärme in Watt, weiterhin für Großstromrichterkathoden $W = 1{,}5\,I$ Watt gesetzt,

I ... Kathodengesamtstrom (Amp.),

λ_{Hg} ... Wärmeleitfähigkeit des Quecksilbers (0,146 Watt/grad u. cm) bei 100° C,

λ_{fe} ... Wärmeleitfähigkeit des Eisens (0,69 Watt/grad cm),

h_{Hg} ... Quecksilberhöhe (20 mm) } für Großstromrichter.

h_{fe} ... Stärke des Eisenbodens (5 mm) } für Großstromrichter.

Mit den eingeklammerten Zahlen-Werten sind die Temperaturunterschiede $\overline{\vartheta}$ für stationären Betrieb mit verschiedenen Strömen bei verschiedenen Kathodendurchmessern berechnet und in Abb. 55 aufgetragen worden.

Im Laufe der Entwicklung hat sich rein empirisch eine spezifische Kathodenoberflächenbelastung von rund 2 Amp./cm² bei Volllast als zweckmäßig herausgestellt. Demnach findet man bei Nennlast der mit solchen Kathoden ausgestatteten Gefäßtypen angenähert gleichen Sättigungsdruck des Hg-Dampfes über der Kathode entsprechend einer mittleren Übertemperatur $\overline{\vartheta}$ von rund 45° über der Kühlwassertemperatur.

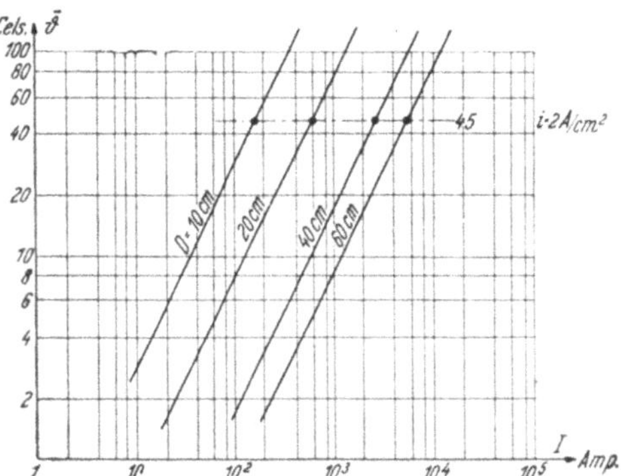

Abb. 55. Mittlere Kathodenoberfläche-Übertemperatur $\overline{\vartheta}$ in Abhängigkeit von Belastungsstrom I und Durchmesser D bei verschiedenen ausgeführten Großgleichrichter-Kathoden.

Die mittlere Kathodenoberflächentemperatur t_k selbst ist

$$t_k = t_w + \overline{\vartheta}. \quad \text{(IV, 2)}$$

Jede Kühlwassertemperaturerhöhung überträgt sich mit ihrem vollen Wert an die Hg-Oberfläche; so ist z. B. bei 25° Zulauftemperatur zur Kathode bei Nennlast eine mittlere Oberflächentemperatur von 70° zu erwarten, während bei 45° Kathodenzulauf eine solche von 90° anzunehmen ist. Dampfdichtemäßig bedeutet das einen sehr beträchtlichen Unterschied.

IV, 1, 3. Oberflächentemperaturen bei sprunghaften Laständerungen.

Bei Laständerungen wird die Oberflächentemperatur mit einer durch die Wärmekapazität des Quecksilbers bedingten Verzögerung der Stromänderung folgen. Die rechnerische Erfassung des Temperaturverlaufs entspricht dem mathematischen Problem eines Wärmeeinschaltvorganges an einer ausgedehnten Wand (siehe Abb. 56 a) der Stärke h, bei der die obere Seite 0—0 plötzlich durch einen nach dem Einschalten weiterhin konstant bleibenden Wärmestrom aufgeheizt wird, während die untere Seite u—u auf konstanter Temperatur gehalten wird. Im Hinblick auf die bisher wenig berücksichtigten Wärmeleitungseigenheiten der Hg-Kathode soll hier eine etwas ausführlichere mathematische Ableitung dieses speziellen Problems gegeben werden.

Für den zeitlichen Verlauf der Temperatur bei einer Wärmeleitfähigkeit λ, einem spezifischen Gewicht γ und einer spezifischen Wärme c gilt die Differentialgleichung:

$$\frac{\partial^2 \vartheta}{\partial x^2} = \frac{c\gamma}{\lambda} \cdot \frac{\partial \vartheta}{\partial t} = \frac{1}{k^2} \cdot \frac{\partial \vartheta}{\partial t}. \qquad \text{(IV, 3)}$$

Die Lösung derselben erfolgt in bekannter Weise durch den Ansatz, daß ϑ durch je eine bloß von x bzw. von t abhängige Funktion dargestellt wird:

$$\vartheta(t, x) = f(x) \, . \, g(t). \qquad \text{(IV, 4)}$$

Daraus ergibt sich durch Einsetzen von ϑ in Gl. (IV, 3):

$$f''(x) \cdot g(t) = \frac{1}{k} \cdot f(x) \cdot g'(t). \qquad \text{(IV, 5a)}$$

beziehungsweise

$$\frac{f''(x)}{f(x)} = \frac{1}{k} \cdot \frac{g'(t)}{g(t)}. \qquad \text{(IV, 5b)}$$

Dies kann nur erfüllt sein, wenn die beiden Quotienten Konstante vorstellen; führt man hiefür $-p$ ein, so folgt hieraus:

$$f''(x) = -p \, . \, f(x) \quad \text{und} \quad g'(t) = -k p \, . \, g(t).$$

Durch Auflösung der zwei so erhaltenen Differentialgleichungen folgt:

$$g(t) = C \, . \, e^{-kpt},$$

$$f(x) = A \sin x\sqrt{p} + B \cos x\sqrt{p}.$$

Durch Zusammenfassung folgt weiters:

$$\vartheta(x, t) = (A \sin x\sqrt{p} + B \cos x\sqrt{p}) \, . \, e^{-kpt}. \qquad \text{(IV, 6)}$$

Das allgemeine Integral ist dann die Summe aller ϑ_i (x, t) für die verschiedenen Eigenwerte p_i, die den Randbedingungen entsprechen. Hierzu kommt noch ein weiteres partikuläres Integral für die stationäre Lösung, welches nur von x abhängig ist, von der Form:

$$\vartheta_s(x) = C x + D, \qquad \text{(IV, 7)}$$

so daß also die vollständige Lösung die Form erhält:

$$\vartheta(x, t) = \sum_i e^{-k p_i t} \, . \, (A_i \sin x\sqrt{p_i} + B_i \cos x\sqrt{p_i}) + C x + D. \qquad \text{(IV, 8)}$$

In Gl. (IV, 8) sind die Konstanten A_i, B_i, C, D und die noch unbestimmten Eigenwerte p_i aus den Rand- und Grenzbedingungen zu ermitteln. Zählt man, wie in Abb. 56 a, die x-Ordinate von der Oberfläche nach abwärts, setzt die Temperatur im Moment des Einschaltens ϑ_0, berücksichtigt, daß im stationären Zustand zwi-

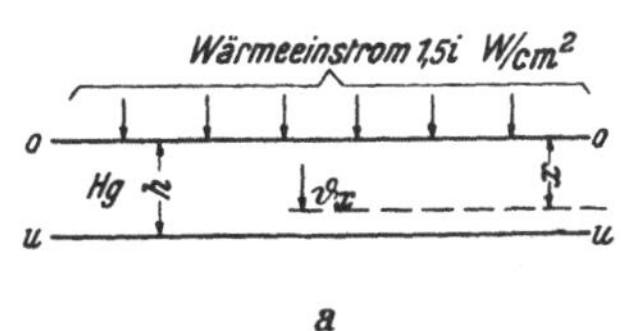

a

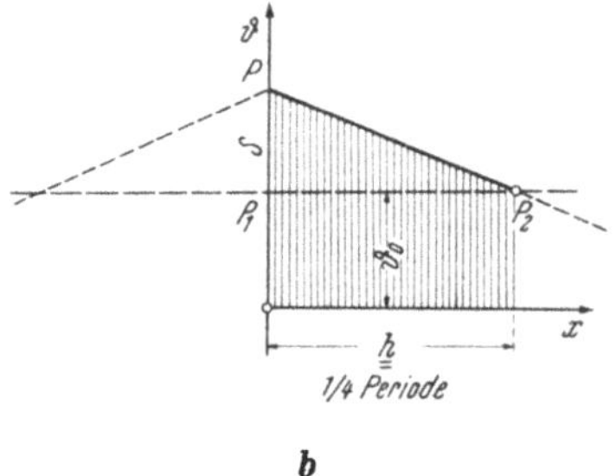

b

Abb. 56. Kathoden-Oberflächenerwärmung bei sprunghaften Stromänderungen.

a) Schema des Kathodenwärme-Einstroms.

b) Temperaturverteilung längs der Kathodenquecksilber-Tiefe x: P_1, P_2 entspricht Temperatur bis zum Zuschalten des Stromes; P, P_2 gibt stationären Zustand; ϑ Oberflächen-Endtemperatur.

schen Oberfläche und der auf konstanter Temperatur gehaltenen Bodenfläche das lineare Temperaturgefälle $-\frac{\delta}{h}$ besteht, während im Einschaltmoment dieser Wert auf die Oberfläche beschränkt bleibt, so erhält man verschiedene Rand- und Grenzbedingungen, die in der nachstehenden Tab. XV zusammengestellt sind.

Tab. XV. Rand- und Grenzbedingungen für stoßweise Kathodenerwärmung.

	$t = 0$	$t = \infty$
x = 0	$\vartheta = \vartheta_0$ $\frac{\partial \vartheta}{\partial x} = -\frac{\delta}{h}$	$\vartheta = \vartheta_0 + \delta$ $\frac{\partial \vartheta}{\partial x} = -\frac{\delta}{h}$
x = x		$\vartheta = \vartheta_0 + (h - x)\frac{\delta}{h}$
x = h	$\vartheta = \vartheta_0$ $\frac{\partial \vartheta}{\partial x} = 0$	$\frac{\partial \vartheta}{\partial x} = -\frac{\delta}{h}$

Durch Einsetzen der Bedingungen für den stationären Zustand $t=\infty$ folgen unmittelbar die Konstanten C und D von Gl. (IV, 8):

$$C=-\frac{\delta}{h},\quad D=\vartheta_0+\delta.$$

Durch Einsetzen dieser Konstanten in Gl. (IV, 8) erhält man für den Anfang $t=0$:

$$\sum_i (A_i \cdot \sin x\sqrt{p_i}+B_i \cos x\sqrt{p_i})=-\frac{\delta}{h}(h-x). \qquad \text{(IV, 9)}$$

In Abb. 56 b ist die rechte Seite von Gl. (IV, 9) durch das Dreieck $P\,P_1\,P_2$ dargestellt; dieses ist nach Fourier durch eine unendliche Summe von cos-Gliedern darzustellen, so daß man durch Vergleich die Koeffizienten der linken Seite von Gl. (IV, 9) erhält. Die Periode erstreckt sich von $-2\,h$ bis $+2\,h$, so daß die entsprechende Fourier-Zerlegung lautet:

$$\vartheta(x)=-\frac{8\,\delta}{\pi^2}\cdot\left\{\cos\frac{\pi x}{2h}+\frac{1}{3^2}\cos\frac{3\pi x}{2h}+\frac{1}{5^2}\cos\frac{5\pi x}{2h}+\dots\right\}. \qquad \text{(IV, 10)}$$

Für die Eigenwerte p_i erhält man somit:

$$\sqrt{p_i}=-\frac{\pi}{2h}\cdot i \text{ bzw. } p_i=\frac{\pi^2}{4h^2}\cdot i^2, \qquad \text{(IV, 10 a)}$$

so daß die Ordnungszahlen i mit den ungeraden Zahlen 1, 3, 5 ... übereinstimmen.

Somit erhält man schließlich folgenden Ausdruck für die Temperatur innerhalb der betrachteten Schicht:

$$\vartheta(x,t)=\vartheta_0+\delta\left(1-\frac{x}{h}\right)-\frac{8}{\pi^2}\cdot\delta\sum_{i=1,3,5\dots} e^{-k\frac{\pi^2 i^2}{4h^2}\cdot t}\cdot\frac{1}{i^2}\cos\frac{\pi i}{2h}\cdot x. \qquad \text{(IV, 11)}$$

An der Kathodenoberfläche $x=0$ gilt:

$$\vartheta(0,t)=\vartheta_0+\delta-\frac{8}{\pi^2}\cdot\delta\sum_{i=1,3,5\dots} e^{-k\frac{\pi^2 i^2}{4h^2}\cdot t}\cdot\frac{1}{i^2}. \qquad \text{(IV, 12)}$$

Für eine zahlenmäßige Auswertung von Gl. (IV, 12) ist zu berücksichtigen, daß die Endtemperatur

$$\delta=\frac{w}{\lambda}\cdot h=\frac{U_w\cdot h}{\lambda}\cdot i$$

ist, wobei

w ... spezifischer Wärmeeinstrom,

i ... die mittlere Stromdichte auf der Kathodenoberfläche,

U_w . . . das Voltäquivalent der durch das Hg abgeleiteten Wärme (1,5 Volt),

k . . . $\frac{\lambda}{c\gamma}$,

c . . . spezifische Wärme; für Quecksilber 0,033 Cal/kg °C bzw. 0,136 Watt sec/grm° C;

γ . . . spezifisches Gewicht; für Quecksilber 13,6 grm cm^{-3}.

Setzt man für die Materialkonstanten die entsprechenden Zahlenwerte, für die Höhe h des Quecksilbers 20 mm und für die Eigenwerte die ungeraden Zahlen ein, so erhält man schließlich folgende Reihenentwicklung:

$$\frac{\vartheta(0,t)}{i} = 20{,}5\,(1 - 0{,}81\,e^{-0{,}096\,t} - 0{,}091\,e^{-0{,}36\,t} - 0{,}032\,e^{-2{,}4\,t} - \cdots) \qquad \text{(IV, 13)}$$

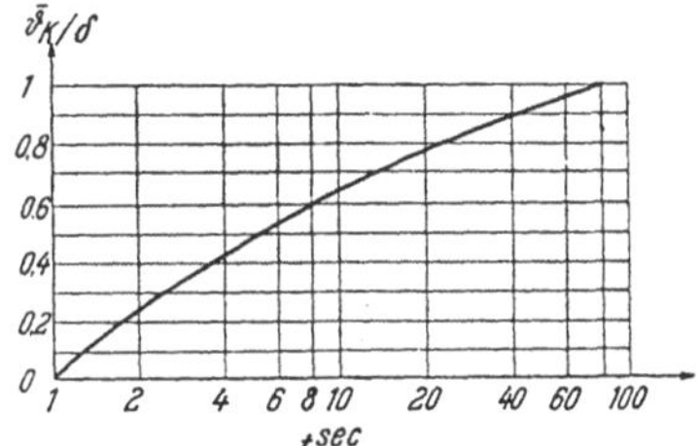

Abb. 57. Zunahme der Hg-Oberflächen-Übertemperatur $\bar{\vartheta}_k$ bei sprunghaften Belastungssteigerungen. δ . . . stationäre Endtemperatur.

Der Verlauf dieser Werte von $\frac{\vartheta(0,t)}{i}$ ist in Abb. 57 aufgetragen und gibt die gesuchte zeitliche Änderung der Kathoden-Oberflächentemperatur gegenüber Stromänderungen an. Erfolgt die Stromänderung von einem Wert i_1 auf i_2, dann ist für i in Gl. (IV,13)

$$i = i_2 - i_1$$

einzusetzen.

Die Reihe ist stark konvergent; für Zeiten über fünf Sekunden genügt es, sich auf das erste Glied zu beschränken. Die Zeitkonstante dieses ersten Gliedes beträgt

$$T = 10{,}3 \text{ sec.}$$

Abb. 57 zeigt, daß die Kathode in etwa 40 Sekunden schon 90% ihrer Endtemperatur angenommen hat.

IV, 1, 4. Mittlere Temperatur eines bewegten Kathodenflecks.

Sobald man die Wärmeleitung durch das Kathodenquecksilber als den entscheidenden Faktor für die Höhe der Kathodentemperatur erkannt hat, ergibt es sich zwangsläufig, auch die Temperatur des Flecks selbst als Lösung eines Wärmeleitfähigkeitsproblems zu suchen. Es handelt sich dabei allerdings um die mathematisch etwas schwierigere Formulierung einer diskreten, bewegten Wärmequelle. Der einzelne Fleck erzeugt hierbei ähnlich wie ein elektrischer Erder ein räumliches Temperaturfeld in dem Quecksilber, das aber der zeitlichen Variation der Lage des Fleckes folgt. Die Einzelheiten dieser nur annäherungsweise durchzuführenden Rechnungen gehen über den vorhandenen Rahmen hinaus. Man erhält als Resultat, daß die Übertemperaturen der Einzelflecke bzw. einer Fleckgruppe zwischen ca. 100 bis 400° liegen, so daß die den Kathodenfleck verlassenden Dampfstrahlen auch entsprechend verschiedene Sättigungsdichten besitzen.

IV, 1, 5. Konstruktive Ausgestaltung der Hg-Fleckkathoden.

Die Entwicklung der heute ziemlich einheitlichen Bauformen der Fleckkathodensysteme war rein empirisch bedingt. Ausgangspunkt war die einfache wannenförmige Bodenausgestaltung der Glasgleichrichter. Bereits die erste Eisengleichrichter-Ausführung (Abb. 50) zeigt isolierende Schutzmaßnahmen, um die Kathodenflecken auf einen bestimmten Raum zu beschränken und damit zu verhindern, daß sie aus dem ihnen zugeteilten Gebiet an die Behälterwände abwandern. Eine solche Tendenz ist im Hinblick auf ein bei Entladungen vielfach feststellbares Minimumsprinzip, gerichtet auf kleinstmögliche Brennspannungen, erklärlich.

Eine andere, hierher gehörige Kathoden-Erscheinung ist das lange Zeit den Schrecken der Gefäßkonstrukteure bildende Entstehen von Kathodenflecken in den engen Spalten zwischen Kathodenisolator und Quarzzylinder. Die plausibelste Erklärung hiefür ist wohl das Auftreten von lokalen Funken durch Unterbrechen von Quecksilber-Fäden oder -Brücken zwischen angesammelten Verunreinigungen. Verwendung hochwertiger, reiner Baustoffe und Vergrößerung der Abstände und labyrinthartige Schirme haben seit längerem die Spaltzündungen ausgeschaltet.

Besonders bei größeren Stromstärken zeigt sich eine auffällig hohe Temperatur in der näheren Umgebung der Fleckkathode, weiterhin Kathodennachbarschaft genannt. Metallteile und Graphitkörper kommen ohne Stromleitung leicht zu hellem Glühen, wofür das intensive Trägerbombardement zufolge hoher Träger-Dichte und -Temperaturen verantwortlich zu machen ist. Dieser Aufheizungs- und Zerstäubungsgefahr trägt die Erfahrungsregel Rechnung, daß bei Großstromrichter-Kathoden kein Metallteil innerhalb des Quarz-Schirmzylinders angeordnet werden soll.

Durch lange Jahre war Isolation des Kathodenquecksilbers vom Stromrichterbehälter als Grundforderung angesehen worden. Hierzu war wie in Abb. 54 das Quecksilber durch einen kräftigen Porzellan-Ringisolator P von dem Gefäß G getrennt, wobei der Boden der Kathode durch einen wassergekühlten Deckel gebildet wird, ein Quarzzylinder Q den für die Ausbreitung der Kathodenflecken bestimmten Teil der Hg-Oberfläche abgrenzt und der zwi-

a

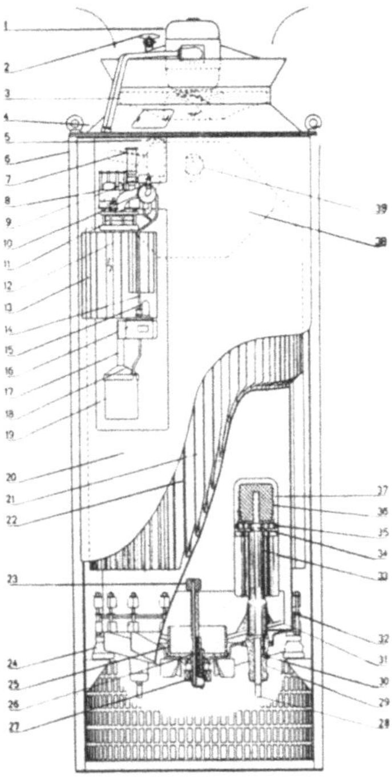

b

Abb. 58. Luftgekühlte 6-Anoden-Eisenstromrichter-Anordnung. Vakuumhaltung bloß mit Diffusionspumpe und evakuiertem Vor-Vakuumbehälter. Kathodenboden in metallischer Verbindung mit Gefäßwandung. Tiefgelegte Anodensysteme. Nennleistung: 800 A, 300 V. Eine ähnliche Anordnung mit drei Anoden wird für 1500 A, 300 V gebaut.

a) Rückansicht der Einheit; b) Querschnitt.

1 ... Drehstromventilatormotor; 2 ... Luftstrom-Überwachungsrelais; 3 ... Ventilatorflügel; 4 ... Ventilatorstütze; 5 ... Hochvakuumventil; 6 ... Rahmen; 7 ... Hochvakuummeßrohr; 8 ... Isoliertransformator für 7; 9 ... Nadelventil zum Abschluß von 10; 10 ... Anschlußflansch für rotierende Vor-Vakuumpumpe für periodische Entleerung des Vakuumtanks; 11 ... Flansch für Hochvakuumpumpe; 12 ... Hochvakuumpumpe; 13 ... Kühlrippen; 14 ... Verbindungsrohr zwischen Quecksilberfalle und Vor-Vakuumtank; 15 ... Vor-Vakuumanzeiger; 16 ... Quecksilberfalle; 17 ... Steigrohr für Hg-Dampf; 18 ... Rückleitung für Hg-Kondensat; 19 ... Hg-Verdampfer mit Heizelement; 20 ... Vorderseitiger Stahldeckel; 21 ... Dampfraumwandung; 22 ... Kühlrippen; 23 ... Erregeranoden; 24 ... Behälterisolierung; 25 ... Quarzring; 26 ... Zündelektrode; 27 ... Zündspule; 28 ... Anodenschaft; 29 ... Anodendurchführungsisolator; 30 ... Steuergitteranschluß; 31 ... Bodenschirm; 32 ... Demontierbare Quecksilberdichtung zwischen Gefäßboden und Zylinderrand; 33 ... Schutzrohr; 34 ... Rohrförmige Gitterzuleitung; 35 ... Steuergitter; 36 ... Anodenkopf; 37 ... Anodenschirm; 38 ... Vor-Vakuumbehälter; 39 ... Stützisolator.

(Asea, Ludvikawerke, Schweden.)

schen Quarz und Porzellan entstehende Spalt durch verschiedene Blendenkörper geschirmt wird.

Im Zug der Entwicklung abgeschmolzener Eisen-Stromrichter-Gefäße ist auch die Kathodenkonstruktion mehrfach neu aufgegriffen worden. Einerseits sind verschiedene Vakuumdichtigkeits-

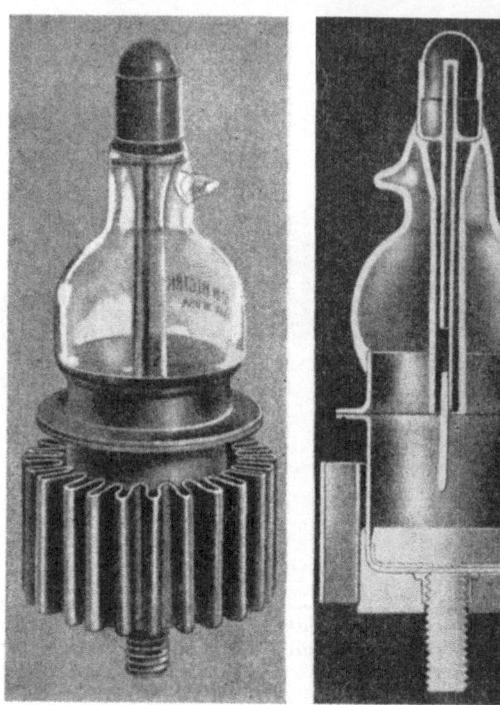

Abb. 59. Hochstrom-Impulsgefäß B 42 (nach Depew).
Die Kathode besteht aus gesintertem Eisenschwamm mit Quecksilberimprägnierung. Der Hg-Kathodenfleck bewegt sich auf der Oberfläche dieses Sinterkörpers; ein solches System ist nur für kurze Stromstöße zu verwenden, sonst zerstäubt das Unterlage-Eisen.

Nenndaten: 180 Strompulse/sec je 6 μ sec Dauer 200 A Scheitel,
oder: 600 Strompulse/sec je 1,5 μ sec Dauer 200 A Scheitel,
erforderliche Zündspitze 10,5 bis 17,1 KV.

(Western Electric, USA.)

verbesserungen der früher mechanischen Druckverbindungen der Kathode entwickelt worden (Verlötungen, Emailleschichten oder in das metallisch zusammenhängende Gefäß versenkte Kathodennäpfe aus Isolierstoff), anderseits sind auch, angeregt durch die Ignitron-Kathoden, wo keine Isolation notwendig ist, unisolierte, dauernd erregte Fleckkathoden erfolgreich ausgeführt worden (Abb. 58 b). In diesem speziellen Fall gelang es, das Hochwandern der Flecke durch einen besonderen isolierten Schirm —31— oberhalb des Gefäßbodens zu unterdrücken.

Kleine Fixierkörper zur Stabilisierung der Flecken sind bei niederen Stromstärken (bis 20 Amp.) nicht selten zu finden. Große Fixiersysteme werden auch gelegentlich eingebaut, doch ist bei höheren Stromstärken die Fixierwirkung und Dampfstabilisierung undeutlich, wenn nicht sogar ganz aufgehoben. Meist bestehen die Fixiersysteme aus einem spiralförmig gewundenen Streifen aus Molybdän- oder Wolframblech, der einige Millimeter aus der Hg-Oberfläche herausragt. Bei ganz niedrigen Strömen formt der Kathodenfleck eine hell leuchtende, scharf abgezeichnete, zusammenhängende Linie, bei Steigerung des Kathodenstromes verschwimmen die scharfen Grenzen der Lichterscheinung und einzelne Flecken lösen sich von dem Fixiersystem ab, und bald darauf ist das Fixiersystem ganz verlassen.

Neuestens werden in den USA. Hochstrom-Impulsventile gebaut, bei denen als Kathode ein Preßkörper aus Hg-amalgamierten Metallspänen (Abb. 59) verwendet wird (81). Die Zündung dieser Gefäße muß durch einen Spannungsstoß eingeleitet werden, der durch eine Kunstschaltung bloß zwischen Anode und Kathode und nicht im Speisekreis wirksam wird. Die Strom-Impulsdauer darf bei diesen Gefäßen aber nur Mikrosekunden betragen.

IV, 1, 6. Kathodenübergangsgebiet (Kathodennachbarschaft).

Im Zusammenhang mit der Kathodenausbildung erweist es sich als zweckmäßig, die Kathodennachbarschaft, d. i. die Entladungsstrecke unmittelbar anschließend an die Kathode, etwas näher zu betrachten.

Bei einem stark belasteten Glasgleichrichter erkennt man durch ein rotes Glas über dem Kathodenfleck eine konisch sich langsam nach oben erweiternde Leuchterscheinung etwa nach Abb. 60 a, die sich von dem umgebenden dunkleren Raum abhebt. Dies scheint ein hochionisiertes Gebiet anzudeuten, in dem der eigentliche Stromtransport erfolgt. Demnach geht der Strom nur allmählich von der hohen Konzentration des einzelnen Fleckes bzw. einer Fleckgruppe auf die geringere der Säule über und nicht, wie mitunter angenommen, sprunghaft sofort auf den vollen Durchmesser des Kathodentopfes über dem Hg-Spiegel. Irgend welche Gesetze für den Übergang sind zwar nicht bekannt, doch wird man nicht sehr fehlgehen, wenn man die Ausbreitung in einem Kegel annimmt, derart, daß der Kathodenfleck die eine Basis und die Mündung des Kathodentopfes die andere Basis des Ausbreitungs-Kegels vorstellt. Bei einer solchen Annahme lassen sich die Stromdichten im Kathodentopf einigermaßen abschätzen. Abb. 60 b' veranschaulicht eine solche Verteilung für e i n e n Kathodenfleck, Abb. 60 b" die für m e h r e r e Flecke nebeneinander.

Da hohe Stromdichte in der Entladung eine Steigerung des Spannungsgradienten zur Folge hat, wird bei Vorhandensein mehrerer Flecken dann ein Minimum an Spannungsabfall im Kathodentopf auftreten, wenn die einzelnen Stromkegel sich möglichst wenig überdecken. Es ist naheliegend, einen solchen Mechanismus als Regulator für die gleichmäßige Verteilung der Flecken über die Oberfläche anzunehmen.

Die Beobachtung einer allmählichen Stromausbreitung läßt weiters Rückschlüsse auf die Verteilung der Wärme in der Kathodennachbarschaft ziehen, wie sie für die Abschätzung der Dampferwärmung und für eine Wärmebilanz des Kathodensystems erforderlich sind. Verschiedene Verlustbilanzen (vgl. [42 u. 43]) der Fleckkathoden wurden bereits, und zwar zwecks Analyse der physikalischen Vorgänge, aufgestellt; dabei lag die Absicht zugrunde, aus den vorhandenen Konstanten bzw. den als solchen angesehenen Meßwerten die Größe anderer, einer direkten Messung weniger zugänglichen Phänomene erkennen zu lassen. Wie in Kap. II, 7, 3, ausgeführt, ist die Frage nach dem der Fleckkathode zugrunde liegenden Mechanismus noch nicht abschließend beantwortet. Die Zahlenangaben der verschiedenen Bilanzen sind daher auch nur mit entsprechender Vorsicht in bezug auf die vorstellungsmäßigen Voraussetzungen zu verwenden. Dies trifft bereits für die eigentlich elementarste Bestimmungsgröße, nämlich den Kathodenfall, zu. Für technische Betrachtungen sollen weiterhin acht Volt zugrunde gelegt werden. Da bei einer allmählichen Annäherung einer Sonde an die Kathode — soweit praktisch durchführbar — der Gesamt-Spannungsabfall keinerlei Unstetigkeiten zeigt, ist anzunehmen, daß zumindest in dem zugänglichen Gebiet der Entladung gleiche Verhältnisse wie in weiterer Entfernung von der Kathodenoberfläche herrschen. Die Tatsache, daß selbst in 2 mm Entfernung von der Kathode bereits reiner Elektronenstrom fließt, verlangt, daß an dieser Stelle aber bereits die Befreiungsarbeit für den vollen Betrag des Elektronenstromes potentiell in den Elektronen gebunden ist, d. h. daß 4,5 Volt des Kathodenfalls ohne Wärmeentwicklung abgeleitet worden sind. Der restliche Teil von etwa 3,5 Volt stellt, ohne näher in den Mechanismus der Elektronenloslösung einzugehen, den Verlust des Trennungsvorganges

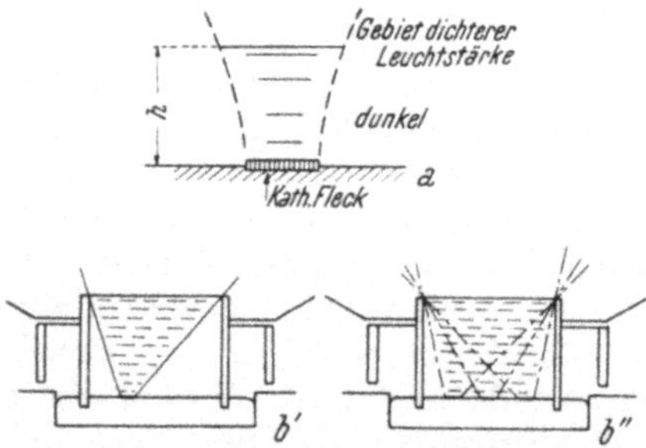

Abb. 60. Ausbreitung der Entladung. a) unmittelbar oberhalb des Flecks — Kathodennachbarschaft — (h = 2 bis 3 cm); b) Entladungskegel innerhalb Kathodenschutzzylinder, b' bei einem Kathodenfleck, b'' bei mehreren Kathodenflecken.

dar. Zieht man hiervon die Wärmeableitung durch das Quecksilber (für die betrachtete Großkathode 1,5 Volt) ab, so verbleibt für die Verdampfungs- und Strahlungswärme des Vorganges ein Rest von 2 Volt. Die obigen Einschränkungen machen es klar, daß eine solche Verlustaufteilung keinen Anspruch auf besondere Genauigkeit erheben kann, sondern, durch die äußeren Umstände beeinflußt, sich in gewissen Grenzen verschieben wird. Sie erfüllt aber vollauf den Zweck, hier wie bei verschiedenen der folgenden Betrachtungen, das in Frage kommende Niveau abzugrenzen und die Größenordnung der Kenndaten festzustellen; dies reicht insbesondere aus, um Anhaltspunkte für die recht undurchsichtigen Zusammenhänge der verschiedenen, sich in dem Kathodensystem abspielenden Erscheinungen zu gewinnen.

Es ist offensichtlich, daß die Kathodennachbarschaft eine beträchtliche Rückwirkung auf den Hg-Dampf-Zustand im Gefäß ausübt. Einerseits wird durch die hier entwickelte Wärme eine zusätzliche Verdampfung von der nahen Hg-Oberfläche erfolgen, anderseits wird der entwickelte Dampf überhitzt werden.

IV, 1, 7. *Kathoden-Verlustbilanzen.*

Solange es sich nur um eine überschlagsweise Erfassung der Wärmeverteilung handelt, sind die endgültig in die Rechnung eingehenden Zahlenwerte weniger kritisch als bei einer funktionsbestimmenden Bilanz. Daher sind auch in der nachfolgenden Tabelle der Verluste an der Kathode die Zahlenbeträge nur als Niveauandeutung zu verstehen.

Tab. XVI. Verlust-Verteilungsschema an Hg-Kathode (stationäre Belastung).

Verluststelle	Aufteilung			
	Volt-äquivalente			
Kathodenfall (Kathodenfleck selber)	8 {4,5		Elektronen-Befreiung	
	8 {3,5	als Wärme freiwerdend	1,5 Ableitung in Kathoden-Hg	
			2,0 Hg-Verdampfung und Strahlung	
konzentrierter Lichtbogen unmittelbar über Hg-Oberfläche (Kathodennachbarschaft)	1 bis 2 Volt	Kathodentopf	Hg-Verdampfung	ca. 50 %
			Hg-Dampf-Überhitzung	ca. 50 %
ausgebreiteter Lichtbogen	ca. 1 Volt		Hg-Dampf-Überhitzung	ca. 50 %
			Wärmestrahlung	ca. 50 %

Dieses Verlustverteilschema läßt augenfällig die Vielfalt der den Wärmehaushalt des Kathodensystems bestimmenden Momente erkennen.

Die Spaltung der Entladungsverluste des Kathodentopfes in zwei Teile wird im ersten Augenblick willkürlich erscheinen; bei einer näheren Berücksichtigung der in den Abb. 60 a und 60 b skizzierten allmählichen Verbreiterung des Lichtbogens und der Überlappungen der von den Einzelflecken herrührenden, stromführenden Räume ergibt sich aber die gemachte Aufteilung zwangsläufig. Als Kathodennachbarschaft wird somit das Gebiet mit getrennten Entladungspfaden angesehen, das mit etwa 3 cm zu schätzen ist, während der übrige Teil des Kathodentopfes bereits weitgehend gleichmäßig durch die Entladung erfüllt angenommen werden kann.

Die große Unklarheit über die im Kathodensystem herrschenden Verhältnisse bringt auch die Hg-Kathodenbilanz von Güntherschulze [42] zum Ausdruck; diese geht von einem unbekannten Elektronenstrom-Anteil x und einem unbekannten Kathodenfall y aus. Damit schreibt Güntherschulze die Ausgaben und die Einnahmen:

Ausgaben:

Wärmeleitung	2,68 Watt,
Strahlung (2000°)	0,04 Watt,
Verdampfung	2,2 Watt,
Ablösearbeit der Elektronen	3,9 . x Watt,
Summe:	3,9 . x Watt + 4,92 Watt.

Einnahmen:

Gewinn im Kathodenfall . .	(1—x) y Watt,
Ionenneutralisationsgewinn .	(1—x) 7,1 Watt,
Summe:	(1—x) (y + 7,1) Watt.

Zweck dieser Aufstellung war, den Elektronenstrom-Anteil aus dem Kathodenfall abzuleiten. Durch Gleichsetzen der Summe der Einnahmen und Ausgaben erhält man eine Gleichung mit zwei Unbekannten, die Güntherschulze durch das Wertepaar y = 8,6 Volt und x = 0,55 erfüllt sieht.

Die zum Teil auf zwei Dezimale angegebenen Zahlenwerte bewirken den Anschein von größerer Genauigkeit, als es tatsächlich im Hinblick auf die in Absch. II, 7, 3, dargelegten Streuungen der Kathodenfleckdaten der Fall ist. Vor allem ist aber der eingeführte Ionen-Neutralisations-Gewinn von 7,1 Volt physikalisch so problematisch, daß damit die ganze Bilanzführung in Zweifel gezogen ist.

IV, 2. Dampfraum- und Gefäß-Bauformen.

Der Zweck des Dampfraumes ist die Kontrolle der Dampfdichte in der Entladungsstrecke und im Anodensystem. Da die konstruktiven Einzelheiten dieser beiden elektrisch aktiven Gebiete weitgehend von der Dampfraum-Anlage abhängen, werden die verschiedenen praktischen Ausführungen der Gefäße vor der Beschreibung der mit den elektrischen Vorgängen verbundenen Details des Entladungspfades und der Anoden gebracht, um später mit entsprechender Bezugnahme auf den Dampfraum zu den elektrisch aktiven Teilen zurückkehren zu können.

Zur Kontrolle der Dampfdichte muß der an der Kathode entwickelte Hg-Dampf bei der richtigen Temperatur kondensiert und an die Kathode zurückgeleitet werden. Art des Kühlmediums und Werkstoff des Stromrichter-Gefäßes haben mit verschiedenen Ideen bezüglich der Zuleitung der Vorionisation zu den Anoden zu den mannigfaltigen, heute gebauten Gefäßtypen geführt. Die unterscheidenden Merkmale derselben lassen sich am besten an Hand von Konstruktionsbeispielen beschreiben. Hierzu werden die verschiedenen Gefäßtypen in einzelne, dem Gang der Entwicklung etwa entsprechende Gruppen zusammengefaßt.

IV, 2, 1. Mehranodige Stromrichter-Gefäße.

IV, 2, 1, 1. Stromrichter-Gefäße aus Glas.

An einem kolbenförmigen Dampfraum (Abb. 61) sind zwei bis sechs gerade oder abgewinkelte, rohr- oder keulenförmige Arme angesetzt, an deren Enden sich die Anoden befinden; bei Zündpunktsteuerung sind Gitter vor den Anoden eingebaut. Das Kathodenquecksilber befindet sich in dem wannenartigen Boden des Dampfraumes. Nahe der Kathode sind die zwei oder drei Erregeranoden und das Zündsystem angeordnet. Für Glasgleichrichter wird entweder die Tauchzündung oder die Kontraktionszündung (vgl. Abb. 61 b bzw. 62) verwendet.

Die beschriebene Gefäßgrundform hat sich trotz des äußerlich komplizierten Aufbaues über 30 Jahre behauptet und bewährt. Die Glasbläsertechnik hat damit ein funktionell sehr entsprechendes Gebilde geschaffen, das allerdings mit zunehmender Größe stark wachsende Ansprüche an die Glasbläserfertigkeit stellt. 1 bis $1^1/_4$ m in Höhe und Armdurchmesser dürften als eben wirtschaftliche Grenzen anzusehen sein. Die Elektrodeneinführungen sind heute fast ausnahmslos Stabeinschmelzungen. Wolfram- und Molybdänstäbe verlangen Hartgläser für den Gefäßkörper. Kovarstäbe eignen sich für weichere Gläser (vgl. Espe-Knoll [74 a]). Die ersteren sind schwieriger zu bearbeiten, schaffen aber eine Regenerierungsmöglichkeit gebrauchter oder beschädigter Gefäße.

Abb. 61. Dreipuls-Glasstromrichter-Gefäß. Sonderbauform für Regelantriebe. Tauchzündung mit Zugmagnet, Zweipuls-Erregung und Zweipuls-Hilfsanoden für Motorfeld. Sondergitter und Argonzusatzfüllung ergeben sicheres Zünden der Anoden in einem Steuerbereich 1 bis 100 tief unter den Leerlaufstrom moderner Motoren. Zündung mit Hilfe der durch das Zündsolenoid kurzzeitig in Kontakt mit dem Kathoden-Quecksilber gebrachten Tauchelektrode. Lagerung der Kathodenwanne und des Domscheitels in Gummipuffern erlaubt Verschiffung der Gefäße in eingebautem Zustand.

Nennstrom: 22 A, 500 V. Scheitelstrom pro Anode bis 220 A.

(Nevelin, Croydon, England, 1948.)

Im Bereich kleiner Stromstärken (etwa 30 bis 40 Amp.) reicht zur Kühlung die sich natürlich ergebende Wärmeabfuhr aus. Der Temperaturunterschied zwischen den warmen Anodenarmen und der kühleren Mantelfläche des Dampfraumes führt zu der dort beabsichtigten Hg-Kondensation.

Bei größeren Stromstärken sind Ventilatoren zur besseren Kühlung erforderlich. Durch Verwendung besonderer Flügeltypen mit einem stark ge-

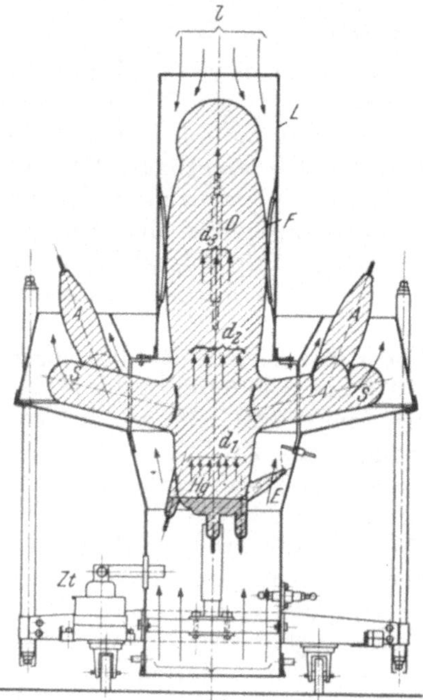

Abb. 62. Gegenstromkühlung für Glasgleichrichter. Querschnitt durch ausfahrbare Luftführungsanordnung. Nennleistung 750 A, 500 V.

A ... Anoden, D ... Kondensdom; E ... Erregeranoden; F ... Feder mit Asbest umwickelt; Hg ... Quecksilber; Pfeile d_1, d_2, d_3 ... Dampfströmung im Gleichrichtergefäß; l ... Oberluft; u ... Unterluft; S ... Saugstutzen; Zt ... Zündtransformator; L ... Luftführungsmantel.

(Elin, Wien, Österreich, 1932.)

bündelten Luftstrom erreicht man eine gute, differenzierte Kühlung zwischen Dampfraum (stark) und Armen (schwach) [82]. Glaskolben, Ventilator und die nötigen Hilfseinrichtungen sind meist in einfachen Schränken zusammengebaut, die sich in elektrische Anlagen gut einfügen. Wenn Zu- und Abluft baulicherseits ungestört strömen kann und die Raumtemperatur die vorgeschriebenen Grenzen nicht überschreitet, bieten solche Glas-Stromrichter-Schränke das Höchstmaß an Einfachheit und Verläßlichkeit. Durch Nebeneinanderordnung mehrerer Schränke in Parallelbetrieb wird der wirtschaftliche Leistungsbereich der Glasgleichrichter einigermaßen ausgeweitet; doch beginnt ab vier Schrankeinheiten die Vielzahl der vorhandenen Teile die Vorteile der einfachen Einheit aufzuheben. Um diesen Nachteil zu beheben und die Betriebsannehmlichkeiten des Glasgleichrichters auf ein größeres Leistungsgebiet auszudehnen, wurde einerseits eine verstärkte Kühlung einzelner, etwas modifizierter Kolben [83] versucht (Abb. 62), anderseits eine Schrankform entwickelt (Abb. 63), die mehrere — zwei bis vier Kolben — in einer raumsparenden Einheit über einem gemeinsamen Ventilator enthält.

Abb. 63. Hochleistungs-Glasgleichrichter-Anordnung. Die drei Anoden jedes einzelnen Kolbens sind auf ein Viertel seines Umfanges verteilt, was beträchtliche Grundflächeneinsparung ergibt. Kühlung mit gemeinsamen, langsam laufenden Flügeln. Luftzutritt von Front und Rückseite erlaubt Reihenanordnung mehrerer Schrankeinheiten. Nennstrom: 1000 A, 500 V, (ungesteuert). 25 % Überlast durch 2^h anschließend an Vollast. Höhe ca. 2,40 m, Breite ca. 1,35 m, Tiefe ca. 1,35 m.

(Hackbridge and Hewittic Electric Co., Walton on Thames, England, 1945.)

Mehrfach wurden auch Wasser- und Ölkühlungen bei Glasgleichrichtern versucht. Es traten aber große lokale Wärmeunterschiede an den Gefäßen auf, die früher oder später immer zu Sprüngen des Glases führten; Öl hat außerdem an heißen Stellen Tendenz zum Verharzen gezeigt und dadurch den Wärmeübergang an wichtigen Punkten verschlechtert. Aus diesen Gründen werden Glasgleichrichter heute ausnahmslos für Luftkühlung gebaut.

IV, 2, 1, 2. Stromrichter-Gefäße aus Eisen.

Während die Glaskolben als solche mit den vom Glasbläser angesetzten Teilen und den Elektrodeneinführungen dank der Konsistenz und Bearbeitungsfähigkeit des Glasmaterials schon von Anbeginn ausreichende Vakuumdichtigkeit für Jahre aufwiesen — es sind viele Fälle von 12 bis 15 Jahre in Betrieb stehenden Glasgleichrichtern bekannt —, war lange Zeit hindurch bei Eisenstromrichter-Behältern eine dauernde Entfernung einsickernder Fremdgase durch einen, ja unter Umständen sogar zwei Pumpensätze unvermeidlich. Durch diese zusätzliche Vakuumhaltung war es aber auch möglich gewesen, relativ rasch zu Einheiten sehr großer Leistungen (8000 bis 10000 Amp.) zu gelangen (Abb. 64). Die ringförmige Anordnung der Anoden (6 bis 24) um eine zentral gelegene Kathode in einem zylindrischen wassergekühlten Behälter war das gemeinsame Merkmal dieser gerne „Großgleichrichter" genannten Gefäße. Abb. 65 zeigt Querschnitte von verschiedenen

Abb. 64. 18-anodiges Eisenstromrichter-Gefäß (Mutator). Vakuumsystem auf Rückseite. Asbest-Quecksilberdichtungen. Wasserkühlung aus getrenntem Umlaufsystem mit Rückkühlern. Steuergitter.
Nennleistung: 8000 A, 500 V.
(Brown-Boveri, Baden, Schweiz, ca. 1935.)

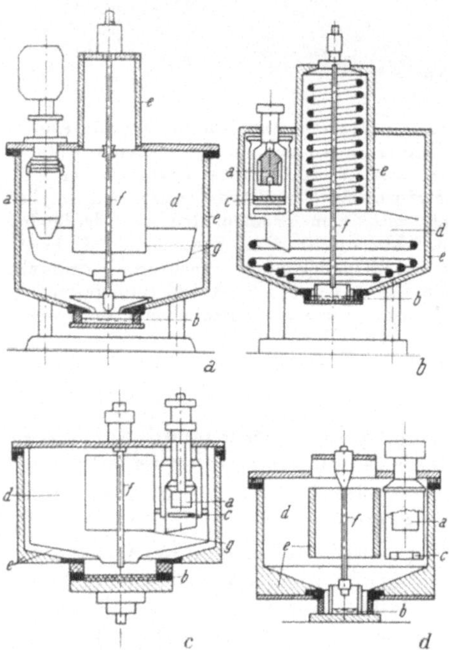

Abb. 65. Anoden- und Kühlsystemanordnungen von älteren mehranodigen Eisenstromrichtern verschiedener Herkunft.
a ... Anodensystem; b ... Kathodensystem; c ... Steuergitter; d ... Dampfraum; e ... Wasserkühlung; f ... Zündung; g ... Dampfführungskörper.
(*a* Brown-Boveri, Mannheim. *b* General Electric, Schenectady. *c* Oerlikon, Schweiz. *d* Westinghouse, East Pittsburgh. Ca. 1932—1935.)

Fabrikaten aus den Jahren 1932 bis 1935, die in den Einzelheiten des Behälterbaues verschiedentlich stark abweichen [84]. Alle Großstromrichtergefäße der damaligen Zeit weisen weitgehende Demontierbarkeit auf. Hierzu sind Deckel und Elektroden unter Zwischenschaltung von Gummi-Metall- oder Asbest-Quecksilber-Dichtungen angeflanscht. Viel Spielraum ermöglicht die Anlage der Kühlsysteme, insbesondere innerhalb des Behälters. Domkühler (Abb. 65 a und b), ein-

Abb. 66.

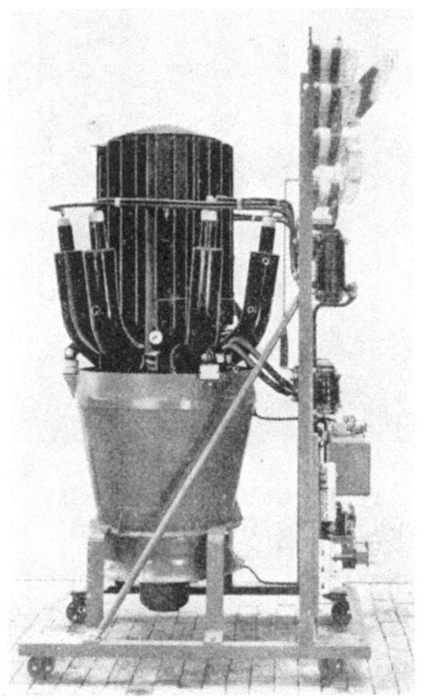

Abb. 67.

Abb. 66. Sechs-anodige, luftgekühlte Eisenstromrichtereinheit. Nennstrom: 1000 A bei 830 V, Edelgaszusatzfüllung. Bauart: Dr. Dällenbach.

(C. A. de Sécheron, Genf, Schweiz, 1950.)

Abb. 67. Luftgekühltes, abgeschmolzenes Eisenstromrichter-Gefäß mit sechs Anoden (600 A Dauerstrom, 600 V), mit Hilfskreisen zu einer ausfahrbaren Einheit (Stromrichterwagen) vereinigt.

(Siemens-Röhrenwerk, Berlin, 1939.)

und mehrfache Innenringkühler (Abb. 65 b und d) und Bodenkühler (Abb. 65 b) wechseln in verschiedenen Kombinationen ab. Als Bedingung für gutes Leistungsvermögen hatte sich aber schließlich bei allen Systemen eine differenzierte Kühlung herausgestellt, derart, daß das Zentrum des Behälters stärker gekühlt war als die äußeren Wandungen. Man erzielte dies durch entsprechende Wasserschaltungen, wobei der

Einlauf an die Kathode gelegt wird, hierauf der Innenkühler bzw. Dom folgt und schließlich erst die Behälter-Außenwandungen durchflossen werden. Der in der Mitte der Dreißigerjahre erreichte allgemeine hohe Stand der Vakuumtechnologie ermöglichte es, den Bau pumpenloser Eisengefäße für Stromrichter erfolgreich in Angriff zu nehmen.

Abb. 68. Zwölf-anodiger Großstromrichter — Bojenbauweise — kombiniert wasser- und luftgekühlt. Nennstrom: 4000 A dauernd, 420 V. Wasserrückkühler unter Flur. Vakuumpumpe an Luftführungsmantel vorne ersichtlich. Aus einer Aluminium-Elektrolyse in South Wales.

(Siemens-Lizenz, Engl. Electric Stafford, ca. 1940.)

Daellenbach [73 a, b] hat die hierzu notwendigen neuen Forderungen wie folgt präzisiert:

Verwendung hochvakuumfester Elektrodeneinführungen;

genaueste Kontrolle des Behälters und der Einführungen auf kleinste Undichtigkeiten;

Vermeidung der Wasserstoffdiffusion durch die Behälterwände;

weitgehende Entgasung wie bei Hochvakuumröhren.

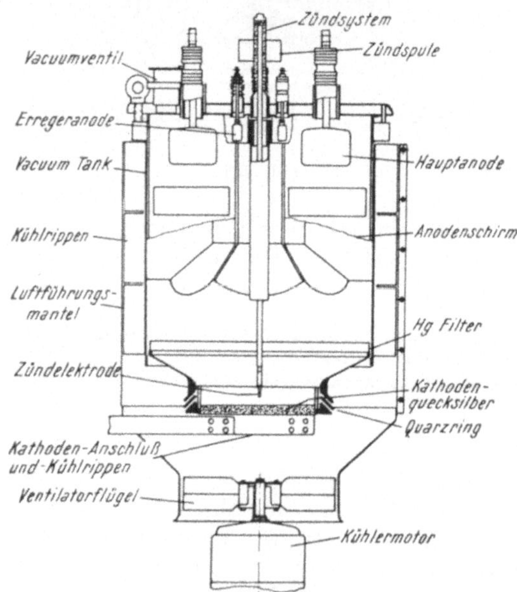

Abb. 69. Luftgekühlter, sechsanodiger Eisenstromrichter, pumpenlos, Prinzipquerschnitt.

Nennstrom: 880 A, 600 V, Klasse 1 der British Standards.

(Metropolitan Vickers, Manchester, 1948.)

Abb. 66 zeigt ein Gefäß, gebaut nach den von Daellenbach zur Lösung dieser Aufgabe angegebenen neuen Maßnahmen. Es waren dies:

Elektrodeneinführungen vermittels Glasflusses, unter Verzicht auf Demontierbarkeit, mit Metallbehälter verbunden;

Verwendung hochempfindlicher, chemischer Indikationsverfahren zur Undichtigkeitskontrolle;

Kühlung durch Luft an Stelle von Wasser.

Teilweise unabhängig von Daellenbachs Arbeiten waren verschiedene andere ähnliche Entwicklungen unternommen worden, die auch zu guten Resultaten führten. E. Weintraub hatte eine

Abb. 70.

Abb. 71.

Abb. 70. Sechs-anodiges Eisenstromrichter-Gefäß, luftgekühlt, Ventilator unten, Luftführungsmantel um zylindrischen Hg-Dampfraum.
Nennleistung: 650 A, 600 V.
(Maschinenfabrik Oerlikon, Schweiz, 1947.)

Abb. 71. Sechs-Puls-Mutatorgefäße. Schleudergebläse unter Gefäß zur Luftkühlung, Vor- und Hochvakuumpumpe rechts vorn. Schalttafel enthält Meßinstrumente und Apparatur für vollautomatischen Betrieb.
Nennstrom: 1000 A, Nennspannung: 600 V.
(Brown-Boveri, Schweiz, 1948.)

Emaille-Metallschichten-Einführung [85 a] entwickelt, der bald darauf Porzellan-Platin-Weichlötverbindungen [85 b], Keramik-Silber-Hartlot- [85 c], Kovar-Glas-, Druckglas-Stabanordnungen [85 d] und Keramik-Glasfluß-Systeme [85 e, f] folgten, die alle weitgehende Ansprüche an Vakuum-, Wärme- und Isolationsfestigkeit erfüllten. Als Folge dieser neuen Bauelemente und Bauideen verschob sich der Ehrgeiz der Gefäßbauer von den ganz hohen Einheitsleistungen zu möglichst wirkungsvollen, einfachen, kleinen Gefäßen. Abb. 67 zeigt eine vielverbreitete, den Glasgefäßen im Aufbau folgende, luftgekühlte Anordnung mit sechs Anoden. Eine interessante, leistungsmäßig vielversprechende Zwischenform zwischen der ursprünglichen Kessel- und der neuen Armbauform mit Innenwasserkühlung und durch Kühlerbonderung unterdrückte Wasserstoffdiffusion ist in Abb. 68 dargestellt. Schließlich zeigt Abb. 69 eine in England gerne verwendete pumpenlose, abgeschmolzene, luftgekühlte Stromrichter-Type.

Die Betriebserfahrungen mit allen diesen pumpenlosen Eisenstromrichter-Gefäßen sind gut; im allgemeinen erhält sich das Vakuum über viele Jahre einwandfrei, und dank guter Entgasung entfällt die Notwendigkeit einer Zugänglichkeit zu den Anoden. Teils um die Zugänglichkeit zu den Elektroden zu erhalten, teils zur Erzielung höchster Überlastreserven[10] haben sich einzelne Konstrukteure zu Kompromißlösungen unter ,Beibehaltung von Vakuumpumpen entschlossen. Abb. 58 z. B. ist eine in den Einzelheiten sehr ausgereifte solche Anordnung mit einem oberhalb des Gefäßes angeordneten Ventilator, wobei bloß eine Hochvakuum-Diffusionspumpe mit einem etwa alle drei Jahre nachzupumpenden Vorvakuumbehälter vorgesehen ist; Abb. 70 zeigt eine andere, in der gleichen Richtung liegende, besonders kompakte Zylinderanordnung mit komplettem Vakuum-Aggregat, und Abb. 71 ist ein weiteres Beispiel eines solchen luftgekühlten Stromrichter-Gefäßes, hier in Trommelbauart mit intensiver Schleuderrad-Kühlung.

IV, 2, 2. Einanoden-Gefäße.

Die anfängliche Zusammenfassung mehrerer Anoden mit einer Kathode und einem Dampfraum an Stelle einer einanodigen, den Hochvakuumröhren folgenden Anordnung hatte verschiedene praktische Gründe, vor allem:

a) Einsparung von Hilfseinrichtungen (Erregung und Zündung nebst den entsprechenden Hilfskreisen), die kathodenbedingt sind;

b) Verringerung der Undichtigkeitsgefahr bei geringerer Anzahl von Einheiten;

c) Vereinfachung des Vakuumsystems bei gepumpten Anordnungen.

Man hatte dadurch aber verschiedene Beschränkungen in der Auswahl der Schaltungen (nur Nullpunktsanordnungen sind so möglich) und, besonders bei größeren Gefäßdimensionen, beträchtliche Opfer im Wirkungsgrad in Kauf nehmen müssen. Verschiedene entladungstechnische Fortschritte zusammen mit den technologischen Verbesserungen haben die seinerzeitigen Gründe für eine Bevorzugung der Mehranodenkonstruktionen sehr weit-

---

[10] Bei unerwarteten Überlastspitzen, die zu höheren Anodentemperaturen führen, als sie während der Entgasung angewendet worden waren, ergeben sich zwangsläufig Nachgasungen.

gehend verringert. Dadurch ist die in der ersten Hälfte der Dreißigerjahre beginnende, seither sich stark ausbreitende Einanodengefäß-Entwicklung zu erklären.

IV, 2, 2, 1. Ignitrons.

Die Entwicklung des verläßlich im Takt der Netzfrequenz ansprechenden Halbleiter-Zünders durch Slepian (s. Kap. III, 2, 2) schien geeignet, die seinerzeitigen Hemmungen gegen den Einanoden-Stromrichter-Gefäßbau auf einfachste Weise zu beseitigen. Die ursprüngliche Ignitron-Anordnung, bestehend aus einem kugeligen Glasgefäß mit Quecksilber am Boden, Zündstift und Anode in einigen Zentimetern Abstand darüber (vgl. Abb. 51), ergab auch tatsächlich brauchbare Resultate bei Strömen bis etwa 50 Amp. und Spannungen von etwa 200 Volt. Diese einfachen Gefäße waren durch hohe, aber kurzzeitige Überlastfähigkeit und niedrigen Spannungsabfall — ca. elf bis zwölf Volt — ausgezeichnet. Leider war diese unübertrefflich einfache Anordnung nicht auf größere Leistungen übertragbar.

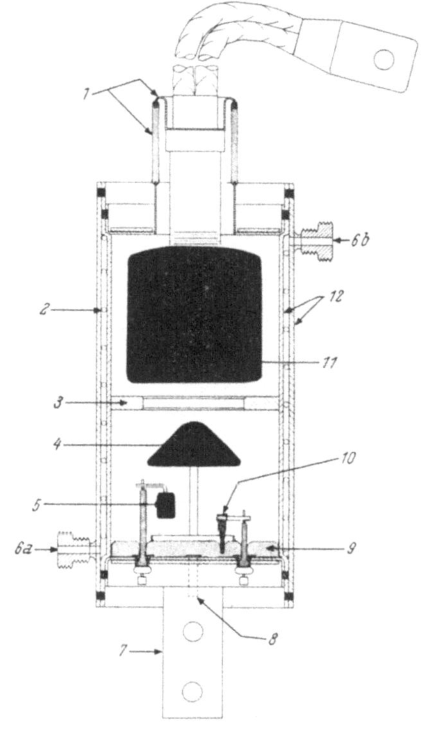

Abb. 72. Querschnitt durch abgeschmolzenes, wassergekühltes Ignitron. 1 ... Fernico-Pyrexglaseinschmelzung; 2 ... Wasserflußleitrippen; 3 ... Anodenblende; 4 ... Spritzschirm; 5 ... Hilfsanode; 6 a, b ... Wasserzu- und -ablauf; 7 ... Stromzuleitung, gleichzeitig Röhrenhalter; 8 ... Pumpstengel (abgequetscht); 9 ... Quecksilberkathode; 10 ... Ignitor (Zündstift); 11 ... Hauptanode; 12 ... Kühlmantel aus rostfreiem Stahl.

(General Electric, Schenectady, USA, 1944.)

Das Ergebnis der folgenden vieljährigen, mühsamen Entwicklungsarbeit [86] lassen die Querschnitte der heutigen Ignitron-Bauform (z. B. Abb. 72) erkennen. Aus den im Anoden-Abschnitt IV, 4, näher ausgeführten Gründen mußte eine entsprechende Anodenabschirmung, z. B. eine Anodenblende und ein Spritzschirm, vorgesehen werden; außerdem war zur sicheren Übertragung der Vorionisation eine Hilfsanode über der Kathode erforderlich gewor-

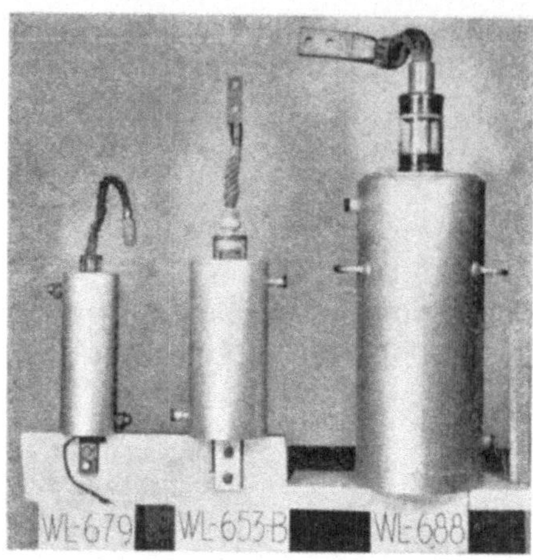

den. Mit diesen prinzipiellen Ergänzungen haben sich die Ignitrons als hervorragende Stromrichter-Ventile bis zu ganz großen Leistungen hinauf bewährt.

Abb. 73. Reihe von abgeschmolzenen, wassergekühlten Ignitrons.

Nennströme bei	300 V	600 V
Type WL 679	100 A	75 A
WL 653 B	200 A	150 A
WL 688	400 A	300 A

(Mittelwert je Gefäß).

(Westinghouse, East Pittsburgh, USA, 1946.)

Mittlere Leistungen werden durchwegs mit abgeschmolzenen, wassergekühlten Ignitrons bewältigt (Abb. 73). Die Wandungen sind aus rostfreiem Stahl; Leitrippen ergeben einen spiralförmigen Wasserfluß; das Kathodenquecksilber steht mit dem ganzen Behälter in elektrischem Kontakt, da der jede Periode beim Zündstift neu gezündete Kathodenfleck nicht in gefährliche Nähe der Wände gelangen kann.

Die Anodeneinführung besteht aus einem Pyrex-Glasrohr, an das achsparallel Fernico-Eisenformstückeeingeschmolzen sind.

Abb. 74 zeigt

Abb. 74. Stromrichtergruppe — Schrankbauweise — mit sechs abgeschmolzenen, wassergekühlten Ignitrons. Nennleistung 1800 A, 600 V Gleichstrom.

(Westinghouse, Pittsburgh, USA, 1948.)

die bequeme und übersichtliche Unterbringung sechs solcher abgeschmolzener Ignitrons in einem Schrank; der spezifische Platzbedarf ist noch geringer als bei Glasgleichrichtern, doch muß dafür das Kühlwassersystem in Kauf genommen werden.

Ignitrons für hohe Einheitsleistungen sind innen ähnlich wie Abb. 73 gebaut; sie werden jedoch mit dauernd laufender Vakuumpumpe betrieben, wobei meist sechs Gefäße (Abb. 75) an ein

Abb. 75. Stromrichtergruppe, offen, aufgebaut aus sechs wassergekühlten Ignitrons mit dauernder Vakuumhaltung. Nennleistung: 5000 A, 625 V Gleichstrom.

(Westinghouse Electric Corporation, East Pittsburgh, USA, 1948.)

gemeinsames Vakuumhaltungs-Aggregat angeschlossen werden. Einen Querschnitt durch so ein großes, jedoch für höhere Betriebsspannungen bestimmtes Ignitron zeigt Abb. 120.

IV, 2, 2, 2. Dauererregte Einanodengefäße.

Die Idee, einanodige Stromrichter-Ventile für größere Leistungen auf dem von den Mehranoden-Gefäßen her bewährten Dauer-Erregungsprinzip zu bauen, ist bis in die ersten Anfänge der Gleichrichter-Technik [79 a] zurückzuverfolgen. Zum Teil war es die Hoffnung auf besseren Wirkungsgrad oder höhere Spannungsfestigkeit [87], zum Teil der Wunsch nach fabrikatorischen Erleichterungen im Gefäßbau, der trotz vieler Mißerfolge immer wieder zu neuen solchen Versuchen führte, jeder Phase eines Stromrichter-Systems ein eigenes, erregtes Hg-Dampf-Entladungsgefäß zuzuordnen. Abgesehen von Materialschwierigkeiten war es aber vor allem unzureichende Berücksichtigung der Vorionisationsprobleme, was Ursache für die langjährigen Rückschläge der meisten solchen Experimente war. Die schon erwähnten allgemeinen, stromrichtertechnischen Fortschritte der Dreißigerjahre halfen auch hier stark vorwärts. Als eine der frühesten Erscheinungen ist das in Abb. 76 gezeigte, dauererregte Einanodengefäß mit einem kombinierten Eisen-Glas-Behälter zu erwähnen. Zwecks Zündung wird durch ein Solenoid eine Elektrode aus dem Hg herausgehoben; die entstehende Entladung wird als Erregung weiterverwendet. Das Fehlen entsprechender Anodenschutzeinrichtungen beschränkte die Ventilform auf niedrige Spannungen. Ein ganz modernes Einanodengefäß in einer Glaskonstruktion für hohe Spannungen zeigt Abb. 77.

Die im Siemens-Röhrenwerk in Berlin in breitem Rahmen

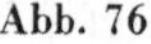

Abb. 76 Abb. 77

Abb. 76. Dauererregtes, abgeschmolzenes Einanodengleichrichter-Gefäß. Kathodenteil aus Chromeisen, wassergekühlt. Zündung und Erregung durch eine einzige, durch Solenoid gehobene Elektrode. Nennstrom ca. 50 A Mittelwert, Erregerstrom ca. 5 A. Nennspannung ca. 220 V, Erregerspannung ca. 50 V. Höhe ca. 50 cm (Philips, Eindhoven, 1935.)

Abb. 77. Dauererregtes, abgeschmolzenes Glas-Einanoden-Hochspannungsgefäß mit zwei Staffel-Elektroden und Steuergitter. Chromeisen-Kathodenkappe mit Rippenkühler und Molybdän-Fixierring. Nennstrom: ca. 10 A Mittelwert bei 15 KV Gleichspannung in Brückenschaltung. (Engl. Electric, Stafford, 1950.)

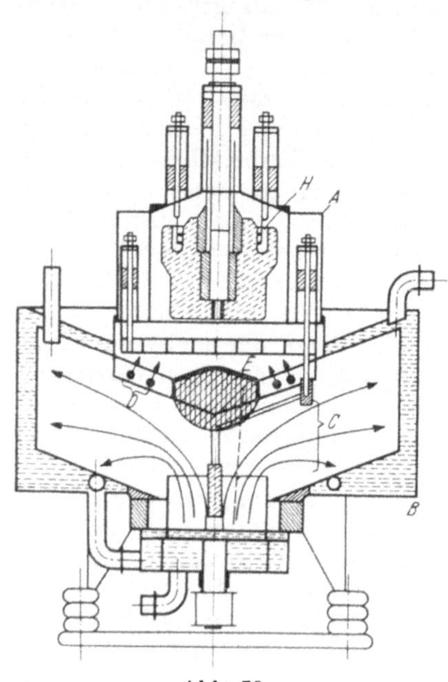

Abb. 78

Abb. 78. Querschnitt durch abgeschmolzenes, wassergekühltes Eisen-Einanodengefäß für niedere Spannungen. Nennleistung: 500 A, 750 V Gleichstrom.

A ... Anodensystem mit Druckglaseinführungen; B ... Kathodensystem — Lötverbindung Porzellan-Eisen; C ... Richtung der Kondensationsströmung; D ... Anodenraumöffnung; E ... Schirmkörper zwischen Anode und Kathode; H ... Anodenheizung.

(Siemens-Stromrichter-Werk, Berlin, 1940.)

unternommene Entwicklung [88 a] dauererregter Einanodengefäße hat frühzeitig dem Vorionisationsproblem des Anodenraumes besondere Beachtung zugewendet. So war es möglich, in relativ kurzer Zeit dauererregte Einanodengefäße für hohe Ströme (Abb. 78, 79) selbst in den besonders anspruchsvollen Elektrolysebetrieb ein-

Abb. 79. 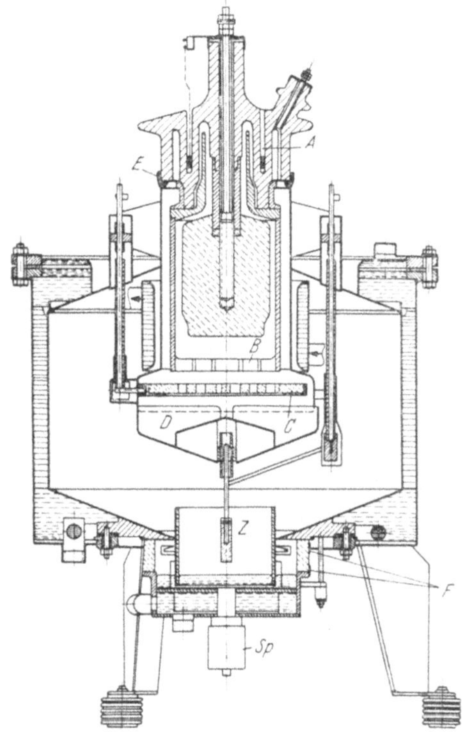 Abb. 80.

Abb. 79. Erregtes, abgeschmolzenes, wassergekühltes Einanodengefäß. Durch Hochziehen des Kühlmantels bei sonst gleichem Aufbau wie Abb. 78 wird die Wärmeabgabe des Anodenkopfes an die Außenluft vermieden und der Anlagenaufbau vereinfacht.
(Siemens-Stromrichter-Werk, 1950.)

Abb. 80. Querschnitt durch abgeschmolzenes, wassergekühltes Einanodengefäß für mittelhohe Spannung.
Nennleistung: 10 000 V, 45 A Mittelwert, bei Nullaussteuerung in Nullpunktschaltung.
A ... Heizkörper, eingelegt in Porzellan-Anodenisolator; B ... Staffelgitter; C ... Steuergitter; D ... Abregegitter; Sp ... Spritzzündung; Z ... Zündelektrode.
Lötverbindung zwischen Eisenwandungen und Anoden- bzw. Kathodenisolator.
(Siemens-Stromrichter-Werk, Berlin, 1942.)

zuführen. (Die erste Gruppe mit sechs solchen abgeschmolzenen, erregten Einanodengefäßen wurde 1940 mit 2500 Amp. in Lauta in Betrieb genommen.)

Abb. 78 läßt die Abschirmung des Anodensystems durch einen

Schirmkörper E und die gleichzeitig damit gewonnene Dampfablenkung in den ringförmigen Dampfraum erkennen. Dadurch ist eine sehr geringe Bauhöhe und ein entsprechend kurzer Entladungspfad erzielt worden. Der Behälter ist aus Stahlblech geschweißt. Die Kühlwasserräume sind durch ein spezielles Verfahren (Bondern) wasserstoffundurchlässig gemacht. Die Elektrodeneinführungen sind mit Ausnahme der Porzellanlötung der Kathode durchwegs Druckglaseinschmelzungen.

Abb. 81. Einanodengefäßgruppe, luftgekühlt, dauernde Vakuumhaltung mit einem gemeinsamen Pumpensatz.
Nennleistung in Elektrolysenanlage: 5000 A, 330 V.
(Oerlikon, Schweiz, 1945.)

Das Hochspannungsgefäß (Abb. 80) folgt im wesentlichen dem Bauprinzip von Abb. 78; nur ist hier auch der wesentlich größere Kriechstrecken bietende Porzellan-Isolator der Anode eingelötet.

Die Frage, ob die Einanoden- oder Mehranoden-Gefäßbauformen die günstigste Lösung der Stromrichter-Ventile vorstellen, ist heute noch nicht endgültig entschieden. Anwendung der neuesten Fortschritte der Vakuumtechnologie auf die kleinen, pumpenlosen, mehranodigen Gefäße hat Platzbedarf und Wirkungsgrad auf das gleiche Niveau der Einanoden von Abb. 78, 79 gebracht, so daß speziell in England auch große Stromrichter-Anlagen durch Parallelschaltung einer größeren Anzahl luftgekühlter Mehranoden-Gefäße bewältigt werden. Andere, an der Stromrichter-Entwicklung beteiligte Stellen hingegen [88 b] haben die neuen Erkenntnisse zur weiteren Verbesserung der Einanoden (z. B. Abb. 81) angewendet und auch hier wirtschaftliche Fortschritte erzielt. Somit ist die Stromrichter-Gefäßentwicklung sowohl in ganz elementaren, grundsätzlichen Fragen als auch in der technischen Bewältigung der verschiedenen physikalischen Probleme noch keineswegs abgeschlossen, wie die folgenden Abschnitte zeigen werden. Bei einem weiteren Eindringen in die Technik der Entladungsphänomene, speziell im Hinblick auf hohe Ströme, aber auch in das Gebiet sehr hoher Spannungen, ist sogar noch eine unter Umständen nach unerwarteten, fundamental neuartigen Richtungen umschlagende Entwicklung nicht nur der Bauformen, sondern auch der angewendeten Arbeitsprinzipien möglich.

IV, 2, 3. Quantitative Dampfraumbetrachtungen.

IV, 2, 3, 1. Dampfdruck und Dampfdichte.

In einem allseitig gleich warm (T^0 K) gehaltenen, gasgefüllten, strömungsfreien Behälter ist Gasdruck p (mm Hg) und Moldichte d

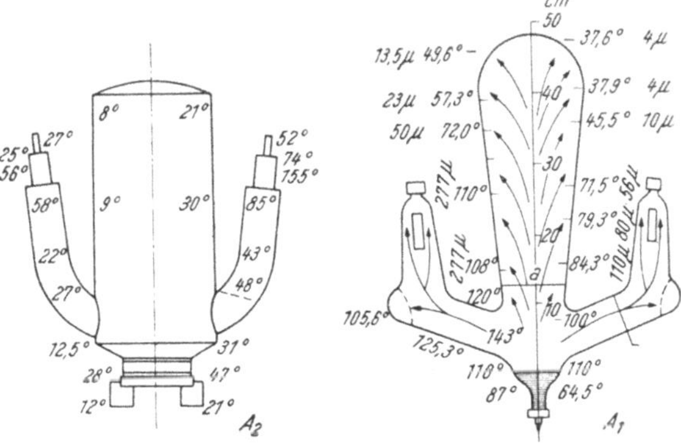

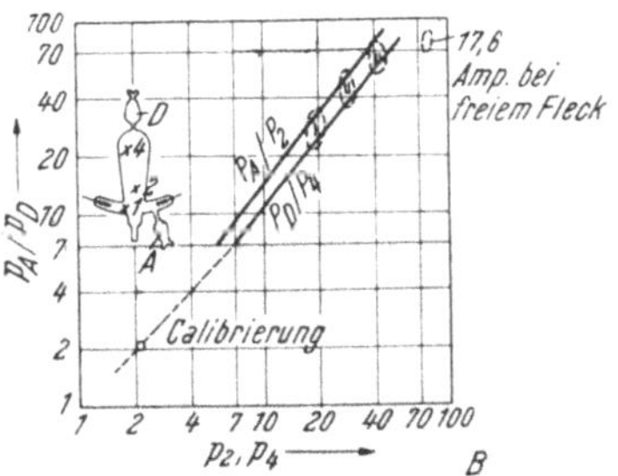

Abb. 82. Dampfdichteverteilung in Hg-Dampf-Stromrichter-Gefäßen. α aus der Oberflächentemperatur abgeleitet: A_1 für Glasstromrichter nach Güntherschulze (21 n): linke Werte für 40 A Kath.-Strom, rechte Werte für 20 A Kath.-Strom; A_2 für luftgekühlten Eisenstromrichter: linke Werte für 300 A Kath.-Strom, rechte Werte für 500 A Kath.-Strom. Die Linie a gibt die ungefähre Lage der Kondensationsgrenze an. β Druckvergleichskurven. Mit Ionisations-Manometern A und D bzw. mit Hg-Thermometern an den jeweiligen Meßstellen x 1, x 2, x 4 wurden von L. Tonks (52 c) die Dampfdrucke bestimmt. I, II und III gibt die jeweilige Strombelastung — 16; 18,4 und 20,1 A — der Kathode an. Die ungewöhnliche Darstellung ist zum Nachweis des Fehlens einer nennenswerten Druckabsenkung in den Armen gegenüber dem Kondensationsraum gewählt. Alle Messungen sind mit Ausnahme des kleinen, rechts oben bezeichneten Bereichs mit fixiertem Kathodenfleck vorgenommen und daher nicht ohne weiteres mit den Verhältnissen von freien Flecken zu vergleichen.

(Mol/cm^3) ortsunabhängig; die drei Größen sind durch die Gasgleichung miteinander verknüpft:

$$d = 1{,}54 \cdot \frac{p}{T} \cdot 10^{-8}\ \mathrm{Mol/cm^3}. \qquad \text{(IV, 14)}$$

Der Dampfinhalt bei Hg-Dampf-Stromrichter-Gefäßen kann nicht als Gas behandelt werden, da Hg auch in flüssigem Zustand vorhanden ist. Es findet sich einerseits in der Kathode, anderseits als Tröpfchen haftend an den Kondensationsflächen, bevor es, die Adhäsion überwindend, zur Kathode zurückfließt. Bei Betriebsstillstand ist das Gefäß ziemlich gleichmäßig mit Sattdampf erfüllt. Als Folge der uneinheitlichen Betriebserwärmung tritt aber eine weitgehende Störung dieses einfachen Zustandes ein.

In Abb. 82 sind die Resultate von Temperaturmessungen an der Oberfläche von strombelasteten, luftgekühlten Glas- und Eisenstromrichter-Gefäßen aufgetragen. Man ersieht daraus unmittelbar, daß man sehr verschiedene Dampfdrucke und -dichten innerhalb des Dampfraumes vorliegen hat; eine unmittelbare Folge hievon ist eine kräftige Dampfströmung von der Kathode zu den Kondensationsflächen. Abb. 83 zeigt die Quecksilber-Dampfdichte für gesättigten Dampf unmittelbar über dem Kondensat und für höhere Überhitzungstemperaturen, bezogen auf verschiedene Sättigungen.

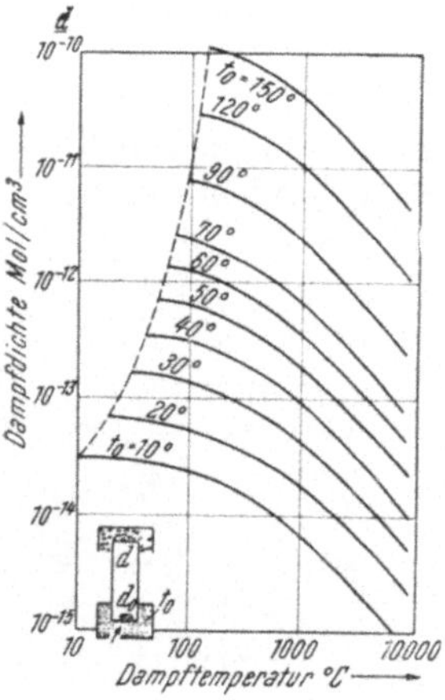

Abb. 83. ——— Dichte d (kgmol/cm^3) von überhitztem Quecksilberdampf (Temperatur t^0 C) für verschiedene Sättigungstemperaturen t_0.
.... Dichte des gesättigten Dampfes.
Die Skizze links unten veranschaulicht Dampfdichteunterschiede in einem geschlossenen Behälter, wie sie durch Wandtemperaturverschiedenheit hervorgerufen werden.

Für Anodenuntersuchungen ist die angenäherte Kenntnis der Dampfdichte an der Einmündung in den Dampfraum erforderlich. Eine exakte Dichtebestimmung dortselbst aus den Dampfraum-Kühlverhältnissen erscheint kaum möglich. Man wird aber vom richtigen Niveau nicht zu stark abweichen, wenn man die Sättigungstemperatur t_{am} an der Anodenmündung zwischen Kathodenoberflächentemperatur t_k und der mittleren Dampfraumwandtemperatur t_f sucht:

$$t_{am} = C_1 \cdot t_k + C_2 \cdot t_f. \qquad \text{(IV, 15)}$$

Die Beteiligung der beiden Gebiete schwankt in Abhängigkeit von der Gefäßkonstruktion, wofür in der nachstehenden Tab. XVII Anhaltswerte gegeben werden.

Tab. XVII. Beteiligungskoeffizienten für Anodenraum-Dampfdichte.

Beteiligungskoeffizienten	C_1	C_2
Gefäßbauart		
Glasgefäße	0,45	0,55
luftgekühlte Eisengefäße mit Armen	0,5	0,5
wassergekühlte Zylinder	0,4	0,6
Bojenform	0,4	0,6
Einanoden nach Abb. 78	0,65	0,35

IV, 2, 3, 2. Kondensation und Kühlung.

Es ist nicht möglich, die an einer kalten Wand wirklich kondensierende Dampfmenge mit Hilfe der kinetischen Gastheorie vorauszubestimmen. Eingehende Untersuchungen Slepians [89] zeigten, daß je nach der speziellen Oberflächenbeschaffenheit nur 1,5 bis 8 % der insgesamt dort eintreffenden Moleküle kondensieren. Die gaskinetisch je cm^2 Oberfläche einlangende Dampfmenge errechnet sich zu

$$q_{kin} = 0{,}81 \frac{p}{\sqrt{T}} \text{ grm/sec für Hg.} \qquad \text{(IV, 16)}$$

q_{kin}-Werte für Sattdampfverhältnisse sind in der folgenden Tab. XVIII zusammengestellt.

Tab. XVIII. Werte für Sattdampfverhältnisse

t	10	30	50	70	°C
q_{kin}	0,23	1,4	6,3	23	x . 10^{-4} grm/cm² sec

Der Kondensationsvorgang bedingt eine der Molekülbewegung überlagerte Strömung, die zu einer gewissen Veränderung der an den Kühlflächen einlangenden Dampfmengen führt. Dieser Einfluß wurde ebenfalls von Slepian berechnet und die so ermittelte Dampfmenge als q_{cor} bezeichnet; auf Einzelheiten der Strömungskorrektur wird hier verzichtet, da dieselbe keine Aufklärung für den großen Unterschied zwischen beobachteter und berechneter Kondensationsmenge geben konnte. Das Verhältnis

$$c_f = \frac{q_{cor}}{q_{beob}} \qquad \text{(IV, 17)}$$

q_{beob} . . . wirklich gemessene Kondensation

nannte Slepian den Kondensationsfaktor, der bei verschiedenen Beobachtungen zwischen $^1/_{60}$ und $^1/_{10}$ schwankte.

Der Kondensationsfaktor hängt von der jeweiligen Oberflächenbeschaffenheit stark ab. Slepian hat nachgewiesen, daß frisch gesandstrahlte, eiserne Kühlerflächen doppelt so gut kondensieren wie 40 bis 50^h später, während bei Nickelkühlern das Verhältnis im umgekehrten Sinn sogar 1:4 hinaufgeht. Im Sinn einer starken Kondensationserhöhung (1:3 bei Eisen) wirkt auch ein schwaches Ionenbombardement bei entsprechender Potentialerteilung an die Kühlflächen. In Abb. 84 sind Zahlenwerte (88 a) für die je Amp. Gefäß-Nennstrom bei verschiedenen Gefäßbauformen und Kühlungsarten vorgesehenen Kühlflächen zusammengestellt; Bezugnahme auf die spezifischen Verdampfungswerte von Abb. 52 führt zu ähnlich geringen Kondensationsfaktoren, wie Slepian sie gefunden hat.

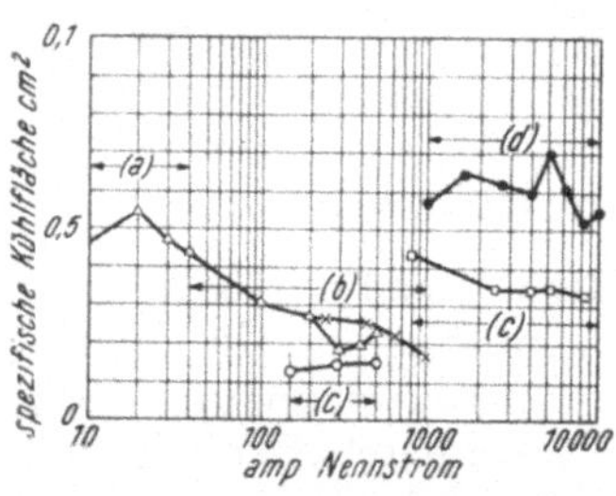

Abb. 84. Kühlflächenausnutzung von verschiedenen Hg-Dampf-Stromrichtertypen.

Aufgetragen ist die je Ampere (bezogen auf Nennleistung) vorgesehene spezifische Kühloberfläche als Funktion von Nennleistung.

△ ... mehranodige Glasgefäße; ● ... zylindrische Eisenstromrichter; × ... luftgekühlte Eisengefäße; □ ... bojenförmige Eisengefäße; ○ ... Einanoden (nach Abb. 78).

Wärmeabfuhr erfolgt durch: a natürlichen Luftstrom und Abstrahlung; b erzwungene Luftströmung; c kombinierte Luft- und Wasserströmung; d reine Wasserkühlung.

Die Wärmeabgabe von der Dampfraumwand an das Kühlmedium ist ein wesentlich einfacheres Problem als die Kondensation. Durch die Hg-Dampf-Kondensationserfordernisse ist viel Fläche geboten, überdies ist bei Wasserkühlung die Wärmeübergangsziffer an und für sich hoch; daher erübrigen sich besondere Betrachtungen der Wärmeabgabe mit bezug auf die Wasserströmungsgeschwindigkeit.

Bei Luftkühlung ist jedoch wegen der viel geringeren Wärmeübergangsziffer von Eisen gegen strömende Luft die Wärmeabgabe nach außen sorgfältig zu sichern. Vor allem ist eine Vergrößerung der Abgabeflächen durch Rippen oder ähnliche Elemente notwendig. Überdies muß die Luftströmungsgeschwindigkeit die notwendige Höhe erreichen, und schließlich muß Sorge dafür getragen werden, daß diese Geschwindigkeit auch tatsächlich unmittelbar bei diesen Rippen besteht. Wärmeübergangszahlen für ein luftgekühltes, eisernes Stromrichter-Gefäß bei 10 m/sec Luftgeschwindigkeit sind in der folgenden Tab. XIX für verschiedene Rippentemperaturen t angegeben.

Tab. XIX. Wärmeübergangszahlen Eisen → Luft.

t	10	30	50	80	110	150	°C
Wärmeübergang	350	1050	1750	2700	3850	5250	Cal/h m²

Die Beliebtheit der Luftkühlung hat ihren Hauptgrund darin, daß bei kleinen und mittleren Leistungen praktisch keine baulichen Sonderaufwendungen für die Kühlung der Stromrichter-Anlage erforderlich sind. Dies ist so lange möglich, als der überwiegende Anteil der Verlustwärme der Stromrichter auf natürlichem

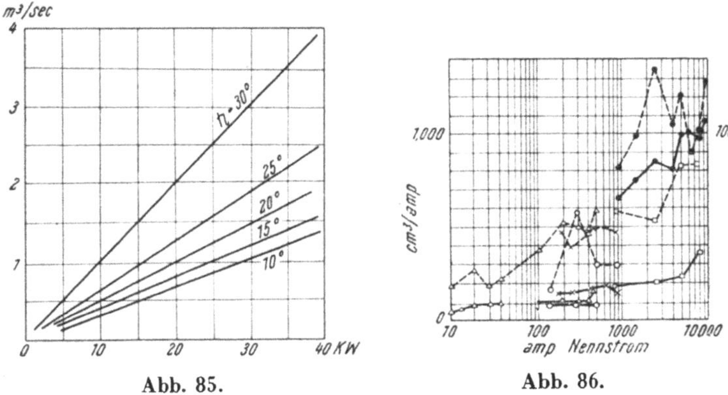

Abb. 85. Abb. 86.

Abb. 85. Zuluftbedarf (m^3/sec) für verschieden hohe, abzuführende Verlustleistungen (KW) bei verschiedenen Eintrittstemperaturen $t_z{}^0$ C der Zuluft für luftgekühlte Hg-Dampf-Stromrichteranlagen.

Abb. 86. Kennwerte für --- elektrisch aktives Volumen und —— Dampfraum von einigen Bauformen von Hg-Dampf-Stromrichter-Gefäßen.
△ ... Glaskolben; ● ... zylindrische Großgleichrichter; × ... luftgekühlte, abgeschmolzene Eisenstromrichter; □ ... bojenförmige Eisengefäße; ○ ... wassergekühlte Einanodengefäße; --- ... rechte Skala; —— ... linke Skala.

Wege durch die Wände des Raumes abgeleitet und nur kleine Zusatzluftmengen (s. Abb. 85) durch besondere Ventilatoren zu- und abgeführt werden müssen.

Bei größeren Anlagen-Leistungen (die wirtschaftliche Grenze mag zwischen 5000 bis 10000 Amp. liegen) werden aber die Zuluftmengen so groß, daß die baulichen Vorkehrungen hierfür Kosten verursachen, die jene von Wasserkühlungs-Systemen erreichen. Die Bewegung von großen Kühlluftmengen führt überdies häufig zu Beschwerden des Anlagen-Personals über Luftzug, was leicht zu einem Abbruch der sonst beliebten Gleichrichter-Stationstätigkeit Anlaß gibt.

IV, 2, 3, 3. Dampfraumvolumen.

Für Typenvergleiche von Stromrichter-Gefäßen verschiedener Bauart erweisen sich auf den Nennstrom bezogene spezifische Volumsziffern als vorteilhaft. In Abb. 86 sind für verschiedene Gefäß-Bauformen solche Kennziffern (88 a) in Abhängigkeit von den Nennleistungen zusammengestellt. Die Abgrenzung des Dampfraumes in den einzelnen Gefäßtypen läßt sich unschwer an Hand von schematischen Querschnittszeichnungen durchführen. In

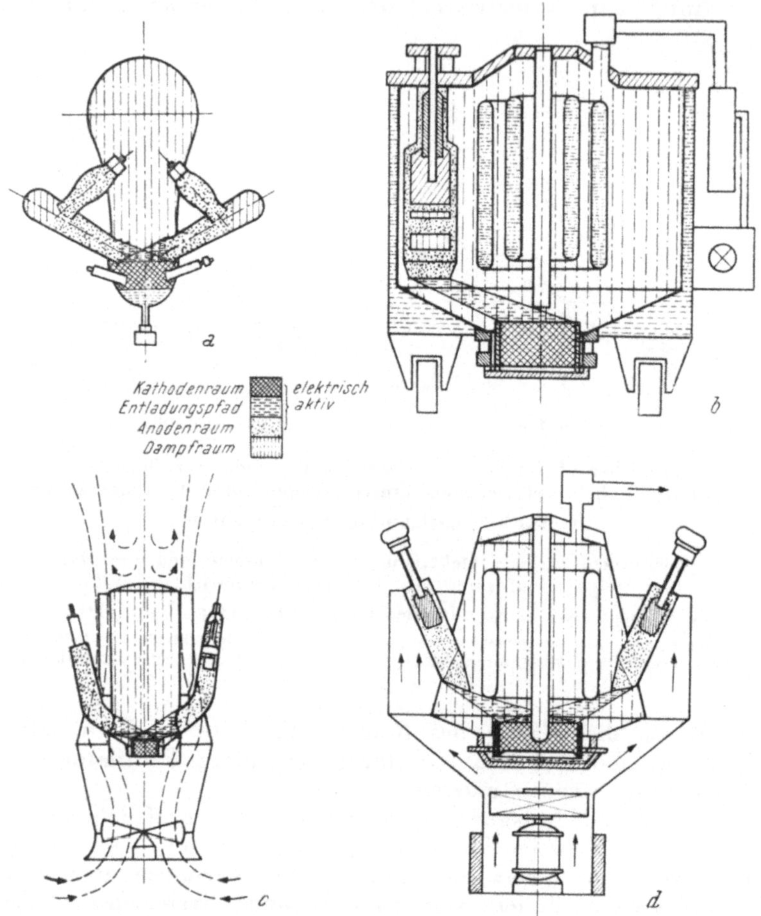

Abb. 87. Schematische Abgrenzung von elektrisch aktivem Volumen und Dampfraum bei einigen Stromrichter-Gefäßbauformen.

a ... Glasgleichrichter; b ... zylindrischer, wassergekühlter Großstromrichter; c ... luftgekühlter Eisenstromrichter; d ... bojenförmiges Eisenstromrichtergefäß, außenliegendes Anodensystem, kombinierte Luft- und Wasserkühlung.

Abb. 87 sind für vier Typen auf diese Weise die Dampfräume von den elektrisch aktiven (entladungserfüllten) Räumen abgegrenzt. Zusammenfassend ergibt sich daraus, daß die elektrisch aktiven Teile — Anodensystem, Entladungsstrecke und Kathode — nur einen Bruchteil des insgesamt erforderlichen Raumes des Stromrichter-Gefäßes bzw. der tatsächlich vorhandenen Bauteile ausmachen. Alle über den elektrisch aktiven Raum hinausgehenden Teile sind nur durch die Begleiterscheinungen zu den elektrischen Vorgängen, insbesondere durch thermische Prozesse, bedingt.

Das Einbeziehen von Gefäßtypen aus zeitlich weit auseinander liegenden Entwicklungsperioden verursachte speziell bei den großen Zylindergefäßen einige Unstetigkeiten im Kennwert-Diagramm; doch abgesehen hiervon, läßt diese Kennwerte-Zusammenstellung die Überlegenheit von Gefäßen mit kleineren Dimensionen im allgemeinen und im besonderen die Fortschritte der neueren Anordnungen gut erkennen.

IV, 3. Die Entladungsstrecke.

IV, 3, 1. Strom und Stromverteilung.

Der Konvektionsstrom im Entladungsraum ist praktisch ein reiner Elektronenstrom (vgl. Gl. II, 19 a), demgegenüber der Anteil der Ionenbewegung vernachlässigt werden kann. Seine Intensität selber ist das Flächenintegral der Stromdichte i über den ganzen Querschnitt F der Entladungsbahn. Für einen beliebigen Querschnitt ist daher der Gesamtstrom

$$I = \int_F i \, \mathrm{d f} = \int_F n \, . \, \varepsilon \, . \, v \, . \, \mathrm{d f}. \qquad \text{(IV, 18)}$$

In der Stromrichter-Technik werden für Entladungsstrecken weitgehend kreisförmige Querschnitte angewendet, so daß die folgenden Betrachtungen sich bloß auf solche beziehen werden.

Ein näheres Eingehen auf die quantitativen Verhältnisse des Entladungsstromes erfordert die Aufklärung der Zusammenhänge der in Gl. (IV, 18) enthaltenen Größen. Es sind dies die Größe und Verteilung über den Querschnitt von

a) den in axialer Richtung vorhandenen Driftgeschwindigkeiten v und

b) der Trägerdichte n,

um die Integration durchführen zu können.

Hierbei handelt es sich durchwegs um Größen, die, der unmittelbaren Anschauung völlig entzogen, auch durch indirekte Methoden nur zum Teil und nur in speziellen Fällen mit beträchtlichen Schwierigkeiten feststellbar sind. Infolgedessen ist eine quantitative Behandlung der Stromverhältnisse in der Entladungsstrecke kaum über ein Anfangsstadium hinausgekommen, obwohl zahlenmäßige Betrachtungen hierüber am Ausgang für jedwede Gefäß-Berechnung stehen müßten.

In dem Folgenden wird trotzdem versucht, aus dem vorhandenen, bruchstückhaften Material ein möglichst geschlossenes, quantitative Vorstellungen vermittelndes Bild der Verhältnisse in der Entladungsstrecke zu gewinnen.

IV, 3, 1, 1. Radiale Potentialverteilung und Längsfeldstärke der Säule.

Als Folge der in jedem Querschnitt auftretenden Unterschiede der Trägerdichte (vgl. II, 6, 1, 2) treten auch radiale Potentialunterschiede auf. Schottkys Ausdruck für die radiale Trägerverteilung

$$n(\mathrm{r}) = n(0) \,.\, \mathrm{J}_0\left(\frac{2{,}4\,\mathrm{r}}{\mathrm{R}}\right) \qquad \text{(II, 33 b)}$$

erlaubt eine einfache Bestimmung der Potentialverteilung dadurch, daß man daraus das Verhältnis der Trägerdichte in die nach V aufgelöste (logarithmierte) Boltzmann-Gleichung einführt; so erhält man:

$$V(\mathrm{r}) = -\frac{\mathrm{k\,T_e}}{\varepsilon} \cdot \ln \frac{n(\mathrm{r})}{n(0)} =$$

$$= -\frac{\mathrm{k\,T_e}}{\varepsilon} \cdot \ln \mathrm{J}_0\left(\frac{2{,}4\,\mathrm{r}}{\mathrm{R}}\right). \qquad \text{(IV, 19)}$$

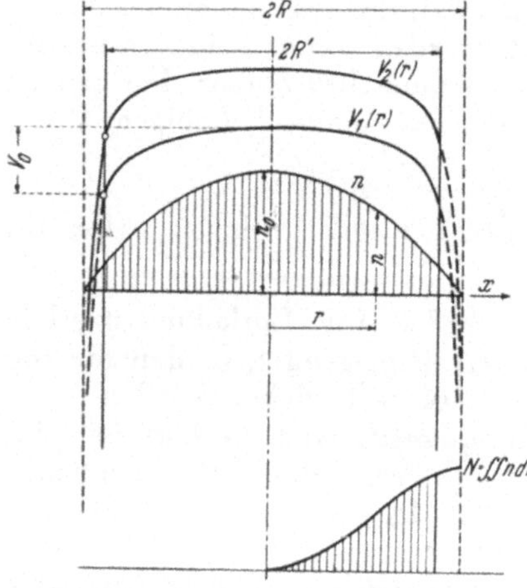

Abb. 88. Verteilung von Trägerdichte n und Potential V(r) über den Rohrquerschnitt (Radius R) unter Annahme Schottkyscher ambipolarer Diffusion. 2 R' entspricht dem Durchmesser eines engeren Begrenzungsrohres mit Sonden-Nullpotential S_0 an Wand.

In Abb. 88 ist die radiale Trägerverteilung nach Gl. (II, 33 b) eingetragen; ferner sind dort zwei Äquipotentialflächen V_1, V_2 nach Gl. (IV, 19) gezeichnet. In diesem Diagramm ist außerdem im Sinne von Abschn. II, 6, 1, 2, eine Rohrdurchmesserverkleinerung $\delta = \mathrm{R} - \mathrm{R}'$ angedeutet, so daß durch Hinauslegen der Nullstelle der Besselfunktion über den wirklichen Rohrradius R′ der Rohrwand Sondennullpotential (vgl. Abb. 22 b) V_0 zugeteilt ist [21 e]. Der geringe radiale Potentialabfall innerhalb des größeren Teils des Querschnittes ist mehrfach experimentell bestätigt worden; in einer diesbezüglichen Messung Langmuirs z. B. beträgt in einem Rohr mit 6,2 cm ∅ bei rund 20 000° Elektronentemperatur und 5,4 . 10^{-3} mm Hg-Druck der Abfall über 85 % des Radius nur

2,0 Volt [25 c]. Der Potentialunterschied $V_2 - V_1$ zweier 1 cm voneinander entfernter Äquipotentialflächen ergibt die Feldstärke $\mathfrak{E}$ innerhalb der Säule.

IV, 3, 1, 2. Träger-Driftgeschwindigkeit, Säulen-Längsfeldstärke und Trägerdichte.

Träger-Driftgeschwindigkeit v in der Richtung des Konvektionsstromes und die entsprechende Beweglichkeit b bzw. Längsfeldstärke $\mathfrak{E}$ sind heute noch nicht in einem theoretisch befriedigenden Zusammenhang mit den naheliegenden Bezugsgrößen: Stromdichte, Dampfdichte und -temperatur sowie Pfaddurchmesser, darzustellen. Zusammen mit den Untersuchungen der Träger-Diffusionsverhältnisse in der Entladungssäule hat Schottky durch Zusammenfassen der Gl. (II, 30 c) und (II, 33 a) auch die Längsfeldstärke durch allgemeinere Bestimmungsgrößen des Plasmas ausgedrückt. Der so gewonnene Ausdruck lautet:

$$\mathfrak{E} = 2{,}4 \cdot \sqrt{\frac{U_i}{\kappa}} \cdot \sqrt{\frac{b_+}{b_-}} \cdot \sqrt{U_+ + U_-} \cdot \frac{1}{R}. \qquad \text{(IV, 20)}$$

Gl. (IV, 20) enthält verschiedene, von dem betrachteten Medium abhängige Größen. Die Ionisierungs-Spannung U_i, Voltäquivalente U_+ bzw. U_- der Ionen- und Elektronentemperaturen sowie Trägerbeweglichkeiten b_+ und b_- wurden in Kap. II bereits diskutiert. Der in Gl. (II, 30) angeführte Zahlenfaktor κ kann als Ausbeutefaktor der Ionisierung angesehen werden. Er gibt an, welcher Teil der spezifischen Verluste der Entladungssäule (Watt/cm³) auf Ionen-Neubildung entfällt.

Bei einigen informativen Versuchen (1) fand Schottky für das Quecksilber-Niederdruck-Plasma

$$\frac{b_+}{b_-} \sim \frac{1}{1000} \text{ und } \kappa \sim 13\,\%,$$

was als Anhaltspunkt für die in Frage kommenden Größenordnungen dienen kann. Einzelheiten der Abhängigkeit der neu eingeführten Größen von den vorgenannten, meßtechnisch erfaßbaren Bezugswerten sind aber bisher nicht bekanntgeworden, so daß der Hauptwert von Gl. (IV, 19) in der von ihr aufgezeigten geometrischen Abhängigkeit der Feldstärke vom Pfaddurchmesser liegt. Man hat sich daher bis auf weiteres mit empirisch aus Brennspannungsmessungen ermittelten Zahlenwerten zufriedenzugeben. Eine Zusammenstellung (Abb. 89) von solchen unter angenähert gleichartigen Betriebsverhältnissen vollbelasteter Großgleichrichter ermittelten Säulenfeldstärken zeigt nun tatsächlich eine gute Übereinstimmung mit der durch Gl. (IV, 19) ausgedrückten Abhängigkeit des Säulengradienten von $1/R$. Diese Feldstärkenwerte sind aber nur in den relativ engen Grenzen durchschnittlich dimensionierter und vorschriftsmäßig gekühlter, mit Nennstrom belasteter Entladungsgefäße zutreffend; bei schwachen Lasten, Leerlauf oder Überlastungen sowie bei abweichenden Kühlmitteltemperaturen versagen sie völlig, wie die Ausführungen von Abschn. IV, 3, 2, 2, über die mit der Längsfeldstärke eng zusammenhängende Brennspannung zeigen.

Da es heute noch keinen Weg gibt, die Trägerdichten an irgend einer Stelle der Entladungsbahn auch bei völlig bekannten Zustandsgrößen des Mediums für eine bestimmte Strombelastung rechnerisch zu bestimmen, ist man auf die durch die Langmuirsche Sondenmethode empirisch feststellbaren Zusammenhänge angewiesen. Langmuir [25 a] selbst bringt in seinen Untersuchungen eine Reihe von Wertpaaren zusammengehöriger Strom- und Träger-Dichten. Eine graphische Darstellung derselben zeigt, daß in dem untersuchten, relativ engen Bereich die Trägerdichte der Stromdichte weitgehend proportional ist. Um nun zahlenmäßige Unterlagen für die Trägerdichte bei im technischen Maßstab ausgeführten Entladungsgefäßen hinausgehend über auf Laboranordnungen beschränkten Messungen zu erhalten, wurden im Versuchsfeld des Siemens-Stromrichter-Werkes in Berlin Sonden-Messungen der Trägerdichte unter verschiedenen Betriebsbedingungen vorgenommen.

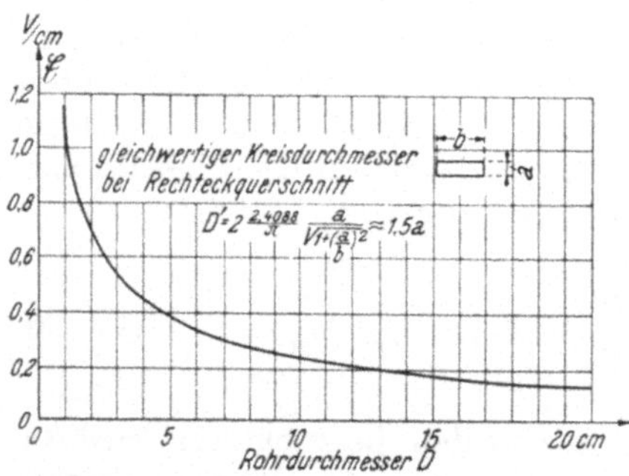

Abb. 89. Längsfeldstärke in Hg-Dampf-Niederdruckentladungen kreisförmigen Querschnittes (Durchmesser D) für durchschnittliche Nennlast-Plasma-Verhältnisse und Korrektionsformel für Rechteckquerschnitt.

Sonden-Messungen stellen bereits im Laboratorium meßtechnisch beträchtliche Anforderungen. Der Einbau der Sonden und die nachfolgenden technologischen Prozesse können die Sondenflächen oder ihre Lage verändern; jede einzelne Sondencharakteristik besteht aus einer größeren Anzahl von Meßpunkten, die einen Bereich von mehreren Zehnerpotenzen überdecken; Ableitströme oder Fehlablesungen beeinflussen die Knickpunkte stark; aus konstruktiven Rücksichten muß die Anzahl der Sonden sehr beschränkt werden, so daß man auf einige wenige diskrete Meßstellen angewiesen ist.

Sondenversuche in technischem Maßstab übertreffen an Schwierigkeit Laboratoriumsmessungen bei weitem. Einerseits sind organisatorische Hindernisse zu überwinden, da das Herausheben eines einzelnen Gefäßes aus einer Fertigungsserie zwecks Ausrüstung mit den geeigneten Sonden leicht Störungen in den normalen Fertigungsgang bringt; anderseits erfordert die Übertragung der Meßverfahren in einen viel größeren Maßstab verschiedene, sonst seitens der Großstromrichter-Prüfer nicht übliche Rücksichten auf Isolation und Beseitigung von äußeren Einflüssen. Schließlich spielt auch der Zeitfaktor, nämlich die zwischen Entschlußfassung eines solchen Projektes und Ausführung desselben liegende Zeit von meistens vielen Monaten, eine störende Rolle, da in der Zwischenzeit bis zur Bereitstellung des Versuchsgefäßes auftauchende neue Probleme die alten sehr leicht weniger wichtig erscheinen lassen. Dies alles zusammen verbunden mit dem beträchtlichen Kostenaufwand führt dazu, daß im allgemeinen solche quantitative Untersuchungen wie z. B. Sonden-Messungen an großen Entladungsapparaten, die Änderungen der Normaltypen erfordern, relativ selten gemacht werden. Darin ist der tiefere Grund für das Fehlen vieler, für die Entwicklung und das Verständnis sehr wünschenswerter Aufklärungen über stromstarke Niederdruck-Entladungen zu sehen. Allen diesen Schwierigkeiten zum Trotz wurden im Siemens-Röhrenwerk in einem über Jahre erstreckten Programm während der Kriegszeit Sonden-Messungen an technischen Apparaten — ein Teil sogar bis über Normallast eines 5000-Amp.-Gefäßes planmäßig durchgeführt.

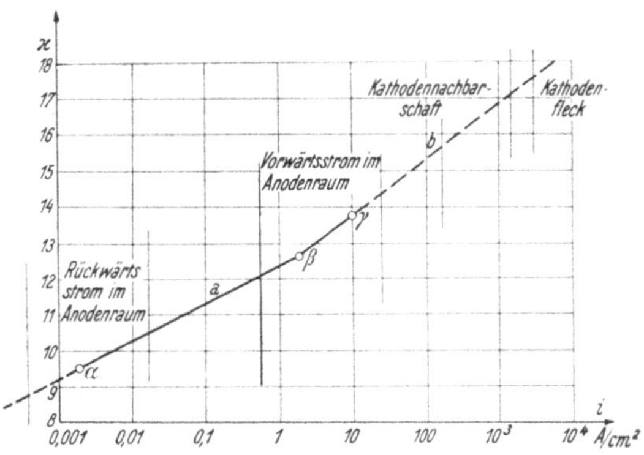

Abb. 90. Trägerdichte $n = 10^{\varkappa}$ als Funktion der spezifischen Stromdichte i A/cm² in Hg-Dampf-Plasma. Zusammengestellt aus Messungen I. Langmuirs und Sondenmessungen im Siemens Stromrichterwerk.

Die Ergebnisse der von E. Schmidt und W. Schmalenberg gemachten Messungen sind zusammen mit den Langmuirschen Werten in Abb. 90 in dem stark ausgezogenen Teil von $\alpha \div \gamma$ zusammengestellt. Man verfügt damit jetzt über Zahlenwerte für die Trägerdichte innerhalb eines Stromdichte-Bereichs von vier Zehnerpotenzen. Bemerkenswert ist dabei der geradlinige, stromdichtenproportionale Verlauf zwischen den Punkten α und β, in den auch die Langmuirschen Werte fallen, und der anschließende, auf stärkere Ionisierung deutende steilere Teil von β nach γ.

Die angegebenen Werte scheinen unabhängig von dem Dampfzustand zu gelten, solange nur ausreichend Moleküle überhaupt zur Verfügung stehen; eine Erklärung hierfür steht noch aus. In Abb. 90 wurde außerdem eine lineare Extrapolation —b— nach oben eingetragen; diese Werte aber sind experimentell noch nicht bewiesen und sollen nur Anhaltspunkte zur Abschätzung der bei sehr hohen Stromdichten zu erwartenden Verhältnisse bringen.

IV, 3, 1, 3. Radiale Stromverteilung und mittlere Stromdichte.

Die in Abb. 88 gezeigte Potentialverteilung läßt unmittelbar erkennen, daß über den größten Teil des Querschnittes der Entladungsstrecke die Feldstärke überwiegend in axialer Richtung verläuft und daher in einem Querschnitt den Elektronen die gleiche Driftgeschwindigkeit mitteilen wird. Damit entspricht die radiale Stromverteilung im wesentlichen der Trägerdichte.

Für quantitative Vergleiche desselben Entladungspfades unter verschiedenen Strombelastungen, aber auch für den Vergleich verschieden weiter Entladungspfade selber spielt die radiale Stromdichte-Verteilung keine Rolle, da der Verlauf der Verteilungsfunktion vom Absolutwert des Durchmessers unabhängig ist. Demnach ist bereits die mittlere Trägerdichte und damit auch die mittlere Stromdichte i zur Charakterisierung des jeweiligen Ionisierungszustandes ausreichend. Diese mittlere Stromdichte

$$i \; \frac{\text{Gesamtstrom}}{\text{Rohrquerschnitt}} \; \text{Amp./cm}^2 \qquad \text{(IV, 21)}$$

hat sich für technische Betrachtungen als sehr zweckmäßige Größe zur Kennzeichnung der Strombeanspruchung von Stromrichter-Gefäßen erwiesen (bei Verwendung dieser „Stromdichte i" darf man nur nicht vergessen, daß der Querschnitt nicht ganz einheitlich durchströmt wird, sondern daß an einzelnen Stellen desselben immerhin Unterschiede sowohl in bezug auf Driftgeschwindigkeit als auch Trägerkonzentration auftreten). Bezug auf die mittlere Stromdichte eröffnet nämlich die Möglichkeit, innerhalb des ganzen Schwankungsbereichs, dem im praktischen Betrieb die Säulenströme von Stromrichter-Gefäßen unterworfen sind, eine zahlenmäßige Zuordnung der Ionisation n (mittlere Trägerdichte) zu dem jeweiligen Anodenstrom vorzunehmen und damit Abb. 90 unabhängig von dem Pfaddurchmesser für alle Entladungspfade zu verwenden.

IV, 3, 1, 4. Mediumsdichte und Entladungsstrom.

Im Zuge einer gaskinetischen Betrachtungsweise der Niederdruck-Entladungen wird man zwangsläufig darauf geführt, die strombedingte Ionisation n in ein Verhältnis zu der insgesamt in der Volumseinheit vorhandenen Dampfmolekülanzahl n zu setzen, die aus der örtlichen Dampfdichte nach Gl. (IV, 14) folgt. Das Verhältnis $g = \frac{\text{Ionisation}}{\text{Gesamtmolekülzahl}} = \frac{\bar{n}}{\text{n}}$ kann als Ionisationsgrad bezeichnet werden. Gleichgültig, welchem Mechanismus zufolge auch mit zunehmender Stromdichte i bei Ionisationsgraden $g \ll 1$ die Driftgeschwindigkeit der Elektronen praktisch unverändert bleibt und die Zunahme von $\bar{n}$ erfolgt, ist es selbstverständlich, daß von dem Augenblick einer völligen oder zumindest weitgehenden Ionisation aller vorhandenen Dampfmoleküle an eine Änderung in dem bisherigen Verhalten des Plasmas eintreten muß.

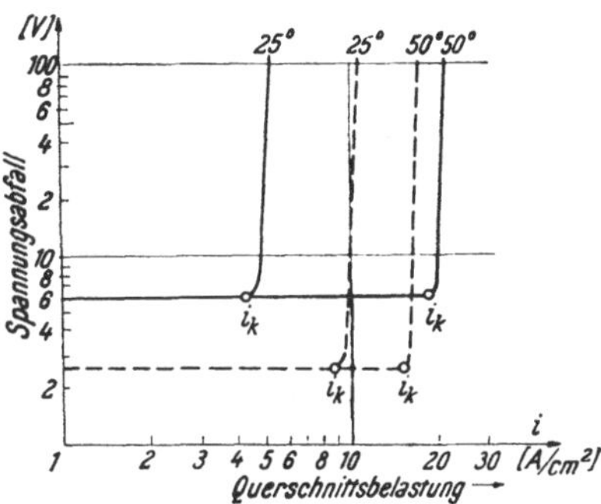

Abb. 91. **Übergang des Spannungsabfalles von Hg-Dampf-Entladungen ins kritische Gebiet der Ionenverarmung.**

Es ist offensichtlich, daß von da an größere Stromdichten nur durch Steigerung der Driftgeschwindigkeit zu erzielen sind, was zwangsläufig zu einer Steigerung des Gradienten führen muß. Dies tritt auch tatsächlich ein, und man bezeichnet diesen Zustand als Ionenverarmung. Der experimentelle Nachweis ist in kleinem Maßstab von Langmuir schon 1924 erbracht worden [25 a], indem er bei Entladungen in Kapillarröhren zeigte, daß über gewissen Strombelastungen starke Erhöhungen der Längsfeldstärke auftreten, die gelegentlich mit sehr kurzwelligen Schwingungen verbunden sind. Bei technischen Stromrichter-Gefäßen sind Ionenverarmungserscheinungen erst viel später gefunden worden, da die seinerzeit üblichen praktischen Ausführungen kleinerer und mittlerer Leistung Dampfverhältnisse weitab von dieser Grenze aufwiesen. Den ersten Hinweis auf Störungen von Stromrichter-Gefäßen durch Ionenverarmung machten Daellenbach und Gerecke [73 b]. Die dabei beobachteten Erscheinungen illustriert Abb. 91.

Der Verlauf des Spannungsabfalls einer Entladungsstrecke in Abhängigkeit von der spezifischen Querschnittsbelastung ist für verschieden hohe Dampftemperaturen angegeben. Während zuerst bei steigender Strombelastung innerhalb eines ziemlich großen Gebietes praktisch konstanter Spannungsabfall herrscht, zeigt sich plötzlich ein ziemlich scharfes Knie und anschließend daran eine nahezu sprunghafte Spannungssteigerung. Diese plötzliche Änderung im Verhalten des Lichtbogenabfalls wird von Daellenbach als Folge der hier eintretenden Ionenverarmung, d. h. völliger Ionisation des verfügbaren Dampfes gedeutet.

Der durch Abb. 90 beschriebene Zusammenhang zwischen mittlerer Stromdichte und Trägerdichte: $i = i(\varkappa)$ gestattet es, einer bestimmten Sättigungstemperatur t_s mit n Molekülen je cm^3 jene Stromdichte i_{100} zuzuordnen, bei der die Trägerzahl gerade der Molekülzahl entspricht.

$$i_{100} = i(\varkappa = \ln n). \qquad (IV, 22)$$

Tab. XX. i_{100}-Werte für verschiedene Hg-Dampf-Sättigungstemperaturen.

t_s	10	30	50	70	^{0}C
i_{100}	1,5	8	25	80	Amp./cm^2

Das Auftreten der durch Ionenverarmung bedingten sprunghaften Brennspannungserhöhung ist mit verschiedenen gefährlichen Begleiterscheinungen verbunden. In technischen Entladungsapparaten ist der Querschnitt der Entladungsstrecke aus konstruktiven Gründen nicht überall gleich weit zu machen. Die engste Stelle der Entladungsstrecke ist somit die Stelle, wo die höchste Gefahr für Ionenverarmung und die damit verbundene Spannungserhöhung zu suchen ist. Eine Folge hiervon sind örtliche Stromverzweigungen aus der Entladungsstrecke in das Metall der Gefäßwand, die mit starken Materialzerstäubungen verbunden sind. Solche Verzweigungen lassen sich nachträglich leicht durch das Vorhandensein von blitzfigurenartigen Zeichnungen auf der Innenseite der Gefäße nachweisen. Des weiteren führen die lokalen Spannungssteigerungen zu örtlichen starken Erhitzungen, die in Kürze ein Abschmelzen der benachbarten Konstruktionsteile ergeben. Schließlich sind mit den lokalen Spannungserhöhungen häufig auch außerordentlich rasche, kurzzeitige Stromunterbrechungen verbunden, die in den Induktivitäten des Stromrichter-Kreises Überspannungen hervorrufen und dadurch Rückzündungen zur Folge haben können.

Die Sprunghaftigkeit der Gradientenzunahme der Anodenspannung bei Ionenverarmung läßt sich aus der Konvektionsstrom-Gleichung nicht deuten. Es ist nicht von der Hand zu weisen, daß in einzelnen Querschnitten phasengekoppelte Ionen- oder Elektronen-Schwingungen damit verbunden sind, doch hat bisher noch kein diesbezüglicher Erklärungsversuch ein befriedigendes Bild ergeben.

IV, 3, 1, 4, 1. Ionenverarmung. Für praktische Zwecke ist aber die Einsicht in den Mechanismus der Ionenverarmung weniger bedeutungsvoll als Kenntnis jener Grenzbeanspruchungen, bei welchen tatsächlich Ionenverarmung eintritt. A. W. Hull [6 b] hat eine größere Anzahl von beobachteten Verarmungserscheinungen gesammelt und in einem Schaubild zusammengestellt. Dieses ist in Abb. 92 wiedergegeben; als Abszisse sind die Dampfdrucke in mm Quecksilbersäule und als Ordinaten die bei verschiedenen Entladungspfaden gefundenen kritischen Stromdichtewerte i_k angegeben. Bezugnahme auf den Dampfdruck allein führt zu einer prinzipiellen Unklarheit. Bei allen Gefäßuntersuchungen legt nämlich der Druck die tatsächliche Dampfdichte im kritischen Querschnitt nicht eindeutig fest[11], da es sich nicht um gesättigten Dampf handelt. Einerseits bewirkt die Entladung selbst eine Herabsetzung der Dichte bis zu einer Größenordnung und mehr, anderseits ergibt hohe Temperatur einzelner Teile der Entladungspfad-Begrenzung oder der verschiedenen Einbauten ebenfalls Dampfüberhitzung. In der Originalarbeit ist überdies nicht erwähnt, auf welche Weise der Druck festgestellt worden war und ob er sich tatsächlich auf den kritischen Querschnitt bezog.

Wie immer dem auch sei, ob Bezug auf die Kondensat-Temperaturen nach Gl. (IV, 15) genommen oder die Wandtemperatur der kritischen Gebiete herangezogen worden war, eine beträchtliche Ungenauigkeit in den Dampfdichtewerten muß von vornherein vorausgesetzt werden.

Abb. 92 enthält neben Hulls eigenen Beobachtungen auch solche anderer Beobachter. Dadurch ist die Einheitlichkeit der Bezugswerte noch mehr verwischt worden. Außerdem sind darin sowohl kritische Stromwerte von Großstromrichter-Gefäßbeobachtungen im Betrieb als auch solche von speziellen Versuchsanordnungen im Laboratorium aufgenommen, die zweifelsohne verschiedene Dichterelationen aufweisen. Unabhängig von der im voran-

[11] Bis heute ist man nicht in der Lage, die an einer beliebigen Stelle innerhalb eines Entladungsapparates herrschende Dampfdichte meßtechnisch zu erfassen. Nur für die Oberfläche von Entladungsgefäßen aus Glas wurde eine jeder Kritik stichhaltende Methode von Hull und Brown [6 a] angegeben. Danach wird an die Meßstelle ein kleiner Kupferkörper angelegt, dessen Temperatur verändert wird; bei allmählicher Abkühlung wird die im Moment der Kondensationsbildung abgelesene Temperatur der Sättigungstemperatur des Dampfes an der betreffenden Stelle gleichgesetzt.

1939 ist es Dobke mit einer schwenkbaren Ionisationsmanometer-Anordnung [90] innerhalb des Gefäßes gelungen, wenigstens an einzelnen Stellen des Dampfraumes diesbezügliche Messungen vorzunehmen. Ein Einführen des Ionisationsmanometers in der gegenwärtigen Form in die Anodenrohre selber erscheint aber nicht möglich. Man ist daher bei Ermittlungen der Dampfdichte speziell innerhalb des Entladungspfades noch immer auf Annäherungsmethoden angewiesen. Das einfachste ist, den zur gewünschten Stelle nächstgelegenen Bezugspunkt zu suchen, an welchem Dampf-Druck, -Dichte und -Temperatur mit einiger Sicherheit festzustellen sind, und von dort aus die lokale Dichte nach der örtlichen Temperatur und unter Berücksichtigung der Überhitzung abzuschätzen.

gegangenen begründeten namhaften Streuung der den verschiedenen kritischen Stromwerten zugeordneten Dampfdichten sind aus Abb. 92 unbestreitbar deutliche Einflüsse der örtlichen Gegebenheiten, der Länge, der Querschnittsform und der Temperatur des zur Ionenverarmung führenden Engpasses ersichtlich. Die in Tab. XX angegebenen i_{100}-Werte liegen ziemlich genau in der Mitte des durch verschiedene Beobachtungen bedeckten Feldes von Abb. 92. Unter Berücksichtigung der nachträglich kaum mehr erfaßbaren Einflüsse der Überhitzung und nachweisbaren eventuellen ungleichmäßigen Querschnittsbelastungen muß die offensichtlich gleichgerichtete Tendenz des Anstieges der kritischen Stromdichte mit zunehmendem Dampfdruck als grundsätzliche Bestätigung der diesbezüglichen Vorstellungen angesehen werden.

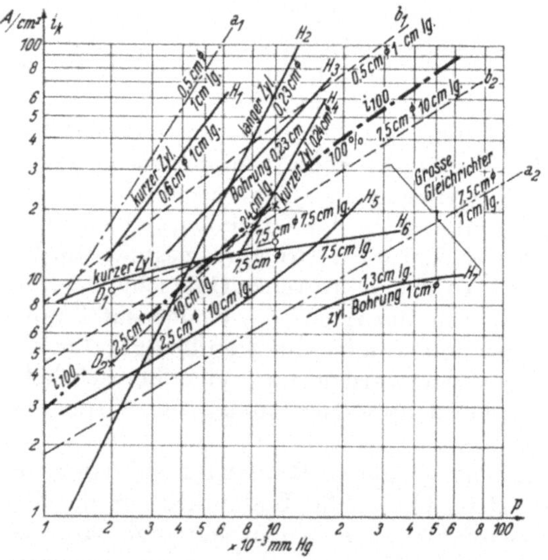

Abb. 92. Zusammenstellung verschiedener, in Praxis beobachteter, kritischer Stromdichten für Ionenverarmung (A. W. Hull) nebst zugeordneten, dimensionsabhängigen Grenzlinien a_1, a_2, b_1, b_2 und dem theoretischen i_{100}.

Im Hinblick auf die Schwierigkeit, Ionenverarmungswerte überhaupt zu gewinnen, da meist schon beim ersten Versuch bleibende Beschädigungen der Apparatur auftreten, kann man in absehbarer Zeit auf exakteres Material nicht rechnen. Um nun für die Abschätzung der Beanspruchungsverhältnisse von Gefäßen handlichere Unterlagen zu erhalten, wurde versucht, die Einflüsse der geometrischen Konfiguration des Entladungspfades etwas schärfer herauszuschälen.

Bei den technischen Entladungsapparaten liegen die in Betracht kommenden Engpässe etwa zwischen 0,5 cm ∅ bei 1 cm Länge bis zu 7,5 cm ∅ bei 10 cm Länge. Die strichpunktierten Grenzlinien a_1, a_2 und b_1, b_2 für diese Zahlenwerte wurden in das Diagramm Abb. 92 möglichst eng an ähnliche Engpaßwerte angelehnt. a_1 wurde demnach etwas steiler und höher als die Linie für den kurzen Zylinder H_1 angenommen und a_2 für große Durchmesser und geringe Länge zwischen H_6 und H_7 hineingelegt, da ein Vergleich von H_1 und H_7 einen starken

Rückgang der kritischen Stromdichte mit zunehmendem Durchmesser bei geringen Längen andeutet. Ein ähnlicher Vergleich von H_2, H_4 und D_2 führt zu b_1 und schließlich ein Vergleich von D_1 und H_6 zu b_2.

Die Grenzlinien a und b bieten für technische Betrachtungen trotz ihrer wenig exakten Ableitung wichtige Vorteile:

a) Die quantitative Behandlung von Grenzleistungsfragen bei Entladungsapparaten wird durch das Vorhandensein von definierten Zusammenhängen wesentlich erleichtert, wogegen die Widersprüche einer streuenden Darstellung nach Abb. 92 jeden mit der Materie nicht sehr Vertrauten vor einem weiteren Eingehen in eine der Grundfragen des Gefäßbaues abschreckt.

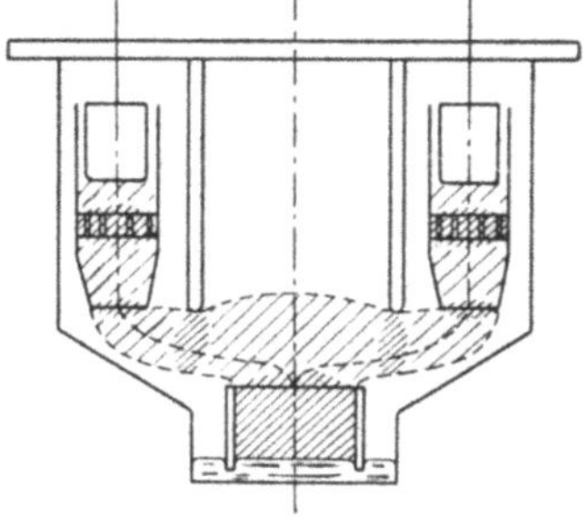
Abb. 93. Entladungsausbreitung (schematisch) im Mehranoden-Eisengleichrichter. Stellen hoher Stromdichte sind durch dichtere Schraffur gekennzeichnet.

b) Definierte Grenzlinien gestatten eine bisher nicht mögliche Darstellung des Einflusses der Kühlverhältnisse auf das Leistungsvermögen der Gefäße. Im Prüffeld des Siemens-Röhrenwerkes zeigten aus den hier gebrachten Grenzlinien abgeleitete Strombereiche spezieller Stromrichter-Gefäße eine überraschend gute Übereinstimmung mit den tatsächlich gemachten Beobachtungen.

c) Das Vorliegen von definierten Grenzwerten, bei deren Überschreiten schwere Gefährdung der Einrichtungen zu erwarten ist, veranlaßt den Konstrukteur und den Betriebsmann zur Einhaltung einer bewußten breiten Sicherheitsdistanz von diesen Grenzlinien.

d) Schließlich erscheint ein offener Hinweis auf die hier noch bestehenden Unklarheiten voraussichtlich als Anregung zu weiteren Aufklärungen.

Die angegebenen Zusammenhänge lassen für jede Gefäßkonstruktion eine von der Kühlmitteltemperatur abhängige Stromgrenze feststellen, oberhalb welcher Ionenverarmungsstörungen zu erwarten sind. Diese Linie soll als Verarmungsgrenze bezeichnet werden. Sie stellt den ersten Teil der Leistungscharakteristik von Stromrichter-Gefäßen dar. Der Betrieb des Stromrichter-Gefäßes soll so erfolgen, daß unter keinen Umständen, weder durch Veränderung der Kühlmitteltemperatur noch durch Belastungsspitzen die Verarmungsgrenze überschritten wird.

Für die Auslegung von Stromrichter-Gefäßen für bestimmte Belastungen ergibt sich daraus die Forderung, die Querschnitte der Entladungsstrecken so zu bemessen, daß bei keiner Belastung und keinem Betriebszustand — auch im engsten Querschnitt — die kritische Stromdichte überschritten wird, so daß die Säulenfeldstärke nicht unzulässig anwachsen kann; bei diesbezüglichen Berechnungen ist selbstverständlich der Maximalwert des Anodenstromes zugrunde zu legen. Für eine bestimmte zu untersuchende Gefäßanordnung ist nach Abb. 93 der Entladungspfad auf seine Engpässe zu untersuchen. Die Stellen großer Stromdichte sind dort durch starke Schraffierung angedeutet; diese sind daraufhin mit Hilfe der Angaben von Abb. 92 auf das Auftreten von Ionenverarmung zu überprüfen.

Kenntnis der Verarmungsgrenzen einer bestimmten Gefäßtype ermöglicht es auch, die unter Umständen erforderliche Heizung der Stromrichter-Anlage zu berechnen, wenn betriebsmäßig stark intermittierende Belastungen verlangt werden. Besonders ungünstig sind in dieser Beziehung Walzwerks- oder Förderanlagen, wo laufend nach vorhergegangenem Stillstand hohe Anfahrspitzen auftreten. In solchen Fällen muß durch künstliches Warmhalten des Kühlwassers für die notwendige Dampfdichte gesorgt sein und durch Anodenheizung die richtige Temperatur-Differenzierung im Gefäß aufrecht erhalten werden.

IV, 3, 2. Entladungsstrom und Brennspannungsabfall.

IV, 3, 2, 1. Entladungsstrecke und Gefäßwirkungsgrad.

Die Säulenfeldstärke $\mathfrak{E}$, über den Entladungspfad integriert, ergibt die Spannung der Säule V_{s1}.

$$V_{s1} = \int_{\text{Kathode}}^{\text{Anode}} \mathfrak{E}\, ds \quad . \tag{IV, 23}$$

Diese Säulenspannung zusammen mit dem entsprechenden Anoden- und Kathodenfall ergibt die jeweilige Brennspannung U_b der Entladung[12]. Durch Multiplikation der Brennspannung mit dem Strom im Entladungspfad erhält man den Verlustanfall in demselben. Da dieser Verlust den Wirkungsgrad des Stromrichter-Gefäßes bestimmt, bedeutet die Brennspannung eine wichtige Kenngröße. Die Brennspannungsverluste selbst äußern sich im wesentlichen in Wärmeentwicklung. Es ist üblich, als Kenngröße eines Gefäßes den Brennspannungsabfall bei Nennstrom anzugeben, wobei allerdings

[12] Bei Entladungsgefäßen mit Fleckkathode kann die Entladung als Lichtbogen und der Spannungsabfall als Lichtbogenabfall bezeichnet werden, da sich der Emissionsmechanismus des Kathodenflecks durch den Entladungsstrom selbst erhält. Daher sind die Ausdrücke: Brennspannung und Lichtbogenabfall hier gleichbedeutend und werden dementsprechend abwechselnd verwendet. Bei Glühkathoden, deren Emission unabhängig vom Belastungsstrom vor sich geht, ist aber der Ausdruck Lichtbogen bzw. Lichtbogenabfall sachlich unrichtig. Es sollte daher nur von Brennspannung einer Glühkathode gesprochen werden.

bestimmte Normal-Betriebsverhältnisse stillschweigend vorausgesetzt sind; nur dann kann man den Lichtbogenabfall als Konstante ansehen.

Die Unabhängigkeit des Brennspannungsabfalles eines bestimmten Gefäßes von der Höhe der Betriebsspannung hat es mit sich gebracht, daß zur besseren Ausnützung der in einem Gefäß liegenden Möglichkeiten bei Gleichrichter-Anlagen gerne möglichst hohe Spannungen verwendet werden. Bei Aluminium-Elektrolysen z. B. werden heute fast ausnahmslos 700 bis 1000 Volt vorgesehen. Diese hohen Spannungen komplizieren zwar die Aluminiumbäder mit Rücksicht auf die erforderliche Sicherheit, sie führen aber zu einer weitgehenden Reduktion der Umformungsverluste der Anlagen verglichen mit den früher üblichen niedrigen Spannungen von ca. 300 Volt.

Ein genaueres Eingehen in die Brennspannungsverhältnisse von Stromrichter-Gefäßen zeigt nicht unbeträchtliche Abweichungen der unter verschiedenen Belastungsverhältnissen und Betriebszuständen gemessenen Werte. Nachdem die Gasentladungsphysik über diese Zusammenhänge noch keine Aufklärung zu geben imstande ist, sollen kurz die empirisch festgestellten Abhängigkeiten der Brennspannung beschrieben werden.

IV, 3, 2, 2. Empirisch festgestellte Einflüsse auf die Brennspannung.

Vor allem beeinflussen Belastungsgrad und Kühlmitteltemperatur den Spannungsabfall, wie Abb. 94 als Beispiel zeigt. Kennzeichnend ist einerseits eine nicht unbeträchtliche Abnahme des

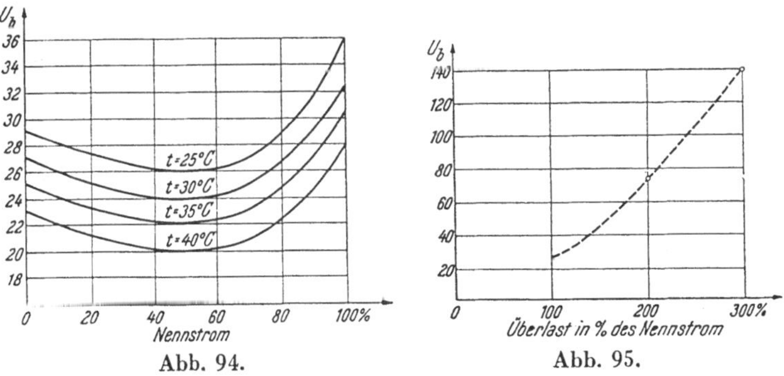

Abb. 94. Abb. 95.

Abb. 94. Einfluß der Kühlmitteltemperatur t und des Belastungsgrades auf die Brennspannung eines wassergekühlten 6500-A-Hg-Dampfstromrichter-Gefäßes.

Abb. 95. Brennspannungsabfall-Momentanwert bei stoßweisen Überlastungen eines wassergekühlten 5000-A-Hg-Dampf-Stromrichter-Gefäßes; oszillographische Beobachtung der höchsten, dem erhöhten Anodenstromimpuls folgenden Spannung. Als Folge der zunehmenden Verdampfung fällt die Spitze in Kürze auf einen Bruchteil.

Lichtbogenabfalles mit zunehmender Kühlmitteltemperatur und anderseits das Auftreten eines Minimums bei etwa Halblast, mit schwachem Anstieg gegen Leerlauf und stärkerem Anstieg gegen Vollast zu. Die Werte der Abb. 94 gelten für stationären Zustand. Bei raschen Änderungen der Belastung schießt die Brennspannung kurzzeitig über den entsprechenden stationären Wert hinaus und erreicht denselben erst mit einer gewissen Zeitverzögerung. Die Lichtbogenabfall-Veränderungen bei stoßartigen Belastungen sind für verschiedene Projektierungsaufgaben, aber auch bei der Beurteilung des Kurzschlußverhaltens der Anlagen von Wichtigkeit. Zur Aufklärung der diesbezüglichen Verhältnisse wurde im Siemens-Stromrichterwerks-Versuchsfeld in Berlin eine Reihe von Stoßbelastungen verschiedener Höhe durchgeführt und die im Moment des Stromstoßes auftretenden Lichtbogenabfälle oszillographisch registriert. Die so erhaltenen Werte für ein Gefäß gleicher Bauweise wie jenes, an dem die Spannungsabfälle von Abb. 94 aufgenommen wurden, zeigt Abb. 95.

IV, 3, 2, 3. Brennspannungsverlauf innerhalb eines Anodenstrom-Impulses.

Oszillographische Aufnahmen der Brennspannung eb von Großgleichrichtern (Abb. 96) zeigen, daß innerhalb jedes Anodenstrom-Impulses der Spannungsabfall gewissen, zum Teil nicht unbeträchtlichen Schwankungen unterworfen ist. A. Siemens [91] hat darauf hingewiesen, daß zwei prinzipielle Fälle zu unterscheiden sind, je nachdem, ob ein Abfallen oder ein Ansteigen des Lichtbogenabfalles am Ende der Brennperiode eintritt. Ersteres wird als Folge reichlichen Dampfinhaltes, letzteres als beginnende

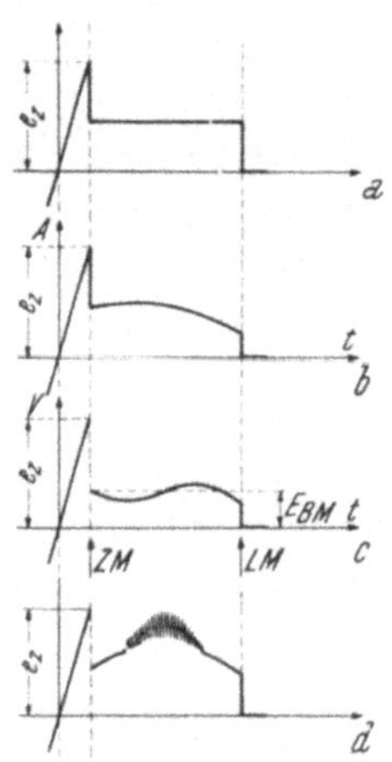

Abb. 96. Grundformen des Brennspannungsverlaufs. (a) e_b konstant während Anodenstromimpuls (idealisiert); (b) e_b abfallend (Dampfdichte zunehmend), normal; (c) e_b in Mitte leicht ansteigend (Dampfdichte schwankend), normal; (d) e_b mit HF (Dampfdichte knapp) — beginnende Ionenverarmung.

e_z ... Zündspannungsspitze; ZM ... Zündmoment; LM ... Löschmoment; E ... mittlere Brennspannung.

Mangelerscheinung innerhalb des Anodensystems gedeutet. Die im mittleren Drittel von Abb. 96 d plötzlich einsetzenden hochfrequenten Schwingungen weisen auf das Auftreten beginnender Ionenverarmung hin.

IV, 3, 2, 4. Vorausbestimmung des Brennspannungsabfalles.

Bei den technisch verwendeten Stromrichter-Gefäßen setzt sich der Entladungspfad aus mehreren Teilen verschiedenen Querschnittes zusammen (vgl. Abb. 93). Dementsprechend weist auch die Säule mehrere Abschnitte verschiedener Feldstärke auf. Als Beispiel für die Anwendung von Gl. (IV, 23) soll eine Ermittlung des Gesamt-Lichtbogenabfalles eines Stromrichtergefäßes durchgeführt werden, die gleichzeitig die in einem praktischen Fall vorliegende Wärmeverteilung illustriert. In Abb. 97 ist ein Siemens-Bojen-Gefäß für kombinierte Luft- und Wasserkühlung für 2500 Amp. schematisch gezeichnet. Die Lichtbogenachse a—h ist in Stücke angenähert gleicher Querschnitte unterteilt. Hierfür sind in der Tabelle links die den einzelnen Durchmessern entsprechenden Feldstärken $\mathfrak{E}$ und daneben die Produkte $\mathfrak{E} \cdot \Delta l$ und auch der Kathodenfall eingetragen. Die Summe aller Teilabfälle gibt den gesuchten Lichtbogenabfall U_b. Die Abfuhr der Verlustwärme der einzelnen Abschnitte wird soweit als möglich von der Säule radial nach außen erfolgen. Ausgenommen hiervon ist der Wärmeinhalt des die Kathode verlassenden Dampfes, der den Hauptteil der von den Innenkühlern abzuführenden Wärme liefert, und das an den Anoden freiwerdende Wärmeäquivalent der Elektronenbefreiungsarbeit. Nach Aufstellung der Spannungsverteilung läßt sich diese unschwer zu einem Wärmeverteilungsplan ausbauen, wie er in Abb. 97 durch Pfeile im Querschnitt dargestellt ist. Eine Prüffeldkontrolle eines solchen Wärmeverteilplanes ist nicht zu schwierig. Die an den einzelnen Gefäßteilen anfallenden Wärmemengen sind durch Auftrennung des Wasserkreislaufes einzeln erfaßbar, so daß ein Vergleich mit der vorher aufgestellten Wärmeverteilung durchgeführt werden kann; eine Richtigstellung derselben führt damit indirekt auch zu einer Richtigstellung der angenommenen Spannungsverteilung. Eine Reihe von derartigen Vergleichen ergab eine gute Übereinstimmung zwischen solchen, auf den Angaben von

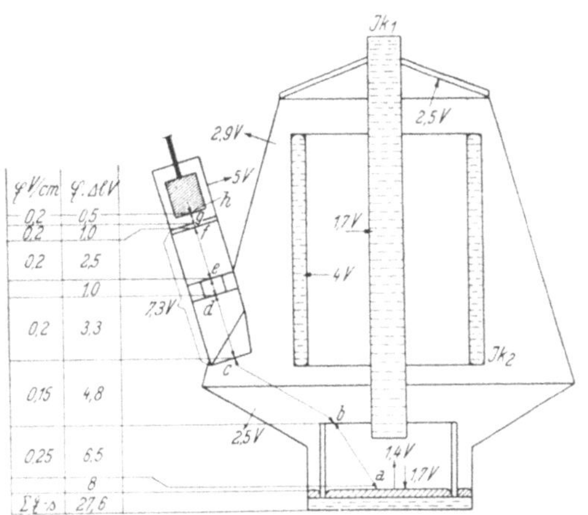

Abb. 97. Aufteilung des Gesamtspannungsabfalls sowie Wärmebilanz für ein zwölf-anodiges Stromrichter-Gefäß für 2500-A-Nennstrom, Wasserzulauf 30°, Wasserablauf 45° bei Voll-Last.

Abb. 89 basierenden Spannungsabfall-Ermittlungen und den tatsächlich gemessenen Brennspannungswerten mit Abweichungen von nur wenigen Prozenten bei Nennstrom.

IV, 3, 3. Dampftemperatur in der Entladungsstrecke.

Die Untersuchungen von Elenbaas [92] haben die Temperaturverhältnisse in Dampfentladungen bei höheren Drucken (760 mm Hg), wie sie z. B. in Hg-Dampflampen herrschen, weitgehend aufgeklärt. Man hat demnach mit einer unstetigen Temperaturzunahme unmittelbar an den Gefäßwänden — Wärmesprung — und anschließend daran mit einer stetigen Steigerung bis zur Achse der zylindrisch angenommenen Entladung zu rechnen. Ähnliche Verhältnisse dürften auch bei Niederdruckentladungen vorliegen. Wieweit aber quantitativ die Hochdruckentladungsvorstellungen hierauf zu übertragen sind, läßt sich mangels entsprechender experimenteller Untersuchungen nicht feststellen. Je nach den gemachten Annahmen errechnen verschiedene Autoren Werte zwischen 1000 bis 3000° C[13]. Im Hinblick auf die a priori diesen Überschlagswerten innewohnende geringe Genauigkeit soll von einer Diskussion der radialen Temperaturverteilung eines bestimmten Querschnitts abgesehen und unter Dampftemperatur ein einfacher Mittelwert verstanden werden. Es ist ohne weiteres einzusehen, daß der Temperaturmittelwert von der Größe des Entladungsquerschnitts und von den spezifischen Verlusten in der Entladung stark abhängen muß. Die Wärmeabfuhr wird zum Teil durch Wärmeleitung an die Wände, überwiegend aber durch Strahlung erfolgen. Nimmt man Gültigkeit des Stefan-Boltzmannschen Strahlungsgesetzes an, so erhält man für eine zylindrische Säule vom Durchmesser D und 1 cm Höhe bei Gleichsetzung der im Inneren anfallenden und von der Mantelfläche abgestrahlten Wärme

$$\frac{\pi D^2}{4} \cdot w_b = C^* \cdot \pi \cdot D \, (T^4 - T_a^4). \qquad \text{(IV, 24)}$$

C^* . . . eine hier speziell eingeführte Strahlungskonstante,
T_a . . . Temperatur der Begrenzungswände,
T . . . mittlere Dampftemperatur der Entladung,
w_b . . . spezifische Verluste der Entladung, Watt/cm³.

Daraus folgt:

$$T^4 = \frac{D \, w_b}{4 \, C^*} + T_a^4. \qquad \text{(IV, 25)}$$

---

[13] A. Siemens [91] errechnet 1934 1200°,
A. W. Hull [6 b] „ 1934 2500°,
M. Steenbeck [93] „ 1936 3000°.

Zur Abschätzung der Konstanten wird auf den höchsten Temperaturwert von M. Steenbeck zurückgegriffen und durchschnittliche Verhältnisse in dem Entladungspfad angenommen, nämlich: $D = 10\,\text{cm}$ und $w_b = 0{,}50\,\text{Watt/cm}^3$ entsprechend einem Säulengradienten von 0,25 Volt/cm bei ca. 2 Amp./cm² Stromdichte.

Auf diesen Voraussetzungen aufbauend, erlaubt Gl. (IV, 25) die jeweilige mittlere Säulentemperatur bei verschiedenen anderen spezifischen Verlusten und Säulendurchmessern D abzuschätzen. Man erhält so die in dem Kennlinienfeld Abb. 98 angegebenen Temperaturwerte. Der Anstieg der Dampftemperatur nach dem Einsetzen des Entladungsstromes geht im Hinblick auf die kleine Wärmekapazität des Mediums sehr rasch vor sich. Rechnet man, daß im ersten Augenblick der gesamte Wärmeanfall zur Dampferwärmung verwendet wird, und nimmt weiter an, daß die Erwärmung bei konstantem Druck erfolgt, so ergibt sich

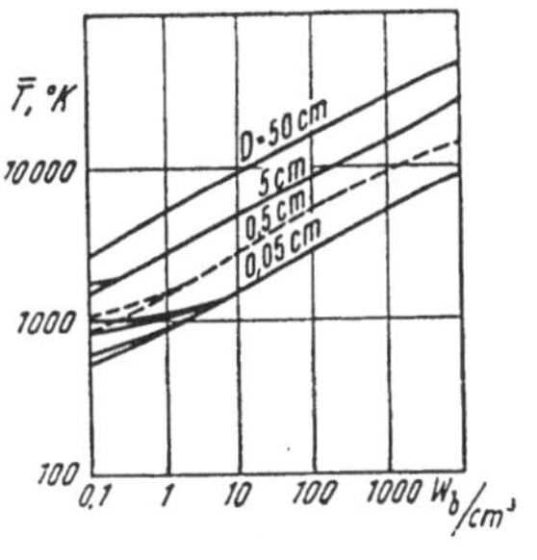

Abb. 98. Mittlere Dampftemperatur $\overline{T}_1$ in einem Quecksilber-Niederdruck-Entladungsplasma; Überschlagswerte für kreisförmige Querschnitte (Durchmesser D) in Abhängigkeit von dem spezifischen Verlust w_b/cm^3 der Entladungsstrecke.

$$\frac{\Delta t}{\Delta t} = \frac{w_b A}{d M} \cdot \frac{1}{c_p} \text{grad/sec.} \qquad \text{(IV, 26)}$$

A . . . Wärmeäquivalent $2{,}4 \cdot 10^{-4}$ Cal/Watt/sec,

d . . . Dampfdichte Mol/cm³,

M . . . Molekulargewicht kg/Mol,

c_p . . . spezifische Wärme bei konstantem Druck für

Hg . . . $0{,}025 \frac{\text{Cal}}{\text{kg}\,^0\text{C}}$

und nach Einführung der Zahlenwerte

$$\frac{\Delta t}{\Delta t} \sim 4{,}8 \cdot 10^{-5} \cdot \frac{w_b}{d} \text{grad/sec.} \qquad \text{(IV, 27)}$$

Bei einer 40° entsprechenden Moldichte $d = 3{,}5 \cdot 10^{-13}$ Mol/cm³, einer Stromdichte von 5 Amp./cm² und einem Säulengradienten von 0,2 Volt erhält man beispielsweise

$$\frac{\Delta t}{\Delta t} = 1{,}36 \cdot 10^{7}\,^0\text{C/sec.}$$

Demnach ist ein Temperaturniveau von ca. 1500° bereits in 10^{-5} sec erreicht.

Verglichen mit dem durchschnittlichen Anodenstrom-Impuls von $67 \cdot 10^{-4}$ sec ($^1/_3$ Periode) ist die Aufheizzeit praktisch zu vernachlässigen und in erster Annäherung die Temperatur in Phase mit dem Strom anzusehen.

Entsprechende Überlegungen sind sinngemäß für das Abkühlen des Dampfinhaltes der Entladung am Ende des Anodenstromes anzustellen. Solange die Strahlung wirksam ist, kann ein augenblickliches, sprunghaftes Absinken der Temperatur angenommen werden. Unterhalb einer gewissen Grenze, die bei etwa 1500° angenommen wird, verschwindet die Strahlung und die Wärmeleitung übernimmt den weiteren Abbau des Wärmeinhaltes. Hierdurch wird weiterhin eine langsamere, exponentiell abklingende Abkühlung eintreten. Nähere Untersuchungen über diese Vorgänge sind nicht bekannt, doch wird man bei Vergleich mit den elektrischen Abregeverhältnissen (Abschn. IV, 4, 2) größenordnungsmäßig nicht fehlgehen, wenn man für Stromrichter-Anodensysteme die Abkühlung auf die Umgebungstemperatur in ca. $^1/_{1000}$ sec annimmt.

IV, 3, 4. Wandeinflüsse.

Die in Kap. II, 6, 2, beschriebene Einströmung von Ionen und Elektronen zu den begrenzenden Wänden stellt eine für die Gefäße wichtige Begleiterscheinung der Entladungen dar. Sind die den Lichtbogenpfad begrenzenden Wände aus nicht leitendem Stoff, z. B. Glas, dann lädt sich während der Entladung jeder Teil der Wand auf das dieser Stelle entsprechende Sonden-Nullpotential auf. Irgend ein Ausgleich der verschiedenen Wandladungen untereinander ist zufolge des fehlenden Leitvermögens der Wand unmöglich. Die Oberflächenbeschaffenheit der Wand spielt dabei eine große Rolle, ob dieses Wandpotential zugleich mit dem Aufhören des Entladungsstromes verschwindet oder als Restladung ganz oder teilweise zurückbleibt. Sowohl die Art des Baustoffes der Wand als auch die Dauer und Höhe der Beanspruchungen seiner Oberfläche bestimmen, wann und wie stark die Ausbildung von Rest-Wandladungen einsetzt. Es sind speziell in der ersten Entwicklungszeit der Glasgleichrichter mehrfach Fälle bekanntgeworden, wo Restladungen wie ein negativ geladenes Gitter das Zünden völlig verhindert haben. Das Auftreten dieses sogenannten Pseudo-Hochvakuums [16] bringt den natürlichen Tod von Glasgleichrichter-Gefäßen. Durch Wahl geeigneter harter Gläser und richtige Bearbeitungsmethoden ist heute das Eintreten des Pseudo-Hochvakuums erst nach Beanspruchungszeiten von größenordnungsmäßig 100000 Stunden zu erwarten.

Ist jedoch die Begrenzungswand des Plasmas metallisch leitend, so weist sie ein einheitliches Potential gegenüber der Entladung auf. Es müssen sich daher als Folge der verschieden hohen, längs der Entladung auftretenden Plasmapotentiale Ausgleichsströme in der Wand ergeben. Nicht im Potential festgelegte Teile werden ein mittleres Wand-Potential annehmen, so daß ein Teil der Wand positiv, ein anderer aber negativ gegenüber dem Plasma sein wird. Auf jeden Fall werden immer zu den gegenüber dem Plasma negativen Wandteilen Ionen zufließen, während die positiven Teile der Wand wie eine Anode in der Brennphase Elektronen aufnehmen. Die Feststellung, daß in den metallischen Wandteilen von Großgleichrichtern beträchtliche Ströme fließen, die die Größenordnung von 100 Amp. und mehr erreichen können, wurde 1922 erstmalig von M. Schenkel gemacht [94]. Schenkel hat daraus die Konsequenz gezogen, durch Unterteilung der die Entladung einschließenden Wände, insbesondere der Anodenhülsen, in isolierte Abschnitte der Ausgleichsströme zu begrenzen.

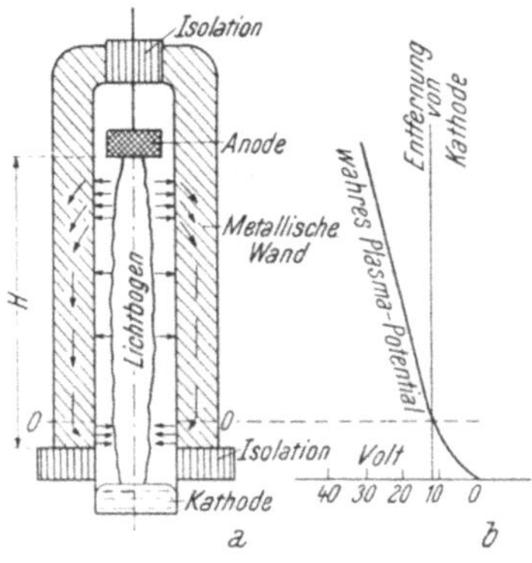

Abb. 99. Verteilung von Wandpotential und Wandstrom innerhalb einer leitenden Begrenzungsfläche einer Hg-Dampf-Plasmaentladung.

a) Anordnungsschema; b) Potential Bezug auf Nullstromquerschnitt.

Mit Hilfe der Langmuirschen Plasmatheorie sind Entstehung und Größe der Wandströme exakt festzulegen. Nimmt man ein einfaches Entladungssystem nach Abb. 99 an, so stellt sich das Potential des metallischen Wandteiles auf den Wert des Plasmapotentials nahe an der Eintrittsstelle der Entladung in denselben ein. Bei größerer Längenerstreckung der Entladung weist daher die Wandfläche nahe der Anode stärkere negative Werte gegenüber dem Lichtbogen an dieser Stelle auf, womit ein starkes Ionenbombardement und weiters eine dauernde Materialzerstäubung dieser Wandstelle verbunden ist. Solche Verhältnisse liegen z. B. bei langen Entladungspfaden in unisolierten Anodenschutzrohren vor. Es ist selbstverständlich, daß bei kleinerem Gesamtspannungsabfall, wie er in betriebswarmen Gefäßen herrscht, die Wandströme und die Zerstäubung viel kleiner sind als bei kälteren Gefäßen und hohen Spannungsabfällen. Besonders kraß wirken sich diese Verhältnisse naturgemäß in der Nähe der kritischen Stromdichte für Ionenverarmung und oberhalb derselben aus. Durch Zwischenisolationen, z. B. isolierte Aufhängung der Schutzhülsen, oder bei kurzen Enladungswegen verschwinden aber die geschilderten Gefahren mehr oder weniger.

IV, 3, 5. Magnetische Einflüsse.

IV, 3, 5, 1. Entladungsbeeinflussung durch äußere magnetische Felder.

Statistische Verfolgung von Störungen bei Stromrichter-Gefäßen großer Leistungen ergab, daß bei unsymmetrischen Strom-Zu- und -ableitungen einzelne Anoden stärker störanfällig sind als die übrigen. Nähere Untersuchungen zeigen, daß in solchen Fällen die Brennspannungen der einzelnen Anoden nicht gleich hoch liegen, sondern bezogen auf den Gefäßumfang ausgeprägte Maxima und Minima aufweisen. Anoden mit hohen Brennspannungswerten haben ungleichmäßige Stromdichteverteilung über den Querschnitt. Temperatur- und Sondenmessungen bestätigen eine teilweise Stromverdrängung gegen die Anodenhülsenwand. Die Vorstellung eines aus einzelnen freien Ladungen zusammengesetzten Konvektionsstroms führt zwangsläufig auf eine Verdrängung des Stromes unter dem Einfluß von Magnetfeldern. Die symmetrische Trägerverteilung nach Gl. (II, 33 b) war eine Folge des sich lediglich aus gaskinetischen Bedingungen einstellenden Gleichgewichtszustandes des Plasmas. Unter dem zusätzlichen Einfluß größerer magnetischer Felder muß eine Ablenkung der einzelnen Ladungsträger im Sinne der linken Handregel erfolgen. Es wird daher ein Zusammendrängen der Ladungen senkrecht auf die Kraftlinienrichtung und die Achse der Entladung stattfinden, was einer schlechteren Ausnützung des Querschnittes bei gleichzeitiger örtlicher Überbeanspruchung entspricht. Durch letztere erklärt sich die höhere Störanfälligkeit solcher Anodensysteme. An den Stellen hoher Stromdichte besteht Gefahr, daß zufolge Ionenverarmung örtliche Brennspannungserhöhungen auftreten, die Wandzerstäubung und Überhitzungen hervorrufen.

Die störenden Magnetfelder konnten eindeutig als Folge unsymmetrischer, nahe der Entladung verlaufender Hochstromzuleitungen festgestellt werden. Eine rechnerische Behandlung dieser Erscheinungen ist wegen der Unmöglichkeit einer Berücksichtigung der Abschirmung der äußeren Felder durch die Eisenkonstruktion des Behälters (doppelte Wände und Deckel) nicht durchführbar. Um Beeinträchtigungen der Leistungsfähigkeit zu vermeiden, ist daher der Rückwirkung der Stromzuleitungen auf das Gefäß eine gewisse Beachtung zuzuwenden. Störungen durch solche äußere Felder sind aber leicht zu vermeiden, da relativ geringfügige Hochführung der Anodenzuleitungen über den Gefäßdeckel schon ausreicht, um die Unsymmetrien im Brennen auf ein ungefährliches Maß zurückzuführen.

IV, 3, 5, 2. Entladungsbeeinflussung durch bogeneigene magnetische Felder.

Außer auf die Einwirkung äußerer magnetischer Felder auf die Entladung ist das Augenmerk auch auf die Rückwirkung des entladungseigenen Feldes auf die Entladung selber zu lenken.

Jede Entladung ist als ein stromdurchflossener Leiter von einem magnetischen Feld umgeben, welches sich in bekannter Weise auch innerhalb des Stromflußgebietes ausbreitet. Unter der Wirkung dieses Feldes erfahren die einzelnen Stromfäden ein Zusammendrängen nach der Mitte des Pfades. In einem weiten Bereich der praktisch angewendeten Stromdichten sind diese zusammendrängenden Kräfte vernachlässigbar. Bei sehr großen Strömen oder Überschreiten gewisser Stromdichten aber können diese Wirkungen ausschlaggebende Bedeutung gewinnen. Eine quantitative theoretische Untersuchung über Entladungseinschnürungen bei Quecksilberdampflichtbogen unter Wirkung des stromeigenen Feldes hat L. Tonks [95] durchgeführt. Das Ergebnis desselben ist insofern beachtenswert, als es sich dabei gezeigt hat, daß nennenswerte Wirkungen erst bei Stromdichten und Entladungspfadquerschnitten auftreten, die sehr beträchtlich über den in der Stromrichtertechnik üblichen Verhältnissen liegen. Nach Rechnungen von L. Tonks sind magnetische Abschnürungen eines Lichtbogenpfades von 10 cm ∅ erst bei Strömen von über 2500 bis 3000 Amp. zu erwarten.

IV, 4. Das Anodensystem.

Die Aufnahme der auftreffenden Elektronen und ihre Weiterleitung in die metallischen Zuleitungen stellt den aktiven Beitrag der Anoden zu der Stromleitung in der Entladungsstrecke dar. Die Anodenoberfläche muß hierzu mindestens so groß sein, daß die aus der ungeordneten Elektronenbewegung resultierende Ladungszufuhr den Anodenstrom decken kann (vgl. II, 6, 2). Wenn diese Bedingung erfüllt ist, tritt an der Anode kein Spannungsabfall auf. Bei den praktischen Ausführungen müssen die Anodenköpfe beträchtlich größere Flächen aufweisen, um die bei der Elektronenaufnahme freiwerdende Elektronen-Austrittsarbeit bei konstruktiv tragbaren Temperaturen abzustrahlen.

Der Sitz des Sperrvermögens ist das Anodensystem, d. i. die Anodenoberfläche zusammen mit dem sie umgebenden Raum. Die praktisch sehr wichtige und viel ausgenutzte Möglichkeit, selbst bei Arbeitsspannungen von mehreren 1000 Volt Anodenhülsen (Abb. 65), Außenwände (vgl. z. B. Abb. 72 u. 78) oder Gitter mit Kathodenpotential bis auf 10 oder 20 mm Abstand an die Anodenoberfläche heranzubringen, zeigt die geringe räumliche Ausdehnung des in Frage kommenden Gebietes.

Das Sperrvermögen eines beliebigen Anodensystems ist durch die jeweilige Spannungfestigkeit zu beschreiben. Der kennzeichnende Wert hierfür ist die Durchbruchsspannung (vgl. II, 6, 3, 1), d. h. der Betrag jener negativen Spannung, bei welcher eine selbständige Entladung eintritt und das Sperrvermögen ausläßt.

IV, 4, 1. Spannungsfestigkeit von Stromrichter-Anoden.

Die dem Paschenschen Gesetz nach Abb. 28 und 29 entsprechenden Durchbruchsspannungen von Hg-Dampf liegen ein Mehrfaches über den im praktischen Betrieb festgestellten Rückzündungsspannungen von Stromrichter-Gefäßen. Man muß daher weitere, im Paschen-Gesetz nicht berücksichtigte Einflüsse auf die Durchbruchsspannung in Betracht ziehen. Hierbei handelt es sich, wie in Kap. II und III bereits angedeutet, um Rückwirkungen der im Anodensystem vorhandenen Ionisation und anderen angeregten Stufen. Der einzige Unterschied, der zwischen den den Durchbruchsspannungskurven a und b (von Abb. 29) zugrunde liegenden Verhältnissen der Entladungsstrecke gefunden werden kann, ist nämlich die aus einer benachbarten Entladungssäule in das untersuchte Anodensystem eindiffundierende Ionisation. Herabsetzung der Durchbruchsspannungen durch Vorionisation ist in verschiedenen Fällen schon festgestellt worden. Doch sind im allgemeinen die erzielten Spannungserniedrigungen lang nicht so weitgehend wie die in Hg-Dampf-Stromrichter-Gefäßen festzustellenden.

Bei Funkenstrecken in atmosphärischer Luft wendet man z. B. häufig zusätzliche Ionisierung an, um Entladungsverzüge zu vermeiden; dabei sind — allerdings geringfügige — Verminderungen der Durchbruchsspannung um einige Prozent festgestellt worden. Bouwers [38 a] weist z. B. noch 1940 darauf hin, daß bei Spannungsmessungen mit bestrahlten Funkenstrecken in der Praxis meist von einer Berücksichtigung der Spannungsabsenkungen durch zusätzliche Ionisation Abstand genommen wird, obwohl unter Umständen auch Rückgänge bis zu 20 % auftreten können. Die einzigen quantitativen Untersuchungen über den Einfluß von zusätzlicher Ionisierung von Funkenstrecken wurden von Rogowsky [96] angestellt, der als Maß für die Ionisation einer Funkenstrecke die von dieser Ionisation zusätzlich herrührende „Fremdstromdichte“ annimmt. Daraus wird ein entsprechender Ausdruck für den Zusammenhang zwischen Spannungsabsenkung und Fremdstromdichte abgeleitet, dessen wesentliches Charakteristikum darin besteht, daß die Spannungsabsenkung dem Logarithmus der Fremdstromdichte proportional ist. Ein absolutes Maß für die jeweilige Ionisation liegt den Berechnungen von Rogowsky nicht zugrunde; es wurde vielmehr ein Vergleich der Durchschlagswerte bei verändertem Abstand der Ionenquelle vorgenommen, wobei die Ionisation dem Quadrat des Abstandes der Ionenquelle verkehrt proportional gesetzt wurde. Auf diese Weise wurde ein Bereich von etwa drei Zehnerpotenzen der Fremdstromdichte überstrichen. Die bei sehr geringem Abstand der Ionenquelle erhaltenen Werte wurden als maximal mögliche Ionisationen angesehen und hierfür Maximalabsenkungen der Spannungsfestigkeit von etwa 20 % gefunden.

Den hier interessierenden Stromrichter-Verhältnissen kommt Schade [97] näher, der ebenfalls auf Zündspannungsabsenkung im Vakuum zufolge benachbarter Entladungen hinweist. Vor allem aber hat Issendorff [5] durch willkürliche Dosierung der *VI* auch größere Spannungsrückgänge festgestellt, ohne daß aber bisher daraus weitere Konsequenzen gezogen worden wären. Zusammenfassend ergeben sich genügend Beweggründe, die Ursache der starken Abweichungen der Rückzündspannungen vom Paschen-Gesetz mit dem Vorhandensein von Ionisation im Raum des Anodensystems (Anodenraum) zusammenzubringen und daher die Durchbruchsspannung im Zusammenhang mit der Anodenraum-Ionisation zu betrachten.

Um dies quantitativ durchzuführen, ist es als nächstes notwendig, den Verlauf und die Intensität der Anodenraum-Ionisation in der Sperrphase genauer festzustellen.

IV, 4, 2. Ursachen und Verlauf der Ionisation im Anodenraum.

Die Anwesenheit von Ionen im Anodenraum kann man mit Bezug auf die in Kap. II beschriebenen elementaren Mechanismen auf drei Hauptursachen zurückführen, nämlich:

1. Anwesenheit von Rest-Ionen, herrührend aus der Ionisation der vorangegangenen Entladung,
2. Träger-Eindiffusion aus benachbarten Entladungsgebieten, d. h. einerseits aus der Erregung, anderseits aus der Hauptentladung anderer Anoden in Mehranoden-Stromrichter-Gefäßen,
3. Träger-Einschleppung, d. h. mechanisch durch Dampfströmungen in das Anodensystem eingebrachte Ionisation des Dampfraumes oder Kathodengebietes.

IV, 4, 2, 1. Restionisation.

I. v. Issendorff hat als Erster gezeigt, daß die Ionisation im Anodengebiet nach dem Erlöschen der Entladung nicht unmittelbar verschwindet [4]. Während des Brennens der Entladung steht die Ionisation in dem durch Abb. 90 gezeigten Verhältnis zur Stromdichte. Nach Beendigung des Stromes hört die damit verbundene Neubildung von Trägern auf. Dadurch, daß die Ionen und Elektronen sich an den Wänden vereinigen, tritt der als De-Ionisierung oder Abregung bezeichnete Abbau der vorhandenen Ionisation ein. Die während dieses Prozesses noch bestehende, zeitlich abklingende Ionisation einer früher brennenden Entladung wird als Restionisation bezeichnet. Der Abbau derselben — die Abregung — wird um so intensiver erfolgen, je mehr Gelegenheit zu der vor allem wirksamen Wandrekombination (Kap.

II, 6, 1) geboten ist. Die Restionen werden also rascher verschwinden, je größer die Eigengeschwindigkeit der Träger (entsprechend ihrer Temperatur) sein wird und je größere Flächen sich dem gleichen Volumsteil darbieten.

Für eine quantitative Betrachtung kann der Raum vor der Anode durch eine ausgedehnte, von zwei Ebenen eingeschlossene Schicht ersetzt werden. Dann wird De-Ionisierung nur an den beiden Grenzflächen eintreten. Greift man aus einer solchen Schicht der Stärke h ein Prisma mit 1 cm^2 Grundfläche heraus, so ist die Abnahme der Ionisation proportional der auf die Begrenzungsflächen einfallenden Trägerzahl; sie geht mit zunehmender Zeit nach folgendem Differentialgesetz vor sich:

$$d(\mathrm{h}\,.\,n) = 2c\frac{\bar{\bar{\mathrm{v}}}\,.\,n}{4}\cdot d\,t. \qquad \text{(IV, 28)}$$

Die Bezeichnungen entsprechen den schon vorher verwendeten; c ist ein Proportionalitätsfaktor. Durch Integration von Gl. (28) erhält man:

$$n = n_0\,.\,\mathrm{e}^{-\frac{\bar{\bar{\mathrm{v}}}\,.\,c\,.\,t}{2\mathrm{h}}}. \qquad \text{(IV, 28 a)}$$

n_0 ist die zur Zeit $t = 0$, d. h. zur Zeit des Erlöschens vorhandene Trägerdichte.

Die thermische Geschwindigkeit $\bar{\mathrm{v}}$ im Anodenraum muß man in der Sperrphase entsprechend einer Temperatur nicht weit über jener der Begrenzungsflächen annehmen, da die während des Entladungsvorganges hohe Temperatur des Plasmas praktisch gleichzeitig (IV, 3, 3) mit der Entladung beendet ist. Unter dieser Voraussetzung ist das Kennlinienbild (Abb. 100) gezeichnet, das die Abregung für verschieden hohe Dampf- bzw. Ionentemperaturen und verschiedene Weiten des Anodenraumes angibt[14]. Da der Anodenstrom selbst nicht sprunghaft verschwindet, sondern im allgemeinen während der Überlappung allmählich auf Null fällt, ist die Ionisation zu Beginn der Sperrphase etwas niedriger als der Höchstwert während der Brennphase. Je nachdem, von welchem Augenblick an der Stromrückgang rascher erfolgt als das Abregen, setzt die Abregung während der Überlappungsperiode früher oder später ein; sie bestimmt von diesem Augenblick an den weiteren Verlauf der Trägerdichte.

Die Anwesenheit eines elektrischen Feldes zwischen Anode und Anodenraumbegrenzung bewirkt eine teilweise Verlagerung des einfachen Diffusionsvorganges durch einen Konvektionsstrom, der jetzt, im Gegensatz zur Arbeitsphase, weitgehend aus

[14] Da ein Wiedervereinigungs-Koeffizient $c < 1$ die Abregung langsamer macht als bei 100 % Wiedervereinigung, wurde hier zur Berücksichtigung der früher erwähnten diesbezüglichen Unsicherheit nur mit 50 % Wiedervereinigung gerechnet.

Ionen besteht. Die unter solchen Bedingungen auftretenden, recht komplexen Zusammenhänge sind Gegenstand mehrfacher theoretischer Untersuchungen gewesen [98]; die Ausweitung der das Sperrpotential aufnehmenden Raumladungsschicht vor der Anode mit zunehmender Abregung läßt sich so z. B. anschaulich darstellen. Allerdings macht die dabei notwendige Einführung einer mittleren Träger-Lebensdauer solche Überlegungen von bestimmten geometrischen Anordnungen und Dimensionen abhängig und ist daher für die Aufstellung allgemein verwendbarer Beziehungen weniger geeignet; aus diesem Grunde ist hier von einer Einbeziehung der kaum als allgemeiner Plasmakennwert anzusehenden Träger-Lebensdauer abgesehen worden. Überdies haben einige auf dieser Basis für spezielle Fälle durchgerechnete Zahlenbeispiele gezeigt, daß erst bei hohen Spannungen — Größenordnung 10000 Volt — merkbare Beeinflussungen der Entionisierung durch das Anodenraumpotential zu erwarten wären, wohingegen in der Praxis schon bei viel niedrigeren negativen Spannungen im Anodenraum Erscheinungen auftreten, die auf eine grundsätzliche Änderung der Ionisierungsverhältnisse hinweisen. (Vgl. Abschn. 4, 4, dieses Kapitels.)

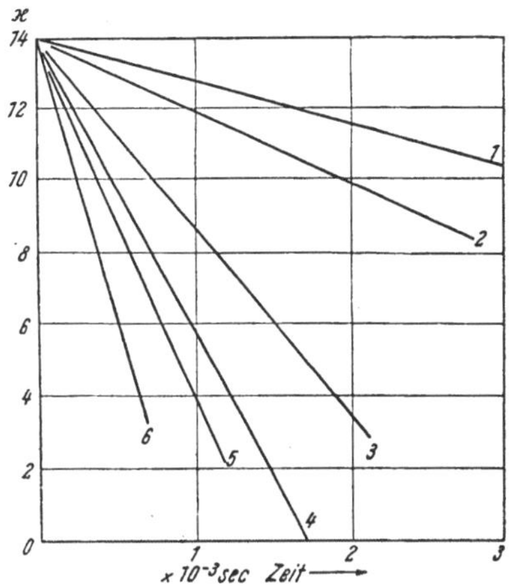

Abb. 100. Abregung der Rest-Ionisation (Wandrekombination) in einem ebenen Anodenraum (Weite h) für verschiedene Dampf-(Ionen)Temperaturen T.

Kennlinie	1	2	3	4	5	6
Anodenraumweite	10	10	2,5	2,5	1,25	1,25 cm
T^0	773	1773	773	1773	773	1773^0

IV, 4, 2, 2. Diffusion.

Schottky und Issendorff haben schon sehr frühzeitig durch ihre Arbeiten [3] auf Ladungstransporte durch Diffusionsvorgänge in Entladungsapparaten aufmerksam gemacht. Trotz des langen, inzwischen verstrichenen Zeitraumes sind diese wertvollen Vorstellungen zur näheren Erfassung der Erscheinungen in Stromrichter-Gefäßen wenig beachtet und verwendet worden.

Abb. 101 stellt zur Veranschaulichung der Trägerdiffusion aus der Erregung sehr schematisiert einen Querschnitt durch ein Groß-Stromrichter-Gefäß dar. In der Achse des Gefäßes befindet sich die Erregeranode, die eine dauernde Entladung zur Kathode führt. Aus deren Säule diffundieren nun die Ladungsträger — durch Pfeile symbolisiert — durch den ganzen offenen Raum bis zu den Wänden, wo sie normal rekombinieren. Jede Stelle des Gefäßes erhält so die durch den Diffusionsprozeß bedingte Ionisation n, also n Trägerpaare/cm³, die auch einen entsprechenden Anteil Metastabile enthält. Um abzuschätzen, welche Ionisation die Erregung an einem bestimmten Punkt eines Gefäßes zu liefern imstande ist, kann man nach dem Schema von Abb. 101 vorgehen. Die zentral gelegene Erregersäule mit etwa 2 bis 3 cm ∅ stellt bei einem Erregerstrom von acht Amp. ein im Verhältnis zu den Gefäßabmessungen praktisch linienförmiges, hochionisiertes Gebiet mit $n_0 \sim 2 \cdot 10^{12}$ dar, von dem aus die Träger in den Raum diffundieren. In der Höhe des zylindrischen Teiles wird die Träger-Dichteabnahme linear radial nach außen erfolgen, nach oben aber wird sie kugelförmig, d. h. quadratisch mit der Entfernung abnehmen, so daß die Dichte n an einem dem Erregerbogen nicht zu weit entfernten Punkt P mit dem Abstand r die Bedingung erfüllen wird:

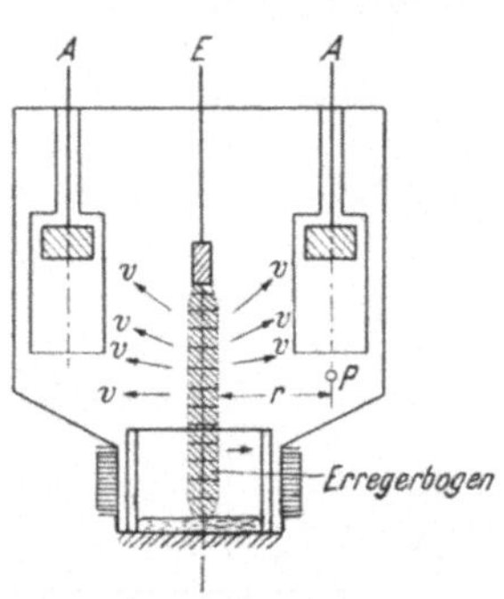

Abb. 101. Schema der Ausbreitung der Ionisation der Erregersäule innerhalb eines Hg-Dampf-Stromrichter-Gefäßes.

Die Ionisation vor der Anodenraummündung (Aufpunkt P) ist sowohl für das Zünden als für die Sperrfestigkeit von Bedeutung. (Die Erregersäule ist unnatürlich ausgedehnt gezeichnet, in praxi ist die Erregeranode nur wenige cm über der Hg-Oberfläche angeordnet, so daß die Ausbreitung mehr einer Kugelverteilung als der hier angedeuteten Zylinderverteilung entspricht. Die Pfeile symbolisieren die Diffusion der Ionisation aus der Erregersäule.

$$\frac{n_0}{r} > n > \frac{n_0}{R^2}. \qquad \text{(IV, 29)}$$

Bei praktischen Ausführungen liegen die Erregeranoden häufig seitlich an den Wänden und nicht über der Mitte der Kathode; bei Wechselstrom-Erregung wandert daher der Erregerbogen von einer Erregeranode zur anderen. Es sind des öfteren auch Ausführungen zu treffen, bei denen die Erregeranoden nicht symmetrisch zur Gefäßachse verteilt, sondern auf einen bestimmten Teil des Gefäßes beschränkt sind. Diese Faktoren ergeben Störungen in der gleichmäßigen Verteilung der Ionisation und rufen ebenso zeitliche Schwankungen im Takt der Wechselstromfrequenz hervor. Doch ändern diese Einzelheiten nichts an dem grundsätzlichen Bild der Trägerdiffusion aus der Erregung. Das Gleiche gilt grundsätzlich auch für die von den Haupt-Anoden herrührenden Entladungen, nur daß man hier sogar mit einer um etwa eine Zehnerpotenz höheren Ausgangsionisation zu rechnen hat.

Jeder brennende Lichtbogen läßt daher Ladungsträger nach allen Wandteilen des Gefäßes gelangen. Bei den komplizierten Formen der Stromrichter-Gefäße ist man leicht geneigt, im Hinblick auf die ausgedehnten Kondensationsflächen die kleinen **Anodenraummündungen** zu übersehen; doch stellen gerade diese die besonders wichtige Eintrittspforte für die aus dem Dampfraum während der Sperrphase in den Anodenraum eindiffundierenden Ladungsträger vor. Es ist somit jeder Anodenraum (vgl. Abb. 102) als ein Rohrsystem anzusehen, welches an einem Ende eine Trägerquelle bestimmter Konzentration aufweist. Die Ionisation an der Anodenstirnfläche wird somit die Differenz aus der an der Anodenraum-Mündung herrschenden Ionisation abzüglich der in der Zuleitung zur Anode an den Wänden erfolgenden Rekombination entsprechen. Dieser Ionisationsabbau wird durch die in Kap. II abgeleitete Gl. (II, 38) beschrieben.

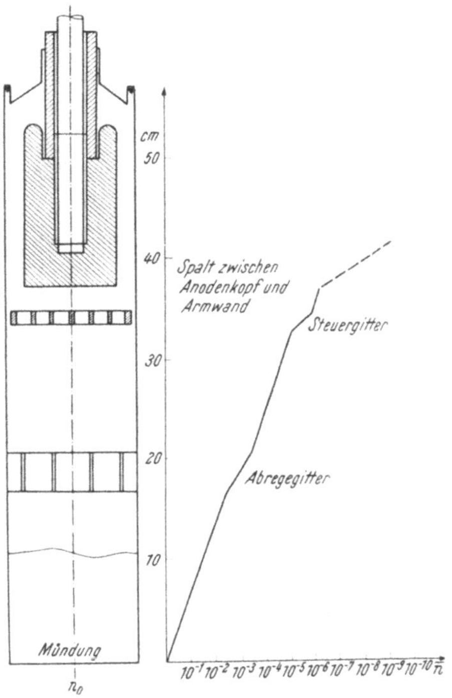

Abb. 102. Verlauf der Ionisation n im stromlosen Stromrichterarm als Folge von Diffusion durch Anodenarmmündung.

Die Trägerverteilung in den einzelnen Querschnitten entspricht danach — abgesehen von der Mündungsstelle — der Trägerverteilung bei brennendem Lichtbogen; im entladungsfreien, zylindrischen Anodenraum ist sie somit gegeben durch:

$$n = \overline{n}_0 \cdot e^{-\frac{2,4\,z}{R}}. \qquad \text{(II, 38)}$$

z . . . die Entfernung des betrachteten Punktes von der Eintrittsstelle,

R . . . Radius der (zylindrischen) Begrenzungswand.

Diese Gleichung erweist sich als hervorragend geeignet für technische Betrachtungen und Berechnung der Diffusions-Ionisierung des Anodenraums in der Sperrphase. Für Abschätzungen eignet sich die Gedächtnisregel, daß die Diffusions-Ionisierung um so viel Zehnerpotenzen zurückgeht, als die ins Auge gefaßte Stelle Vielfache des Radius von der Ausgangsstelle entfernt ist. Bei Berechnungen der durch Diffusion in den Anodenraum gelangenden Vorionisation geht man genau so wie bei den folgenden Fällen der Ionisations-Einschleppungen von der Größe der Ionisation an der Mündung des Anodenraumes in den Dampfraum aus. Die Ionisation dort ist, wie früher bereits ausgeführt, durch die aus der Erregung bzw. der Entladungssäule anderer Anoden einlangende Ionisation bestimmt.

Das Diagramm auf der rechten Seite von Abb. 102 zeigt den Einfluß der axialen Erstreckung eines Anodenraumes auf die Diffusion der Ionisation während der Sperrphase. Man kann daraus deutlich die verstärkte Abregung von Querschnittsverengungen durch Gitter usw. erkennen. Auf diese Weise ist man in der Lage, den Diffusionsanteil der Ionisation zumindest größenordnungsmäßig vor der Anode festzulegen.

IV, 4, 2, 3. Einschleppung.

Mit diesem Namen sollen die durch Strömungs- und Konvektionsvorgänge aus dem Dampfraum oder dem Kathodengebiet in den Anodenraum gebrachten Ladungsträger bezeichnet werden. Die Möglichkeit, daß Ionen durch Dampfströmungen von einem Teil des Entladungsapparates in einen anderen transportiert werden, wurde ebenfalls 1924 von Schottky und Issendorff im Zusammenhang mit den Diffusionsuntersuchungen erwähnt.

Im Jahre 1928 gelang es dem Verfasser, Einschleppungsvorgänge bei größeren Glas-Stromrichter-Gefäßen unmittelbar zu beobachten. Untersucht wurde ein Mehrphasen-Glasgleichrichter von der Größe, die damals eine Höchstleistung von 350 Amp. bei 440 Volt zuließ. Es war beabsichtigt, durch Verstärkung der Kühlung die Leistungsfähigkeit zu steigern. Die gewünschte Verbesserung ließ sich jedoch trotz bedeutender Erhöhung der Lüfterleistung zuerst nicht erzielen. Als aber nach starker Belastung des Gefäßes die Hauptanoden plötzlich abgeschaltet wurden, zeigte es sich, daß das bekannte, über der Kathode auftretende, rot leuchtende, gebündelte Gebiet noch mehrere Sekunden bestehen blieb und im Gegensatz zu dem gewohnten Verlauf nicht von der Kathode aufwärts in den Dom gerichtet war[15], sondern sich in der Höhe der Anodenarm-Mündung lotrecht abwinkelte und bald in den einen und bald in den andern Arm hineindrängte. Die beobachtete Er-

---

[15] Dieses Phänomen, gelegentlich Kathodenflamme genannt, dürfte in enger Verwandtschaft zu der J. Starkschen Abzweigerscheinung (vgl. Abb. 12) stehen. Jedoch bedarf das zeitlich durch mehrere Sekunden nach dem Abschalten des Hauptstromes beobachtete Auftreten aber noch weiterer Aufklärung.

scheinung wurde als ein mechanischer Konvektionsvorgang einer Ionisation, hervorgerufen durch Dampfströmung zu dem in einem sehr starken Luftstrom befindlichen Anodensystem, gedeutet. Wenn man die Kathodenflamme als rekombinations-leuchtendes Gebiet intensiver Ionisation ansieht, dann veranschaulicht das Umbiegen in die einzelnen Arme deutlich den Verlauf einer starken Kondensationsströmung in die Arme. Es war daraufhin ein selbstverständlicher Schritt, durch eine schärfere Bündelung der Luftströmung den Dom im Verhältnis zu den Armen stärker zu kühlen. Eine Wiederholung der Abschaltung unter solchen Kühlbedingungen ergab, wie erwartet, nunmehr ein vertikales Hochsteigen der Kathodenflamme in den Dom; dabei konnte nun die Strombelastung ohne Rückzündungsgefahr um über 50 % hinaufgesetzt werden. Diese Beobachtungen waren der Ausgangspunkt zu beträchtlichen Leistungssteigerungen der Glasgleichrichter im allgemeinen durch eine in bezug auf die einzelnen Gefäßteile verschieden stark bemessene Kühlung [99].

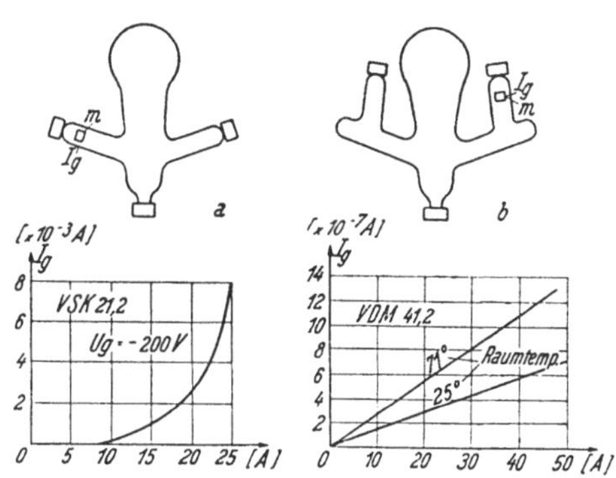

Abb. 103. Eindringen von Ionisation in die Anodenräume von Glas-Stromrichter-Gefäßen in Abhängigkeit von Kathodenbelastung A, Armform und Raumtemperatur. (Kathodenbelastung durch Gleichstrom bloß in dem Arm ohne Meßelektrode.)

Es sind verschiedene Momente, die Einschleppungen in die Anodenräume verursachen können. Die Dampfeinströmungen, um die es sich dabei handelt, haben in den verschiedenen, sich im Gefäß abspielenden thermischen Vorgängen und den sich dabei ergebenden Temperaturunterschieden ihre Ursache und treten teils getrennt, teils gleichzeitig auf. Es handelt sich um:

α) temperaturbedingte Kondensations-Strömungen,

β) periodisch oder gelegentlich in den Anodenraum einmündende Dampfstrahlen aus der Kathode,

γ) durch das Atmen der Anodenräume periodisch auftretende Ein- und Ausströmungen,

δ) Einblasungen aus anderen Anodenräumen.

Zur Schaffung von zahlenmäßigen Anhaltspunkten über die Quantitäten der Trägereinschleppungen wurden im Siemens-Röhrenwerk Messungen an Glasgleichrichter-Gefäßen (s. Abb. 103), die zu diesem Behufe mit besonderen Meßelektroden im Anodenraum ausgestattet waren, durchgeführt. Die Ionisation im Anodenraum wurde bei nichtbrennender Hauptanode durch direkte Messung des Ionenstroms zu einer Hilfselektrode unmittelbar vor der Anode bestimmt. Der Kathodenraum selbst wurde durch Entladungen verschiedener Stromstärke beansprucht und die Raumtemperatur von außen variiert. Die beiden Diagramme von Abb. 103 zeigen den Einfluß der Belastung und der Raumtemperatur auf die Anodenraum-Ionisation. Bemerkenswert ist der Rückgang der Einschleppung um nahezu vier Zehnerpotenzen als bloße Folge des geknickten, verlängerten Anodenarms am Kolben VDM gegenüber dem Niederspannungskolben VSK mit kurzen, geraden Armen. Die Ausschaltung der Restionisation ist durch Untersuchung stromloser Anodenarme leicht möglich. Einschleppung und Diffusion sind meßtechnisch aber wesentlich schwerer zu trennen. Überlegungsgemäß jedoch sind die Einschleppungskomponenten und die sie veranlassenden Faktoren leicht auseinanderzuhalten, wie im folgenden gezeigt wird.

IV, 4, 2, 3, α. Kondensationsströmungen zwischen verschieden warmen Gebieten. In jedem gas- oder dampfgefüllten Behälter, der an einzelnen Stellen verschiedene Temperaturen aufweist, treten Strömungen auf, die einen Massetransport von den wärmeren zu den kälteren Gebieten bewirken. Handelt es sich im besonderen um einen dampfgefüllten Behälter, der irgendwo ein Quantum Flüssigkeit enthält, so wird zu allen anderen Stellen der Behälterwand, deren Temperatur tiefer liegt als die Oberflächentemperatur des Flüssigkeitsspiegels, eine dauernde Dampfzuströmung erfolgen. An den kälteren Stellen wird Kondensation eintreten. Ist die Möglichkeit eines Rückflusses zu der Flüssigkeitsreserve vorhanden, dann setzt sogar ein Kreislauf ein, der so lange vor sich gehen wird, als der Temperaturunterschied bestehen bleibt. Dementsprechende Beobachtungen lassen sich in Lagerräumen von Glasgleichrichter-Gefäßen unmittelbar machen. Bei großen Gefäßen befindet sich nämlich häufig ein Wandteil oder Arm in einem kälteren Gebiet als die Kathode.

Nach einer Lagerung von einigen Tagen ist dieser Teil mehr oder weniger kräftig mit feinen Hg-Tröpfchen beschlagen, die sich gelegentlich zu größeren Tropfen zusammenballen, dann abfließen und Ablaufspuren hinterlassen.

Bei Vorhandensein mehrerer Gebiete mit verschiedenen Temperaturstufen werden mehrere parallele, aber in ihrer Intensität verschieden starke Kondensations-Strömungen auftreten. Bei Stromrichter-Gefäßen ist der bevorzugte Ausgangspunkt für alle Kondensationsströmungen der Kathodenraum. Das Vorhandensein ausgeprägter kalter Gebiete, wie z. B. der besonders gekühlten Kondensationsflächen des Domes oder der Innenkühler, gibt zwar eine mengenmäßig bevorzugte Strömung in dieser Richtung, schaltet aber Strömung zu anderen, wärmeren Punkten keineswegs aus, solange dieselben unter der Dampf-Sättigungstemperatur im

Kathodenraum liegen; lediglich die Menge des Zuströmens dahin ist geringer als zu den kälteren Teilen. Die Geschwindigkeit der Strömung läßt sich aus dem Druckunterschied, dem engsten Querschnitt und der Zähigkeitskonstante des Dampfes mit Hilfe des Poiseuilleschen Gesetzes abschätzen [23a].

Demnach beträgt die durch ein zylindrisches Rohr als Folge eines Druckgefälles fließende Gasmenge

$$Q = \frac{R^4 \Delta p}{8 \eta L} \text{ cm}^3/\text{sec.} \qquad \text{(IV, 30)}$$

Darin bedeutet:

2 R . . . Rohrinnendurchmesser (cm),
Δ p . . . Druckunterschied an Rohrenden (dyn/cm^2),
L . . . Rohrlänge (cm),
η . . . Zähigkeitskonstante; wird für Hg-Dampf in einem weiten Druckbereich durch $\eta = T \cdot 10^{-6}$ dyn/cm^2 bestimmt.

Die Strömungsgeschwindigkeit v selber beträgt:

$$v = \frac{Q}{f} = \frac{R^2 \Delta p}{8 \eta \pi L} \text{ cm/sec.} \qquad \text{(IV, 31)}$$

Zwei Zahlenbeispiele sollen den weiten Bereich der unter verschiedenen Verhältnissen solcher in dem Anodenraum zu erwartenden Kondensations-Strömungsgeschwindigkeiten veranschaulichen:

a) Anodenkopf eines Eisenstromrichters mit Steuergitter zu Beginn des Anfahrens 40^0, mittlere Sättigungstemperatur an Anodenarmmündung $\bar{t}_{am} = 66^0$; treibender Druckunterschied $\Delta p = 4 \cdot 10^{-2} - 6 \cdot 10^{-3} = 34 \cdot 10^{-3}$ mm Hg; Lochdurchmesser des Gitters (dies kommt als Strömungswiderstand in Frage, da R mit vierter Potenz eingeht) 2 R = 2 cm, Gitterlänge L = 1,5 cm (T = 339^0). Daraus ergibt sich v = 340 cm/sec für eine stetige Einströmung durch das Gitter, solange der Kopf noch kalt ist,

b) Störung durch einen an der Anodenarmmündung vorbeigerichteten Dampfstrahl mit 150^0 Sättigungstemperatur, von dem ein Teil in die Anodenhülse eingetreten und bis zur Anodenstirnfläche vorgedrungen ist: Anodenkopf bereits warm, aber Hinterraumwand noch kalt $\sim 40^0$ angenommen; Druckunterschied $\Delta p = 2{,}8 - 4 \cdot 10^{-2} = 2{,}76$ mm Hg; Spaltbreite 3,5 cm zwischen Kopf und Hülse entspricht ca. R = 2 cm, Spaltlänge L = 30 cm. Resultierende Geschwindigkeit zwischen Anodenstirn und Hinterraum $v = 5 \cdot 10^4$ cm/sec.

Diese Kondensationsströmungen verlaufen teilweise nicht unwesentlich langsamer als die Dampfstrahlen. Es ist daher die Delonisierung im Verlauf der Strömung nicht zu vernachlässigen.

Schottky hat für die Abregung eines in einem zylindrischen Rohr strömenden Plasmas folgenden Ausdruck abgeleitet:

$$n = n_0 \cdot J_0\left(\frac{r}{2{,}4\,R}\right) \cdot e^{-\beta z}, \qquad \text{(IV, 32)}$$

wobei

$$\beta = \frac{v}{2 D_a}\left\{\sqrt{1 + \frac{4 \,.\, 2{,}4^2 \,.\, D_a^2}{R^2 \,.\, v^2}} - 1\right\}. \qquad \text{(IV, 33)}$$

Der Aufbau von Gl. (IV,32) entspricht weitgehend Gl. (II,38); neu hinzugekommen ist β, welches v, die axiale Strömungsgeschwindigkeit im Rohrsystem, berücksichtigt. Gl. (IV, 33) gibt nur merkliche Abweichungen von der Diffusion eines ruhenden Plasmas, wenn v größenordnungsmäßig vergleichbar mit dem Diffusionskoeffizienten D_a wird.

Man hat es in der Hand, durch konstruktive Maßnahmen Kondensationsströmungen und damit verbundene Einschleppungen von den Anodenräumen fernzuhalten, indem man die Temperatur des Anodenraumes entsprechend hochhält.

Seit langem ist es bekannt, daß warme Anoden sicherer sind als kalte, und zu diesem Zweck werden die Anodenköpfe so dimensioniert, daß sie durch die betriebsmäßig anfallenden Verluste auf schwache Rotglut aufgeheizt werden. Bei unzureichender Selbstaufheizung der Anoden, z. B. bei intermittierender Belastung und speziell beim Anfahren, ist es aber offensichtlich, daß Verhältnisse vorliegen, die von einer stationären Dauerbelastung stark abweichen. Eine diesbezügliche Untersuchung der Temperatur und des Temperaturspiels im Anodenraum zeigt Kondensationsströmungen als Ursache des unter solchen Betriebsbedingungen beobachteten ungewöhnlichen Verhaltens von Hg-Dampf-Entladungsventilen.

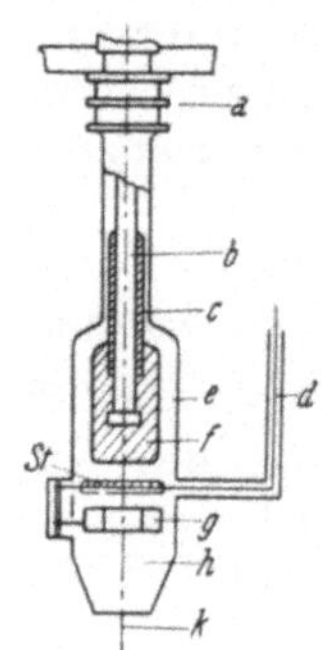

Abb. 104. Großgleichrichter-Anode — schematischer Aufbau. a ... Anodenisolator; b ... Anodenbolzen; c ... Graphitrohr; d ... Steuergitterzuleitung; e ... Anodenhinterraum; f ... Anodenkopf; g ... Abregegitter; h ... Anodenhülse; k ... Anodenraummündung.

Der Betrachtung zugrunde gelegt werden soll ein Großstromrichter-Anodensystem, wie es schematisch in Abb. 104 gezeigt ist. Der Graphitblock ist allseits in geringem Abstand von einem Anodenschutzrohr umgeben; die Stromzuführung erfolgt von rückwärts vermittels eines Zuführungsbolzens, dem ebenfalls — in geringem Abstand — der eingeengte obere Teil des Anodenschutzrohres folgt. Die isolierte, kraftschlüssige Verbindung mit dem Gefäßbehälter erfolgt an der Stelle der Durchführung des Bolzens durch die Deckelplatte. So entsteht ein von der Anodenstirnfläche sich nach rückwärts erstreckender, spaltartiger Ringraum, der als **Anodenhinterraum** bezeichnet wird. Die Temperaturverhältnisse des Anodenhinterraumes können durch die Angabe des Temperaturverlaufes an den beiden Enden und in der Mitte ausreichend festgelegt werden.

In Abb. 105 ist der zeitliche Temperaturverlauf dieser drei Punkte für eine 5000-Amp.-Großgleichrichter-Anode angegeben, wie er nach plötzlichem Einschalten von Vollast gemessen wurde. Die Dampftemperatur III steigt viel rascher an als die Temperatur der Begrenzungsflächen des Anodenraumes, die Anodenstirnfläche ausgenommen. Dadurch besteht längere Zeit hindurch — bis T_u — ein die Einströmung begünstigendes Temperaturgefälle. Der Anodenhinterraum wärmt sich nur allmählich auf; nach etwa $1^1/_2$ Stunden ist der mittlere Teil auf einen der Dampfsättigungstemperatur entsprechenden Wert gelangt; erst nach weiteren $1^1/_2$ Stunden ist auch der rückwärtigste Punkt des Anodenhinterraumes bis zu dieser kritischen Temperatur erwärmt worden. Somit sind vom Zeitpunkt des Einschaltens an durch etwa drei Stunden Einströmungen in das Anodengebiet zu erwarten. Nach diesem Zeitpunkt aber kehrt sich das Temperaturgefälle um, so daß sämtliches im Anodenraum kondensiertes Quecksilber wieder verdampft und eine Strömung in umgekehrtem Sinne ergibt. Das im Hinterraum kondensierte Quecksilber kann überdies beim Abfließen zu wärmeren Teilen des Anodensystems gelangen und durch plötzliches Verdampfen dort lokale Druckerhöhungen bewirken, die mit einer Minderung der Spannungsfestigkeit verbunden sind.

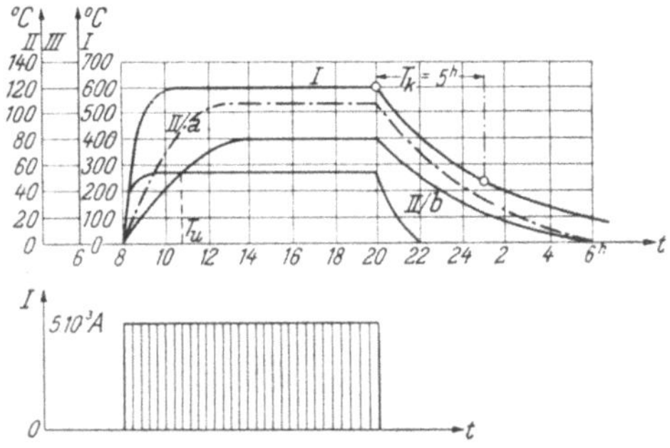

Abb. 105. Temperaturspiel einer Großgleichrichter-Anode (Lastperiode 12 Stunden Voll-Last, 12 Stunden Stillstand).

I . . . Temperatur der Anodenstirn; IIa . . . Temperatur der Anodenseitenfläche in mittlerer Höhe; IIb . . . Temperatur des entferntesten (kühlsten) Punktes des Anodenhinterraumes; III . . . Sättigungstemperatur entsprechend der mittleren Dampfdichte des Anodenraumes. (Vgl. Anodenquerschnitt Abb. 104.)

Einströmungen zufolge des beschriebenen Temperaturverhaltens und die sekundär dadurch hervorgerufenen lokalen Druckerhöhungen sind der Anlaß zu den sogenannten **Anfahrrückzündungen**. Dies sind jene Rückzündungen, die beim Anfahren kalter Gefäße nicht selten in den ersten Stunden nach Inbetriebsetzung auftreten, wobei die Gefäße bei den gleichen Belastungen im stationären Betrieb durchaus rückzündungssicher sind. Die beschriebenen Schwierigkeiten treten bei größeren Anoden viel stärker in Erscheinung als bei kleineren. Einerseits sind im ersteren Fall wesentlich ausgedehntere Anodenhinterräume vorhanden, anderseits bewirken die bei größeren Anoden stärker als linear zunehmenden Massen des Kopfes eine rasche Vergrößerung des Intervalls, in welchem Einströmung zufolge des negativen Temperaturgefälles möglich ist. Man ist daher besonders bei größeren Anoden häufig darauf angewiesen, zusätzliche künstliche Heizungen des Anodenhinterraumes vorzunehmen, um auch beim Anfahren volle Betriebssicherheit zu gewährleisten. Die ersten Erfolge mit zusätzlichen Anodenheizungen sind [6 a] in den USA. erzielt worden, wo die Rückzündungen eines stark intermittierend belasteten Bahngleichrichters durch nachträgliche Anodenhinterraumheizung praktisch eliminiert wurden. Der Ausgestaltung der Anodenhinterräume ist seit jeher besondere Sorgfalt zugewendet worden. Es gibt verschiedene Möglichkeiten, durch besondere Anoden-Isolatoren den Hinterraum zu verkleinern und damit die Einströmungstendenz zu verringern. Man erkauft aber diesen Vorteil mit einem gewissen Risiko, da jede Berührung von Keramik mit dem heißen Anodenkopf Stellen geringerer Spannungsfestigkeit schaffen kann und überdies die Bildung leitender Beläge am Isolator begünstigt.

IV, 4, 2, 3, β. Gelegentliches Eintreten von Dampfstrahlen ins Anodengebiet. Die bei der Beschreibung der Vorgänge an der Kathode erwähnten Dampfstrahlen hoher Geschwindigkeit nach Abb. 33 und Abb. 53 reißen aus dem hochionisierten Gebiet nahe der Kathode reichlich Ladungsträger mit sich. Die Dampfstrahlen zerschellen teils an den das Gefäß begrenzenden Wänden, teils werden sie dort zurückgeworfen. Unter Umständen können diese Dampfstrahlen oder Teile derselben in die Mündungen der Anodenräume eintreten; dann ergibt sich zwangsläufig eine plötzliche starke Trägerüberschwemmung. Die alte Bauregel, daß die Anodenköpfe nicht direkt von der Kathodenfläche gesehen werden dürfen, findet auf diese Weise eine sinnfällige Erklärung. Die praktische Ausführung folgte in der Weise, daß teilweise Knicke im Lichtbogenpfad, teilweise verschiedenartige Blenden vorgesehen wurden. Vor allem aber ist die Lage der Anodenraummündung selbst von besonderer Bedeutung. So ist z. B. bei frei in den Dampfraum hängenden Anodenschutzrohren von Großgleichrichtern zylindrischer Bauart eine tiefer gelegte, schräg nach außen abgeschnittene Mündung nach (Abb. 106, links), günstiger als eine gerade, hochgesetzte Mün-

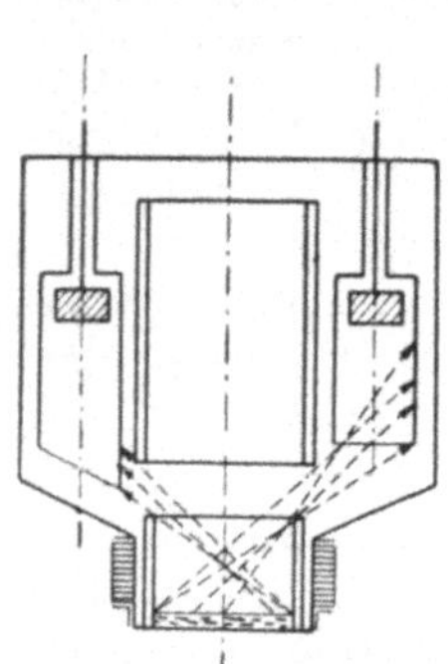

Abb. 106. Einschleppungsausgesetzte (rechts) und einschleppungsgeschützte (links) Anodenraummündung (schematisch).

dung (Abb. 106, rechts), weil letztere seitlich gerichtete Dampfstrahlen auffängt und in den Anodenraum leitet. Im Hinblick auf die großen Strömungsgeschwindigkeiten der Dampfstrahlen wird man die Ionisation der fraglichen Dampfstrahlen in ihrer ganzen Länge ungefähr gleich der Ionisation im Quellgebiet unmittelbar über der Kathode annehmen müssen.

IV, 4, 2, 3, γ. Atmen der Anodenräume. Der periodische Wechsel von Brenn- und Sperrphase jeder einzelnen Anode ergibt eine dauernde Erhitzung und Abkühlung des Dampfinhaltes des Anodenraumes. A. Siemens hat diese Verhältnisse eingehend erörtert und die diesbezüglichen Vorgänge als thermischen Kreisprozeß berechnet [91]. In Abb. 107 zeigt das obere Diagramm mit dem strichpunktierten Linienzug 1, 2, 3, 4 den prinzipiellen Verlauf eines solchen Kreisprozesses, berechnet unter der vereinfachenden Annahme, daß zuerst die Erhitzung bei konstantem Volumen, dann eine adiabatische Expansion 2, 3, darauf eine Drucksenkung bei konstantem Volumen 3, 4 und schließlich Abkühlung mit Volumsverkleinerung 4, 1 und Einströmung bis zum Ausgangspunkt erfolgt. Der tatsächliche Verlauf des Kreisprozesses wird aber einigermaßen abgeschliffen werden, da die praktischen Ausführungen der Anodenräume der Hg-Dampfstromrichter an ihrer Mündung nicht Ventile, sondern nur Gitter besitzen, welche beim Einsetzen von Über- bzw. Unterdrucken das Aus- bzw. Einströmen — allerdings mit einer gewissen Drosselung —, aber unverzögert eintreten lassen. A. Siemens nahm daher eine Form des Kreisprozesses an, wie er etwa durch den dünnen Linienzug 1, a, 3, b angegeben wird. Die damit verbundenen Strömungen werden je nach der Höhe der anfallenden Verluste und je nach dem Wärmeinhalt des Dampfes mehr oder weniger rasch vor sich gehen. Ist viel Dampf im Anodenraum enthalten, so wird die Erwärmung langsamer erfolgen als bei geringer Dampfdichte. Der Wärmeinhalt des Dampfes muß somit eine von Fall zu Fall abweichende Phasenverschiebung des Kreisprozesses gegenüber dem Stromfluß aufweisen, wie er in Kurve C von Abb. 107 angedeutet ist.

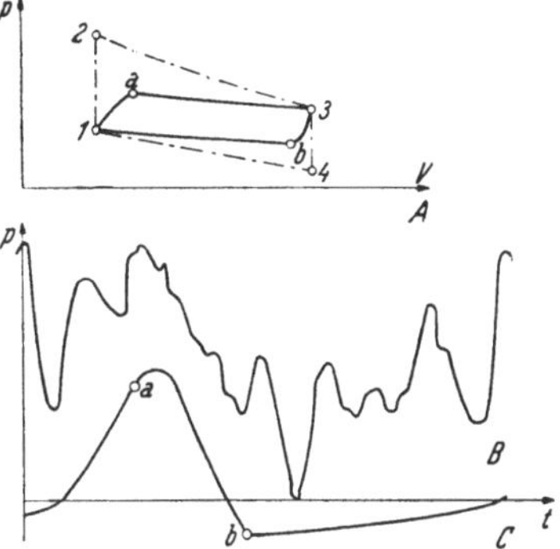

Abb. 107. Atmen des Anodenraumes, durch die einzelnen Strom-Impulse hervorgerufen.

A ... Darstellung durch Kreisprozeß (nach A. Siemens); B ... Indikation einer mechanischen Druckmeßdose (angeschlossen an Anodenraum), Siemens-Stromrichterwerk, 1940; C ... Mitteläquivalent zu B; p ... Dampfdruck.

Obwohl zufolge der hohen Temperatur des Anodenraumes und der geringen, im Anodenraum arbeitenden Massen eine direkte Messung des Druckverlaufes anfänglich undurchführbar erschienen war, gelang es doch später, mit Hilfe einer hochwärmefesten, außerordentlich empfindlichen Druckmeßdose die Druckschwankungen unmittelbar aufzuzeichnen. Die Untersuchungen wurden an einem großen, mehrphasigen Stromrichter-Gefäß für 5000 Amp. Nennstrom der Bojenbauform durchgeführt. Die für diese Untersuchung verwendete Anordnung unterschied sich von der in Abb. 97 gezeigten lediglich dadurch, daß die zylindrischen Anodenrohre nicht in den Dampfraum hineingeführt wurden, sondern an der Begrenzungswand aufhörten, so daß besonders große Mündungsöffnungen zustande kamen. Die Kurve B von Abb. 107 zeigt eines der mit der in der Mitte des Anodenrohres angebrachten Druckmeßdose aufgenommenen Diagramme bei 6000 Amp. Gefäßbelastung. Dieses Diagramm bestätigt den erwarteten Verlauf des Druckes mit steilem Anstieg und Abfall am Beginn und Ende der Stromführungsperiode und anschließendem allmählichem Ausgleich. Über diesen erwarteten Druckverlauf sind aber recht beträchtliche, kurzzeitige Druckschwankungen überlagert, die als Rückwirkung der anderen Anoden zufolge der weiten Mündung angesehen werden können. Ein anderes Verfahren zur quantitativen Verfolgung des Kreisprozesses beim Atmen wurde in den B.B.C.-Mitteilungen beschrieben [100], wobei Sondenmessungen zur Ermittlung des Dampfzustandes herangezogen werden. Abb. 108 zeigt einen nach diesem Bericht rekonstruierten Strömungs-Geschwindigkeitsverlauf. Im Hinblick auf die in diesem zweiten Fall viel geringeren Dampfdichten geht hier das Ein- und Ausströmen viel rascher vor sich, während in den Zwischenzeiten viel schwächere Strömungen vorliegen. Der Energieanfall der Brennzeit wird dabei im wesentlichen in Strahlung und Wärmeleitung und nur zum geringen Teil in Ausdehnungsarbeit umgesetzt.

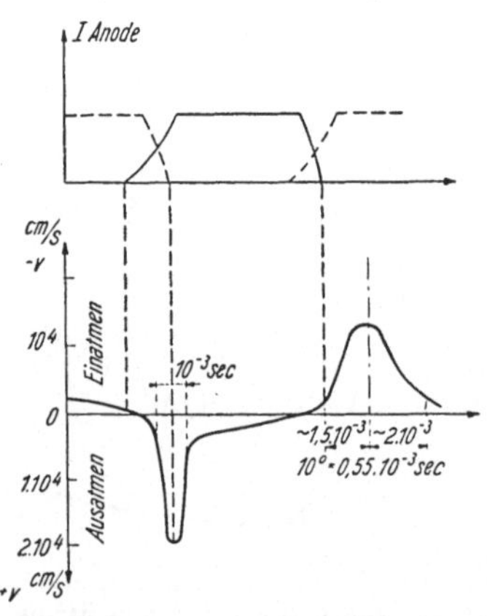

Abb. 108. Kreisprozeß des Anodenraumes rekonstruiert nach Sondenmessungen. Betrieb mit niederer Dampfdichte und explosionsartigem Ein- und Ausströmen.

IV, 4, 2, 3, δ. Einblasen aus anderen Anodenräumen. Das Atmen der einzelnen Anodenräume ist nach dem Vorstehenden mit einem mehr oder weniger kräftigen Einströmen bzw. Ausblasen eines Teils des Inhaltes des Anodenraumes verbunden. Daher tritt beim Ausatmen aus der Mündung ein kurzer, kräftiger

Dampfstrahl in den Dampfraum ein, der unter Umständen direkt oder auch nach einer Reflexion in einen anderen Anodenraum eintreten kann. Die zeitliche Phasenverschiebung des Arbeitens der einzelnen Anoden bringt es bei mehrphasigen Gefäßen mit sich, daß, über die ganze Periode verteilt, in bestimmten Abständen solche stoßartige Strömungen auftreten, die den in der Sperrphase befindlichen Anoden nachteilig werden können. Es handelt sich hier um eine Erscheinung, deren Wirkung jener der gerichteten, von der Kathode ausgehenden Dampfstrahlen ähnlich ist und deren Einfluß durch die konstruktive Formgebung des Gefäßes in ähnlicher Weise zu unterdrücken ist.

Nach diesen Ausführungen kann man zumindest auf eine Zehnerpotenz genau den Ionisationsgrad des Anodensystems feststellen. Eine Reihe von reproduzierbaren Rückzündungsfällen, die zufolge Wiederholung im gleichen Niveau als Grenzleistungs-Zusammenbrüche und nicht als Zufallserscheinungen betrachtet werden konnten, wurden in diesem Sinn analysiert und die gefundenen Werte in Abhängigkeit von der Dampfdichte zu einem die Stromrichter-Anoden allgemein kennzeichnenden Durchbruchsdiagramm zusammengestellt [88 a], wie dies in Einzelheiten im folgenden Abschnitt beschrieben ist.

IV, 4, 3. Anodenraum-Ionisation und erweitertes Durchbruchsdiagramm für Hg-Dampf.

Seit Cooper Hewitts Zeiten sind zwei Bauformen für Glas-Stromrichter-Gefäße üblich, nämlich die sogenannten Nieder-Spannungsgefäße, die nach Abb. 103 a gerade, kurze Anodenarme besitzen und für Spannungen bis etwa 120 Volt verwendet werden, sowie die sogenannten Hoch-Spannungsgefäße mit geknickten Armen (vgl. Abb. 103 b), welche in ein und derselben Ausführung für Spannungen über 120 Volt bis zu 1500 Volt und darüber Anwendung finden. Es ist eine bekannte Tatsache, daß Niederspannungsgefäße selbst bei vorgeschriebener Kühlung und normaler Zimmertemperatur außerordentlich spannungsempfindlich sind. Untersuchungen im Gleichrichter-Prüffeld der „Elin“ in Wien haben gezeigt, daß sie selbst im Leerlauf, d. h. bei unbelasteten Hauptanoden, bestenfalls eine Spannung entsprechend 220 Volt Gleichspannung aushalten, während Hochspannungsgefäße im Leerlauf sogar 6000 bis 8000 Volt bewältigen können. Bei der Durchführung dieser Versuche hatte sich überdies der Eindruck ergeben, daß selbst solche hohe Werte noch nicht die dem Dampfzustand entsprechende Spannungsgrenze der Anodensysteme vorstellen, sondern daß ein Überschreiten derselben bloß zufolge sekundärer Effekte im Anoden-Hinterraum nicht möglich war; die einfachen Glasbewicklungen der Anodenzuleitungen sind nämlich den hohen Beanspruchungen dort nicht mehr gewachsen.

Das eigenartige Verhalten der Niederspannungs-Bauform wird weiters durch die von Helmut [101] gemachte Beobachtung sehr geringer Druckabhängigkeit ergänzt, indem er feststellte, daß auch bei einer Umgebungstemperatur von 80 bis 100° keine merkbare Einbuße der Spannungsfestigkeit festzustellen ist. Man hat daher die zuerst befremdende Tatsache, daß ein und dasselbe Anodensystem mit ein und demselben Dampfraum bei kurzen, geraden Anodenarmen bestenfalls das Verhältnis 2 : 1 zwischen maximaler Leerlauf- und Nennlast-Spannung aufweist, während ein einfacher Knick in der Entladungsstrecke das gleiche Verhältnis auf mindestens 20 bis 25 : 1 hinaufsetzt.

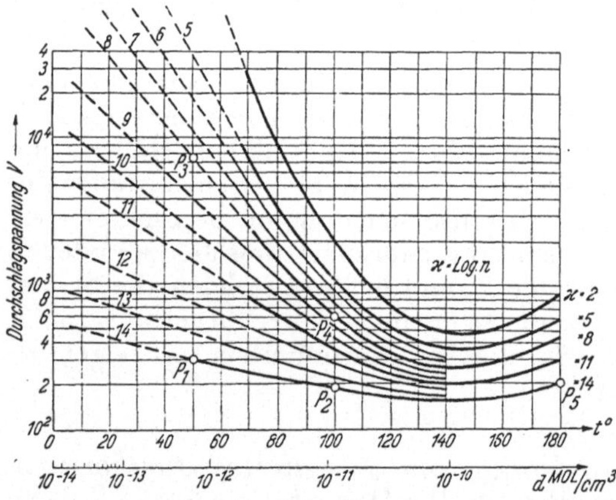

Abb. 109. Rückzündspannungen von Graphitanoden in Hg-Dampf-Stromrichtern unter Berücksichtigung der mittleren Anodenraumionisation n und der Dampfdichte d. Diesem Diagramm liegt eine Nullpotentialentfernung (Anode — erstes Gitter resp. Schirmwand) von etwa 20 mm zugrunde.

Mit Hilfe der Berechnungsmethoden der vorangegangenen Abschnitte gelingt es, die Ionisationen in den beiden erwähnten Fällen der Nieder- und Hochspannungs-Glasgleichrichter-Anoden zu ermitteln. Beim Niederspannungskolben kann die Ionisation in der Sperrphase bis zu einer Trägerdichte $n = 10^{14}$ anwachsen, während sie beim Hochspannungskolben in der Größenordnung 10^8 liegt. Die Sättigungstemperaturen des Dampfes betragen entsprechend den Dampfraum-Berechnungen von Abschnitt 2 dieses Kapitels in beiden Fällen etwa 50° für den Leerlauf und 100° für Vollast. In Abb. 109 ist das durch graphische Zuordnung zugehöriger Durchbruchsspannungen, Anodenraum-Ionisationen und Dampf-Sättigungs-Temperaturen bzw. -Dichten gefundene Durchbruchs-Kennlinienfeld dargestellt; die Punkte P_1 bis P_5 entsprechen den vorangeführten Werten. Als oberste Kurve ist die aus Abb. 29 übernommene Paschen-Durchbruchskennlinie für fehlende Ionisation eingetragen. Da aber auch ohne besondere Ionenquelle immer noch mit einer ganz schwachen Restionisation zu rechnen ist, die von Höhenstrahlen, radioaktivem Einfluß der Umwelt oder ähnlichem herrührt, soll ohne Anspruch auf besondere Genauigkeit hierfür eine Trägerdichte von der Größenordnung 10^2 im Hg-Dampf angenommen werden.

Die Durchbruchslinien für konstante Ionisation scheinen ungefähr in Abständen entsprechend dem Zehnerlogarithmus der Vorionisation zu liegen, was im Hinblick auf die — allerdings unter stark abweichenden Bedingungen abgeleitete — **Rogowsky**sche Beziehung für Einfluß der Fremdionisation nicht unmöglich erscheint. Man darf aber die beträchtlichen Ungenauigkeiten der angewendeten indirekten Bestimmung der Anodenraum-Ionisation nicht übersehen, so daß bis zu einer genaueren Überprüfungsmöglichkeit das in Abb. 109 gezeigte Verhalten als ein die allgemeine Tendenz illustrierendes Merkbild angesehen werden sollte. Praktische Überprüfungen der dort dargestellten Durchbruchsspannungs-Absenkungen bei verschiedenartig gebauten Stromrichter-Gefäßen haben allerdings eine mehr als größenordnungsmäßig richtige Übereinstimmung derselben ergeben, so daß den dargestellten Zusammenhängen eine tiefere Gesetzmäßigkeit zugrunde liegen dürfte.

IV, 4, 4. Rückstrom und Ionen-Bombardement.

Unter der Einwirkung der negativen Anodenspannung gibt während der Sperrphase die Anodenraum-Ionisation Anlaß zu einem dem regulären Entladungsstrom entgegengesetzten Konvektionsstrom, dem Rückstrom [4]. Das exponentielle Abklingen der Restionisation im Anodensystem nach Gl. (IV, 28 a) läßt einen analogen Verlauf des Rückstromes erwarten, wobei die Anfangsspitze der Höhe des vorangegangenen Anodenstromes angenähert proportional sein muß. Das Abklingen des Rückstromes selbst sollte im Hinblick auf den durch den Rückstrom erfolgenden zusätzlichen Abbau der Restionisation noch etwas rascher vor sich gehen, als es dem exponentiellen Verlauf von Gl. (IV, 28 a) entspricht. In Wirklichkeit aber zeigen Rückstrom-Oszillogramme einen häufig wesentlich anderen Verlauf.

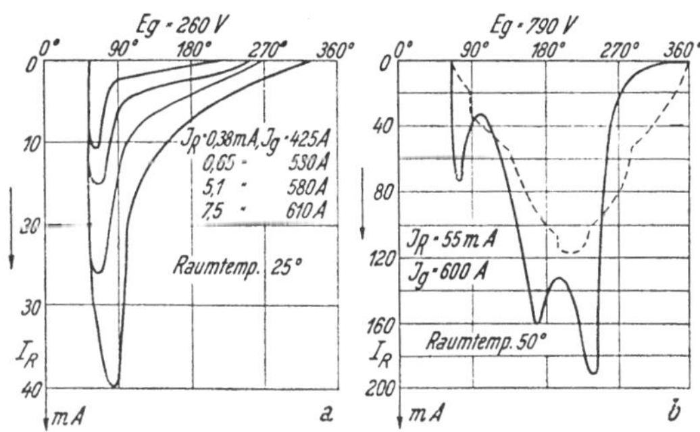

Abb. 110. Rückstromoszillogramme, aufgenommen an einem 400-A-Sechsanoden-Glasgleichrichter-Gefäß für verschiedene (stationäre) Belastungsströme, Gleichspannungen Eg und Raumtemperaturen. ------ Anodenspannungsverlauf.
(Gleichrichter-Labor Elin AG, Wien, 1937.)

Um die Rückströme eines Stromrichtergefäßes messen zu können, muß ein Hilfsventil in Reihe mit der zu untersuchenden Anode geschaltet werden, das praktisch rückstromfrei ist. An das

Hilfsventil ist der Oszillograph angeschlossen. Abb. 110 zeigt einige solche Rückstrom-Oszillogramme, gemessen an einem 500-Amp.-Glasgleichrichter-Gefäß bei verschiedenen Belastungen. Während der Rückstrom unmittelbar nach dem Erlöschen mit einem sehr steilen Anstieg und einem nicht viel weniger steilen Abfall mit Exponentialcharakter der theoretischen Vorhersage entspricht, zeigt sich ca. 20 bis 30° nach dem Rückstromscheitel eine unerwartete Abflachung des Abklingens, die mit zunehmender Gefäßbelastung immer stärker in Erscheinung tritt. Bei weiterer Steigerung der Gefäßbelastung entwickelt sich aus diesem flachen Teil des Rückstromes ein Buckel, der rasch anwächst und die Anfangsspitze sogar beträchtlich überragen kann. Abb. 110 b zeigt ein Rückstromdiagramm, das bei extremen Überlastbedingungen einige Sekunden vor Eintreten einer Überlastrückzündung aufgenommen worden ist. Sowohl der flache Teil des Rückstroms als auch der daraus hervorwachsende Buckel dürften als eine durch die eindiffundierende oder eingeschleppte Vorionisation bedingte, dem Glimmen ähnliche Entladung zufolge des Anodenpotentials — strichlierte Kurve in Abb. 110 b — anzusehen sein. Es dürfte sich dabei um eine intensive Ionen-Verstärkerwirkung handeln, ähnlich wie sie am Beginn der Röhrentechnik von Lieben in seinen Ventilen verwendet worden ist.

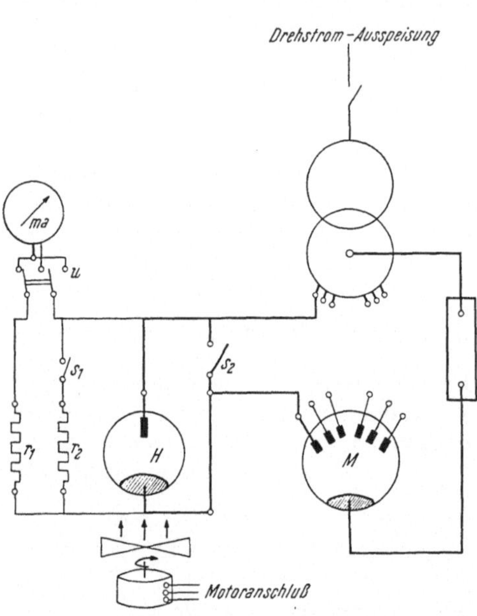

Abb. 111. Schaltung nach F. Geyer zur Messung des Rückstrommittelwertes von Stromrichter-Gefäßen.

M ... zu messendes Stromrichter-Gefäß; H ... Hilfsgefäß mit starker Kühlung; r_1, r_2 ... Hilfswiderstände; s_1, s_2 ... Hilfsschalter; ma ... Milliamperemeter; u ... Umpolschalter.

Die Auswertung jedes einzelnen Rückstrom-Oszillogramms ermöglicht eine Fülle von Rückschlüssen auf den Arbeitszustand des Stromrichter-Gefäßes im betreffenden Augenblick. Der mit Oszillogramm-Aufnahmen und -Auswertungen verbundene Arbeits- und Zeitaufwand läßt aber eine solche laufende Beobachtung von Stromrichter-Gefäßen kaum zu. F. Geyer hat zur besseren Ausnutzung der durch eine Rückstromkontrolle gebotenen Möglichkeiten eine einfache Meßschaltung (Abb. 111) entwickelt, die den Rückstrom-Mittelwert als Differenz zweier unmittelbar aufeinanderfolgender Instrumentablesungen ergibt. So erhält man ein Bild wie Abb. 112, das nach jeder Belastungsänderung durch einen wenige Minuten dauernden Einspielvorgang gekennzeichnet ist. In einem bestimmten Belastungsbereich des untersuchten Gefäßes stellt sich ein stationärer Dauerwert des Rückstrom-Mittelwertes ein; über einer gewissen Grenze aber wächst der Rückstrom mit zunehmender Geschwindigkeit an; sobald diese Tendenz erscheint, ist mit Gewißheit innerhalb der nächsten Minuten eine Rückzündung zu erwarten.

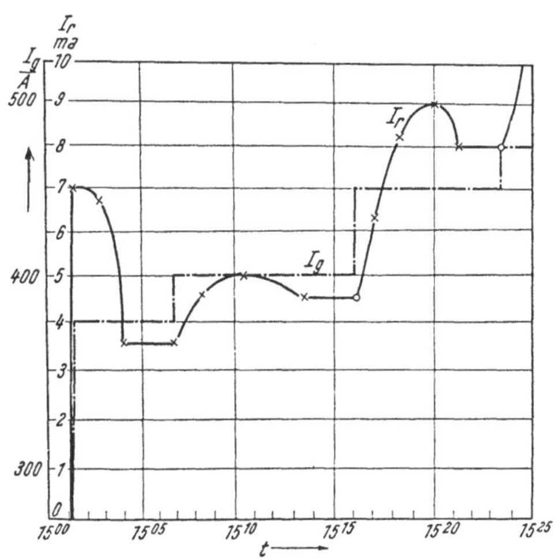

Abb. 112. Zeitlicher Verlauf des Rückstrommittelwertes bei absatzweise gesteigerter Gleichstrombelastung, gemessen an einem 400-A-Glasgleichrichter-Gefäß.

Trägt man die stationären Rückstrom-Mittelwerte I_r in Abhängigkeit der Belastung auf (Abb. 113, 114), so erhält man Kennlinien, die den Einfluß von Außentemperatur, Kühlanordnung, Anodenspannung und Anodenkonstruktion sehr anschaulich überblicken lassen. Auf diese Weise kann man durch Rückstrom-Mittelwertmessungen ohne Gefahr für die Gefäße die Einflüsse der verschiedenen äußeren Möglichkeiten vergleichen. Ein Rückstrom von 10^{-5} des Arbeitsstromes hat sich in den meisten Fällen als rückzündungssicherer Grenzwert herausgestellt.

Die Geschwindigkeit der Ionen ist schon bei Spannungen von einigen 100 Volt sehr beträchtlich. Die Energie des Ionen-Bombardements [98] wird bestimmt durch den je Sekunde auf die Flächeneinheit der Anoden auffallenden Ionenstrom und das Voltäquivalent ihrer Geschwindigkeit. Die Ionen-Geschwindigkeit setzt sich einerseits aus der thermischen Eigengeschwindigkeit der Ionen und anderseits aus der der durchlaufenden Potentialdifferenz entsprechenden Drift-Geschwindigkeit zusammen. Da die thermische Komponente bei den in Frage kommenden Niederdruck-Entladungsverhältnissen nach Kap. II, 5, nur Bruchteilen von 1 Volt entspricht, ergibt sich die Bombardierungs-Energie selbst in jedem Moment als das Produkt aus Rückstrom und Sperrspannung, d. i. der Anodenspannung e_{ik}. Hierfür erhält man folgenden Ausdruck:

$$e_{ik} \cdot I_R = e_{ik} \int \frac{n \cdot \varepsilon \cdot \bar{\bar{v}}}{4} \cdot df. \qquad \text{(IV, 34)}$$

Die Energie des Rückstrom-Bombardements wird somit zufolge der zeitlichen Änderung von e_{ik} in noch stärkerer Weise zeitabhängig sein als der Rückstrom. Ein Blick auf die Anodenspannungs-Kurven von Abb. 6 läßt unmittelbar erkennen, daß das Ma-

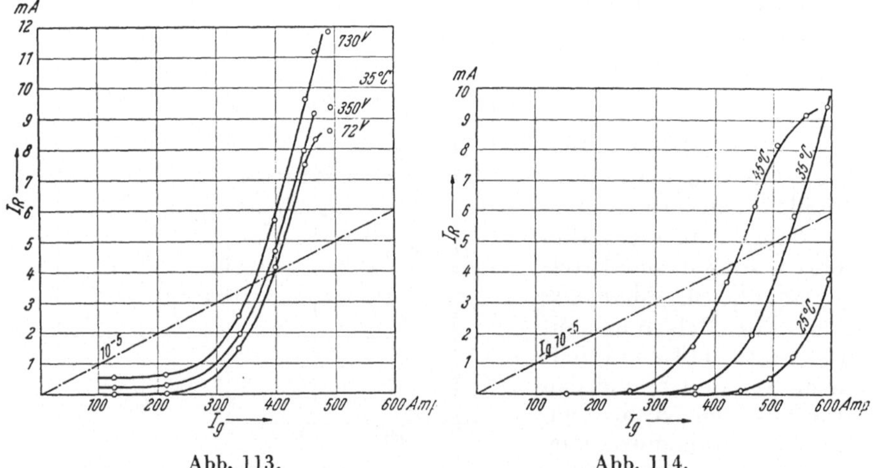

Abb. 113. Abb. 114.

Abb. 113. Rückstrom-Mittelwert-Kennlinien eines 400-A-Gleichrichterkolbens für verschiedene Arbeits-Gleichspannungen, Saugdrosselschaltung, 35° Raumtemperatur. (Die Bezeichnung der Kurve 10^{-5} heißt richtig: Ig 10^{-5}.) (Elin, Wien, 1937.)

Abb. 114. Rückstrom-Mittelwert-Kennlinien eines sechsarmigen 500-A-Gleichrichterkolbens bei 72 V Gleichspannung, Saugdrosselschaltung, für verschiedene Raumtemperaturen. (Elin, Wien, 1937.)

ximum der Bombardierungs-Energie verschieden auftreten wird; je nach dem zeitlichen Verlauf des Rückstroms und der Anodenspannung wird es entweder bald nach dem Erlöschen — dies speziell bei großen Aussteuerungen — oder etwas später innerhalb der Periode bei Erreichen des negativen Scheitels der Anodenspannung zu erwarten sein. Von Wasserrab für eine Reihe von speziellen Fällen durchgeführte Rechnungen bestätigten deutlich diese Unbestimmtheit der Lage des Maximums der Bombardierungs-Energie innerhalb der Sperrphase. In gleiche Richtung weisen amerikanische Messungen, die bei einer großen Anzahl von Rückzündungen die Lage derselben teils zu Beginn der Sperrzeit und teils innerhalb derselben feststellten. Die Ionen-Bombardierung ist zweifelsohne ein wesentlicher Faktor bei dem Auftreten der Rückzündungen. Sie wird unter Umständen, wenn an Stellen großer Bombardements Inhomogenitäten der Anodenoberfläche, Unreinigkeiten oder Gaseinschlüsse liegen, Einleitung von Rückzündungen weit unter den ionisationsbedingten Spannungswerten ergeben.

IV, 4, 5. Konstruktive Ausgestaltung des Anodensystems und zeitlicher Verlauf der Spannungsfestigkeit in der Sperrphase.

Jedes Stromrichter-Gefäß hat folgende zwei Forderungen bezüglich der Ionisation im Anodenraum zu erfüllen:

a) Bereitstellung ausreichender Vorionisation zum sicheren Zünden, insbesondere auch im Leerlauf;

b) genügende Abregung für die geforderte Spannungsfestigkeit, und zwar sowohl in bezug auf die Restionisation bei Voll-Last und insbesondere Überlastbetrieb als auch hinsichtlich der verschiedenen Zusatz-Ionisationen, herrührend von Eindiffusion und Einschleppung.

Bei Stromrichter-Gefäßen mit Fleckkathoden gilt diese Forderung nicht nur für die stationäre, durch Temperaturverteilung und die periodischen Stromfolgen bedingte Zusatz-Ionisation, sondern vor allem für die statistisch auftretenden Störungsfälle unmittelbarer Verseuchung der Anodenraum-Mündung mit hochionisierten Dampfstrahlen. Das Fehlen solcher unregelmäßigen Dampf-Bewegungen macht es verständlich, daß die Anoden-Anordnung und -Ausgestaltung bei Glühkathoden viel einfacher ist als bei Fleckkathoden.

Die verschiedenen konstruktiven Maßnahmen zur Erfüllung dieser Forderungen in bezug auf die Anodenraum-Ionisation bzw. zur Schaffung eines einigermaßen befriedigenden Kompromisses sind in diesem Kapitel eingehend beschrieben worden. In der folgenden Tabelle XXI sind dieselben zusammengefaßt und Hinweise auf Abbildungen kennzeichnender Ausführungsbeispiele gegeben.

Die Tatsache, daß die bloße Anwesenheit von Flächen im ionisierten Gebiet genügt, die Ionisation abzubauen, wird in umfangreichem Maß dazu verwendet, durch zusätzliche Flächen im Anodenraum die Ionisation in der Sperrphase rasch herabzusetzen. Diese zusätzlichen Flächen werden meist in Form von den ganzen Querschnitt des Lichtbogenpfades durchsetzenden, axial eine gewisse Erstreckung aufweisenden Systemen verwendet und als Abrege- oder De-Ionisierungsgitter bezeichnet. Die Abregeverhältnisse nichtkreisförmiger Querschnitte können nach Spenke-Steenbeck wie für zylindrische Kanäle behandelt werden, wenn von Fächer- oder Kanalquerschnitt abhängige Ersatzradien verwendet werden [3 a].

Als Material für die Anoden wird praktisch nur Eisen oder Graphit verwendet; in beiden Fällen ist eine besondere Reinheit von fremden Substanzen und Gaseinschlüssen notwendig. Die

Tab. XXI. Maßnahmen zur Kontrolle der Anodenraum-Ionisation.

		Vgl. Abbildungen
Mechanisches Abschirmen der Anodenköpfe durch:	Einbau in Arme	61, 67, 87 a, c
	Einbau in Hülsen	87 b, 104
	besondere Form und Lage der Anodenraummündung	101, 106
	Anordnung von Schirmen	45, 65 b, 72
Gaskinetische Effekte:	enge Abstände des Anodenkopfes gegenüber den Anodenraumwänden	78, 80
	Anordnung von besonderen Abregekörpern vor Anodenraum	72, 78, 80, 115, 121
	hohe Temperatur des Anodensystems, z. B. durch Anwendung von Strahlungsschirmen	80, 118
Strömungstechnische Maßnahmen:	Kleinhalten des Anodenhinterraumes	80, 120, 121, 122
	zusätzliche Aufheizung des Anodensystems	80, 118, 120, 124
	Dampfströmungslenkung durch differenzierte Kühlung	62, 65, 68
	Anordnung von Saugstutzen bei Anodenarmen	61, 62, 63
	Ausbildung von Dampfpolstern	78, 80

schweren Metalle Wolfram und Molybdän wurden gelegentlich für Hochspannungssysteme jedoch ohne besonderen Erfolg versucht. Für Einzelheiten über Material-Konsistenz und -Behandlung muß wieder auf die vakuumtechnologische Spezialliteratur verwiesen werden [74].

Bei der Anwendung von Abblendungen von Anodenräumen ist eine gewisse Beschränkung geboten, da jede Abblendung zufolge der damit verbundenen Verkleinerung der freien Entladungsquerschnitte ähnlich wie eine Verlängerung des Lichtbogenpfades den Spannungsabfall vergrößert und somit, abgesehen von der Notwendigkeit einer verstärkten Wärmeabfuhr, auch eine Wirkungsgradverschlechterung bedeutet. Soweit wie möglich wird man daher trachten, mechanische Abblendungen durch thermische oder dynamische Maßnahmen zu ersetzen. In diesem Sinne wirkt Blende und Ringraum der Einanodengefäße (Abb. 78, 80) und erlaubt dadurch das sehr offene Anodensystem Abb. 115.

Kenntnis der Hauptabmessungen der Gefäß-Konstruktion läßt mit Hilfe der im vorangegangenen gebrachten Ausführungen die Aufgabe lösen, den Verlauf der Trägerdichte im Anodenraum während der Sperrphase größenordnungsmäßig zu verfolgen und damit in jedem

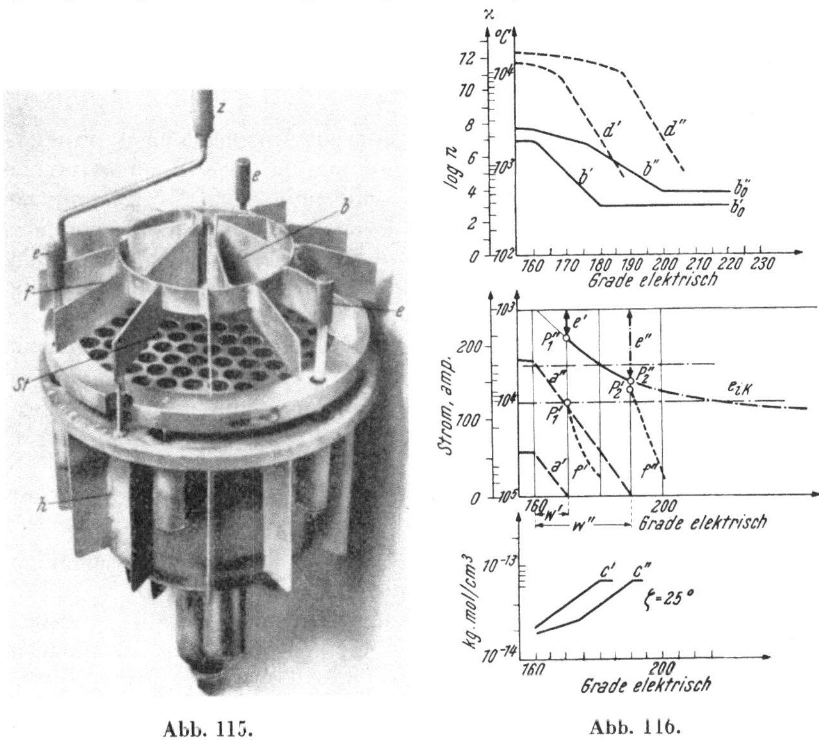

Abb. 115. Abb. 116.

Abb. 115. Anodensystem des Einanoden-Stromrichter-Gefäßes Abb. 18. An eine gemeinsame ringförmige Grundplatte g sind alle Elektrodeneinführungen (Druckglas) angeschweißt.

h ... Hülse um Anodenkopf mit Kühlfahnen; f ... Abregeflächen; b ... zentrale Blende; e ... Erregeranoden; z ... Zündanode (für Spritzzündung); st ... Steuergitter.

Abb. 116. Graphische Ermittlung der Anodenspannungsfestigkeit. Die kennzeichnenden Plasmawerte werden während des Stromabnehmens und in dem darauffolgenden Zeitintervall dargestellt und die daraus resultierende Durchbruchsspannung mit der aufgedrückten Anodenspannung verglichen. Der Punkt der kleinsten Differenz ist der Gefahrenpunkt, und der Verhältniswert gibt die Spannungsfestigkeit an. Erfahrungsgemäß schwankt der Gefahrenpunkt zwischen dem Spannungssprung und dem ersten Scheitel der negativen Anodenspannung.

a ... Anodenstrom; b ... Dampftemperatur; c ... Dampfdichte; d ... Ionisation im Anodenraum; e ... Anodenspannungssprung; e_{iK} ... Anodenspannung; f ... Durchbruchsspannung des Anodensystems; es sind zwei verschiedene Anodenströme a' und a'' angenommen und ' bzw. '' kennzeichnet die zusammengehörigen Werte.

Augenblick die Durchbruchsspannung des Anodensystems abzuleiten. In Abb. 116 ist eine derartige Bestimmung der Anoden-Spannungsfestigkeit des in Abb. 80 gezeigten Einanodengefäßes graphisch für zwei Belastungsfälle durchgeführt. Da es sich hier um eine Hochspannungsanode mit Spannungsteilung handelte (s. den folgenden Abschn. IV, 6), so sind die gefundenen Spannungswerte zu verdoppeln, um die wirkliche Spannungsfestigkeit des Systems zu erhalten.

Bei der Ausarbeitung einer größeren Anzahl solcher Anodendiagramme hat sich in Übereinstimmung mit den Beobachtungen aus der Praxis gezeigt, daß der Gefahrenbereich für Spannungsdurchbrüche tatsächlich in dem Intervall zwischen Erlöschen der Entladung und erstem Anodenspannungsmaximum liegt. Daher ist in Abb. 116 nur dieses Intervall berücksichtigt. Der Vorgang dieser graphischen Anoden-Spannungsfestigkeits-Ermittlung für die den konkreten, der Abb. 116 zugrunde liegenden Zahlenwerten ist folgender:

1. Eintragen des zeitlichen Verlaufs des Anodenstroms; Überlappen . . . 10^0 für 60 Amp., 30^0 für 180 Amp., Scheitelwert a′ bzw. a″.

2. Eintragen der Anodenspannung e_{ik} (Saugdrosselbetrieb mit 40^0 Aussteuerung angenommen); Sprungspannungen e' bzw. e''.

3. Eintragen der den Anodensystem-Verlusten entsprechenden Dampftemperaturen b′ bzw. b″ (nach Abschn. IV, 3, 3).

4. Eintragen der den Dampftemperaturen b′ bzw. b″ entsprechenden Dampfdichte c′ bzw. c″ entsprechend den stationären Anodensystem-Temperaturen b_0' bzw. b_0''.

5. Eintragen der Anodenraum-Ionisationen d′ bzw. d″. Zusatz-Ionisation $n_z < 10^{-5}$ angenommen, solange das Steuergitter nicht selbst gezündet hat.

6. Eintragen der Durchbruchsspannungen f′ bzw. f″, wie sie in jedem Moment durch die Zustandsgrößen im Anodensystem gegeben sind.

Vergleich von f′ bzw. f″ mit der Anodenspannung zeigt, daß das jeweils ungünstigste Verhältnis 0,16 bzw. 0,86 hier beide Male im Moment des Spannungssprunges auftritt; die Sicherheit ist der Kehrwert, d. i. 6 bzw. 1,2 in den herausgegriffenen Fällen.

Durch Wiederholung des beschriebenen Verfahrens für andere Betriebspunkte ist man in der Lage, Anoden-Spannungsfestigkeiten für beliebige Betriebsfälle und damit Grenzwerte des Leistungsvermögens für die verschiedenen in Frage kommenden Variablen in zusammenhängender Weise abzuleiten.

Man kann aus den gebrachten zwei Beispielen bereits ersehen, wie jede Veränderung in der Anodenspannungs-Kurve zufolge verschiedener Aussteuerung oder anderer Speiseverhältnisse die Spannungsgrenze und damit das Leistungsvermögen beeinflußt. Bei niedrigen Aussteuerungen insbesondere wird der Gefahrenpunkt von der Sprungstelle nach dem Erlöschen mehr gegen den Scheitel des ersten Sinusabschnittes rücken.

Ganz besonders ungünstig wirken sich parasitäre Schaltschwingungen nach Abb. 7 in den Anodenspannungen aus, da dadurch bei

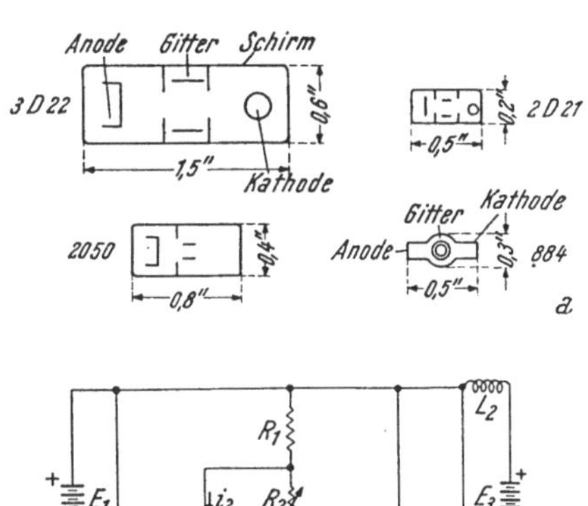

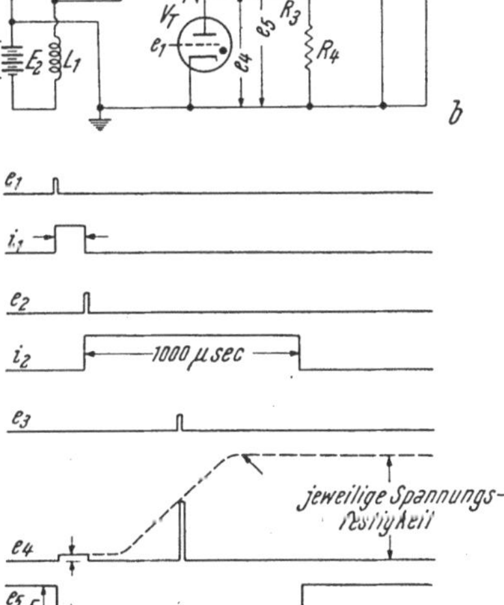

Abb. 117. Messung der wiederkehrenden Anodenspannungsfestigkeit. a) Elektrodenanordnung und Hauptdimensionen der untersuchten Stromtore.

b) Schaltungsprinzip zur Messung der Entionisierung von Stromtoren nach Strompulsen von ca. 50 μsec Dauer. V_T — Testobjekt; Pulshöhe durch E_1 und R_2 veränderbar; Zündmoment durch Signal zu Gitter von V_T und Hilfsthyratron V_2 bestimmt. Strompuls beendet durch Stromablenkung über Hilfsrohr V_1 für 1000 μsec (Netzwerk N_1). Meßimpulse von 10 μsec (Netzwerk N_2) werden nach Erlöschen von V_T durch Hilfsrohr V_3 in verschiedenen regelbaren Abständen an Anode von V_T angelegt. Der jeweilige Entionisierungszustand ist durch die Höhe, die der Spannungspuls von Vs bis zum Zusammenbrechen erreicht, bestimmt. c) Zeitliche Lage der Strom- und Spannungsimpulse in der Meßschaltung (b).

e_1 ... Zündsignal an Gitter von V_T; i_1 ... Strompuls durch Testobjekt; e_2 ... Löschsignal (Zündimpuls für V_1); i_2 ... (abgelenkter) Strom durch V_1; e_3 ... Meßimpuls; e_4 ... Anodenspannung an V_T (die strichlierte Linie gibt die jeweilig erreichte Spannungsfestigkeit an); e_5 ... Anodenpotential von V_T gegenüber Erde.

Pulsfrequenz: ca. 120 sec^{-1}. Für Meßresultate vgl. Abb. 126, Teil V.

(RCA — H. H. Wittenberg, 1950.)

gleicher abgegebener Stromrichter-Leistung viel höhere Spannungsbeanspruchungen entstehen als ohne Schwingungen.

Die in Abb. 116 eingetragenen Dampfdichte- und Ionisationswerte sind auf Grund der mittleren Temperaturen für ruhige Dampfverhältnisse berechnet. Einflüsse der unregelmäßigen

Dampfstrahlen nach Abb. 53 a und 53 b sind dabei nicht berücksichtigt worden. Es ist aber im Sinn der vorangegangenen Ausführungen möglich, die in den Anodengebieten dadurch zu erwartenden Dampfdichte- und Ionisationserhöhungen wenigstens größenordnungsmäßig zu bestimmen und dadurch die entsprechenden Absenkungen der Rückzündspannungswerte abzuschätzen. Das zeitlich verschiedene Zusammenfallen der regellos nach Richtung und Intensität wechselnden Dampfstrahlen erweist sich demnach wesentlich mitverantwortlich für das statistische Auftreten von Rückzündungen [102].

In jüngster Zeit wurde von H. Wittenberg bei der R. C. A., USA., eine Meßschaltung [103] entwickelt, die es gestattet, die allmähliche Rückkehr der Spannungsfestigkeit nach dem Erlöschen der Entladung experimentell nachzuweisen. Mit der in Abb. 117 schematisch angegebenen Anordnung werden in sehr kurzen Abständen abwechselnd Laststrom- und Sperrspannungs-Impulse an das Versuchsobjekt gelegt und die Höhe der nacheinander folgenden Durchbruchsspannungen oszillographisch festgestellt. Die untersuchten Thyratrons zeigen prinzipiell das gleiche Verhalten wie die graphisch ermittelten f′-, f″-Spannungslinien von Abb. 116.

IV, 4, 5, 1. Hochspannungsanoden.

Herabsetzung der Anodenraum-Stromdichte durch Vergrößerung der stromaufnehmenden Anodenkopffläche und hohe Anodentemperatur lassen sich in gewissen Grenzen vorteilhaft zur Steigerung der Spannungsfestigkeit von Stromrichter-Anoden verwenden (Abb. 118). Handelt es sich jedoch um Sperrspannungen von mehr als etwa 10 000 Volt, so muß eine Unterteilung des gesamten Potentials auf zwei oder mehrere Teilstrekken vorgenommen werden [67]. Bei den ersten diesbezüglichen Vorschlägen (Abb. 119) war vor allem Gewicht auf die Schaffung von Druck-

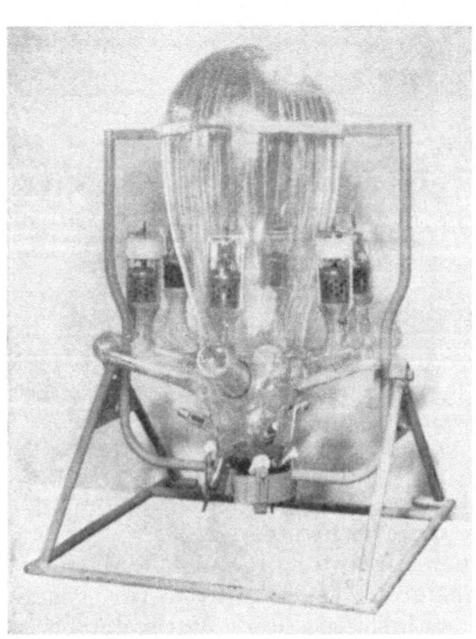

Abb. 118. Mittelfrequenz-Stromrichter-Kolben (Nevelin) für 1000 V, 100 Amp., 1200 Hz mit Maulkorb-Graphitgittern und Anodenheizung (letztere bei vorderster Anode entfernt). (Nevelin, 1950.)

und Abstandverhältnissen entsprechend einer Entladungsbehinderung in der Sperrphase gelegt worden, um zu erreichen, daß die Durchbruchsspannung der einzelnen Teilstrecken in den linken

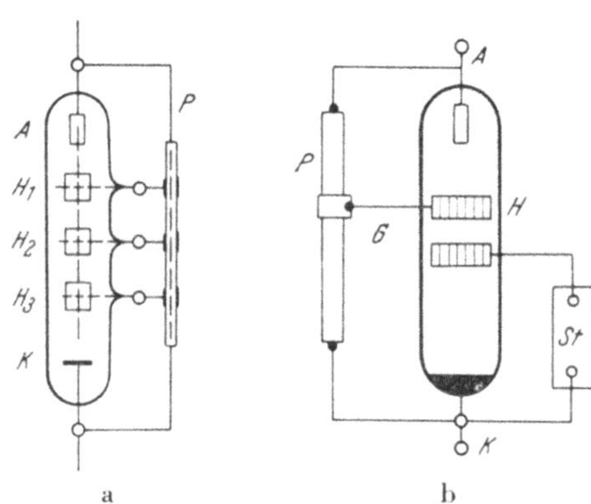

Abb. 119. Höchstspannungs-Stromrichterprinzip.
a) Spannungsunterteilung mit Hilfe von Staffel-(Zwischen-) Elektroden und Potentiometer (österr. Pat. 142105, 1933); H_1, H_2, H_3 Staffelgitter.
b) Steuerung bei Spannungsstaffelung (österr. Pat. 142104, 1932); es ist nur ein Steuergitter nahe an Kathodenpotential bei beliebiger Anzahl von Staffelelektroden erforderlich.
A ... Anode; P ... Spannungsteiler; St ... Steuergerät; H ... Staffelgitter; G ... Steuergitter; K ... Kathode.

steilen Ast der Paschen-Kurve zu liegen kommt. Der später gefundene Einfluß der in solchen Systemen immer vorhandenen Zusatz-Ionisation hat die Rolle des Potentiometerwiderstandes besser verstehen lassen. Die Anschaltung der Zwischenelektroden an einen beliebigen Spannungsverteiler (kapazitiv oder ohmisch) allein genügt nicht, um das Potential in der Entladungsstrecke wirklich entsprechend zu staffeln; die Widerstandswerte müssen den Elektrodenströmen angepaßt sein. Unterschiede im zeitlichen Verlauf der Entionisierung der ein-

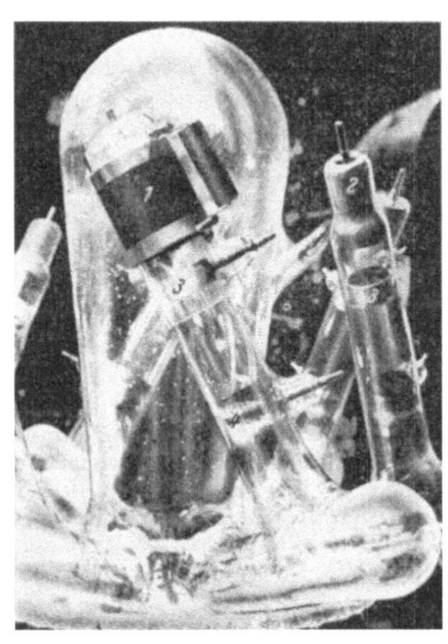

Abb. 120. Hochspannungs-Glasstromrichter-Gefäß mit Spannungsunterteilung (Staffelgitter, Anodenhinterraum-Schutzkeramik und Anodenheizung). Nennstrom 12,5 Amp, 13,5 KV in Nullpunktsschaltung; Sperrspannungsscheitel 40 KV; max. Raumtemperatur 30° C.
(Elin AG, Wien, 1935.)

zelnen Strecken können einerseits zu stabilen, schwachen Teil-Entladungen als auch anderseits zu einem vollständigen Zusammenbruch der betreffenden Zwischenstrecke führen, wie es bei Hochspannungsgefäßen mit Staffelelektroden bei Verwendung von entsprechenden Überwachungssystemen für jede einzelne Elektrode beobachtet werden kann. Es hängt dann von der Festigkeit der restlichen Teilstrecke ab, ob eine solche Störung zu einem völligen Zusammenbruch des ganzen Systems führt oder ob dieses die erhöhte Beanspruchung aushält.

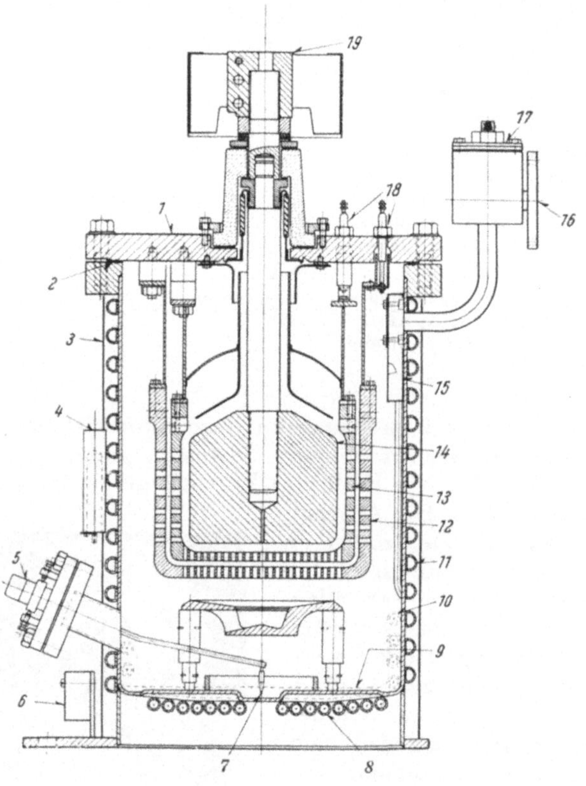

Abb.. 121. Querschnitt durch Hochspannungs-Ignitron (3000 bis 4000 V). Zulässige Strombelastung: 167 Amp. dauernd, 250 Amp. für zwei Stunden, 500 Amp. für fünf Minuten. Sperrspannungscheitel ca. 15 KV.

1 Gefäßdeckel; 2 Aluminiumdichtung; 3 Außenmantel; 4 Thermostatschalter; 5 Zündstiftausführung; 6 Klemmenleiste; 7 Zündstift (Ignitor); 8 Bodenkühlschlange; 9 Quecksilber; 10 Innenkühlschlange; 11 Außenkühlschlange; 12 Steuergitter; 13 Schirmgitter; 14 Anodenkopf; 15 Quecksilberfang; 16 Vakuumleitungsflansch; 17 Vakuumhahn; 18 Gittereinführungen; 19 Anodenkühlkörper.

(Westinghouse, Pittsburgh, USA, 1947.)

Äußere Überschläge zwischen den Zuleitungen zu einzelnen Staffelelektroden sind teilweise durch voreilende, verstärkte Ionisation und verfrühte Zündungen, teilweise durch Zündversager einzelner Teilstrecken bei stattgefundener Zündung der anderen zu erklären. Gelegentlich können aber auch Erscheinungen beobachtet werden, die auf eine temporäre Schwingungsneigung einzelner Abschnitte deuten; in solchen Fällen sind u. a. allmählich sich aufbauende Büschelentladungen mit nachfolgendem äußerem Überschlag festzustellen.

Das Durchbruchskennlinienfeld (Abb. 109) läßt erkennen, daß bei entsprechend niederem Dampfdruck und niederer Anodenraumionisation Spannungsfestigkeiten von 10 bis 20 kV je Entladungsstrecke zu erzielen sind. Abb. 120, 121 und 122 zeigen einige Stromrichtergefäße mit einem Staffelgitter,

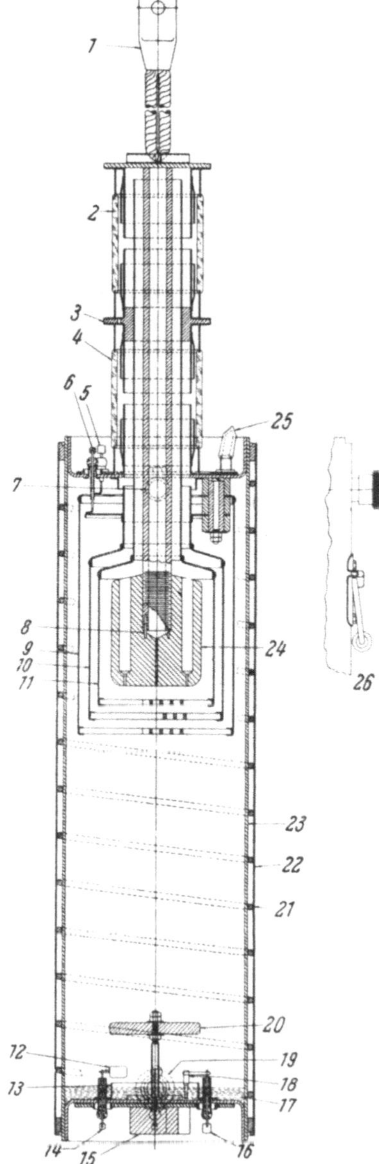

General Electric Company, Schenectady NY/USA, 1944.

Abb. 122. Querschnitt durch abgeschmolzenes, wassergekühltes Staffelgitter-Ignitron.

1 Anodenanschluß; 2 Isolationszwischenstück; 3 Anschluß für Staffelgitter; 4 Isolationszwischenstück; 5 Anschluß für Schirmgitter; 6 Anschluß für Steuergitter; 7 Wasserauslaß; 8 Anoden-Sicherungsstift; 9 Schirmgitter; 10 Steuergitter; 11 Staffelgitter (Zwischenanode); 12 Halte-(Erreger-)Anode; 13 Kathodenfleck-Verankerung; 14 Halteanodenanschluß; 15 Kathodenanschluß; 16 Zündstiftanschluß; 17 Quecksilber; 18 Zündstift (Ignitor); 19 Wassereinlauf; 20 Quecksilberspritzschutz; 21 schraubenförmige Wasserführung; 22 Außenwand; 23 Innenwand; 24 Anodenkopf; 25 Pumpstengel; 26 Ansicht von Wasserauslauf und Handgriff.

Höchstzulässige Sperrspannung (vorwärts od. rückwärts) . . . . 20 KV Scheitel

Höchstzulässiger Anodenstrom . . . . 900 Amp. „

Zulässiger Anodenstrom-Mittelwert: dauernd . . . 150 „
2 Stunden . 200 „
1 min . . . . . 300 „

Wassermenge . . . . min. . 12 lit/min

Kühlwasserverlauf min. . 35° C

Temperatur . . . . . . max. . 45° C

die je nach der gewählten Strombelastung Spannungsfestigkeiten zwischen 15 und 40 kV bieten.

Durch Serienschaltung einer entsprechenden Anzahl von Teilstrecken können praktisch beliebig hohe Arbeitsspannungen erzielt werden. Wesentlich ist, daß die einzelnen Teilabschnitte unabhängig voneinander ihre Schalt- und Sperrfunktionen ausüben. Die entladungstechnischen Momente hierfür folgen unmittelbar aus den vorangegangenen Ausführungen über die Rolle der Ionisation im Anodenraum der Stromrichtergefäße. Bei Höchstspannungsgefäßen ist naturgemäß das ganze Staffelgittersystem als Anoden-

Abb. 123. Hochspannungs-Mutatorgruppe mit Luft-Ringlauf-Kühlung nach dem Zusammenbau in der Werkstätte. Zwei solche Gruppen ergaben bei einem Gleichspannungsübertragungsversuch in Rückspeisung Einphasen-Wechselstrom — Gleichspannung — Einphasen-Wechselstrom 33 KV, in 400 Amp. der Gleichspannungsübertragung.

(Brown-Boveri, Baden, Schweiz, 1944.)

raum anzusehen. Dementsprechend ist dort für rasche und gleichmäßige Abregung, Fernhaltung von störenden Druck- und Vorionisationsschwankungen zwecks hoher Spannungsfestigkeit einerseits, für sichere und rasche Vorionisationsausbreitung aber zwecks verläßlicher Zündung anderseits Sorge zu tragen.

Höchstspannungs-Stromrichtergefäße für kleine Stromstärken finden in Röntgenanlagen, bei Stoßgeneratoren und für Kernreaktionsapparate Verwendung. Ganz besonderes Interesse aber haben große Stromstärken für Gleichstromkraftübertragungen. Diese werden in der nächsten Zukunft von großer Bedeutung für den Energietransport zu den großen Verbraucher- und besonders Industriegebieten aus fernliegenden Wasserkraftwerken sein. Die durch die hohen Spannungen von 100 kV und darüber und die großen Ströme — entsprechend Leistungen von vielen MW — bedingten Abmessungen und Beanspruchungen der Gefäße bringen eine Fülle von besonderen technologischen Aufgaben, die mit den bestehenden Arbeitsmethoden und Verfahren der Stromrichtertechnik kaum zu lösen sind. Aufbau vor allem und Entgasung der Anodensysteme ist weitgehend Neuland. Daher erfordern die entsprechenden Ver-

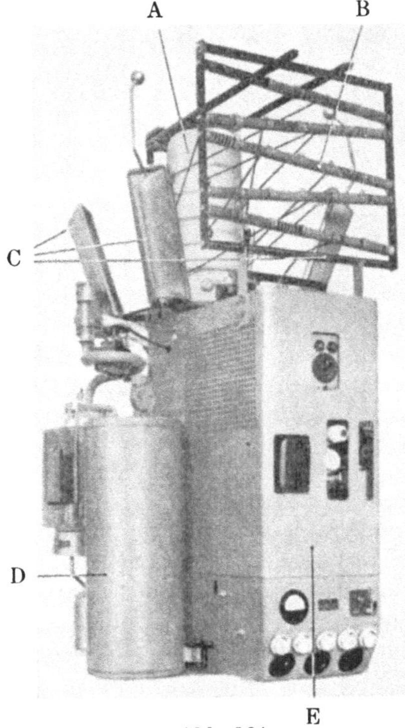

Abb. 124.

Abb. 125.

Abb. 124. Hochspannungs-Einanodengefäß mit angebauten elektrischen und Vakuum-Hilfseinrichtungen.

Nennleistung (sechs Gefäße): Gleichstrom 40 Amp. bei 45 KV in Brückenschaltung. A ... Anodenisolator mit seitlichen Staffelgitteranschlüssen; B ... Potentialteiler für Staffelgitter; C ... Anodenheizung; D ... Vakuumhaltungssystem: Diffusionspumpe, Vakuumbehälter, Absperrhahn; E ... Kontrollelemente der Hilfskreise.

(ASEA, Ludvika, Schweden, 1943.)

Abb. 125. Einanoden-Höchstspannungsstromrichter.

Ölgekühltes Anodensystem mit kapazitiver Spannungsunterteilung durch Kondensorsystem hinter Anode (noch nicht montiert). Nennstrom 250 Amp. Mittelwert bei 250 KV Gleichspannung.

(Siemens-Stromrichter-Werk, 1942.)

suchsanlagen Gefäße in einer Größe, die den später beabsichtigten Leistungen einigermaßen nahe kommt, um die in Praxis zu erwartenden Beanspruchungen und Erscheinungen rechtzeitig kennenzulernen.

Verschiedene Stellen haben im letzten Jahrzehnt solche Versuchseinrichtungen im großen Maßstab angelegt, Höchstspannungs-Stromrichter-Gefäße entwickelt und Versuchskraftübertragungen damit durchgeführt [104 a bis g]. Den äußeren Aufbau einiger für diese Versuchsanlagen verwendeten Ventile zeigen die Abb. 123 bis 125.

Die Erfolge der ersten Versuchsanlagen waren derart überzeugend, daß die Einführung der Gleichstrom-Höchstspannungs-Kraftübertragung in die Energiewirtschaft nunmehr möglich ist. Die erste 100 kV-Seekabel-Gleichstromübertragung ist bereits zwischen Schweden und der Insel Gotland im Bau. Noch wesentlich größere Projekte für die verschiedensten Gebiete der Erde stehen in Diskussion.

Die Höchstspannungs-Stromrichter-Gefäße als das für die ganzen Gleichstrom-Energieübertragungsfragen entscheidende Element sind dadurch augenblicklich eines der interessantesten Teilgebiete der Starkstromtechnik geworden. Durch den bereits mehrfach geäußerten Wunsch nach immer höheren Leistungen und Spannungen — es stehen heute Projekte von 500 bis 1000 MW und Spannungen von 400 bis 800 kV in Diskussion — ist für die nächste Zukunft eine starke Wiederbelebung der Entladungsforschung, speziell im Gebiet der hohen Spannungen, notwendig geworden. Eng verbunden ist damit eine Intensivierung der auf diese hohen Spannungen gerichteten Vakuumtechnologie, so daß durch die Höchstspannungs-Gefäßentwicklung eine wesentliche Erweiterung der bisherigen allgemeinen Stromrichter-Kenntnisse zu erwarten ist.

V. Betriebseigenschaften und Leistungsvermögen.

V, 1. Strom- und Spannungsgrenzen.

Die Ausführungen der vorangegangenen Kapitel über die Art der Beanspruchung eines Stromrichter-Gefäßsystems führen unschwer zum Schluß, daß eine allgemeine Beschreibung des Gefäß-Leistungsvermögens durch eine Nennleistungsangabe nicht erwartet werden kann. Im Hinblick auf die Vielfalt der möglichen Beanspruchungen und die in den einzelnen Gefäßen verschieden verlaufenden, diesbezüglichen Reaktionen ist es unmöglich, selbst für ein bestimmtes Gefäß eine allgemeine Kennzeichnung durch eine einzelne Leistungsziffer oder durch eine einfache Strom-Spannungscharakteristik zu geben. Da eine funktionelle Kennzeichnung des wirklich vorhandenen Leistungsvermögens nur durch den Verlauf der allmählich wiederkehrenden Spannungsfestigkeit gegeben wird, wie sie z. B. die Durchbruchslinien f', f'' im Anodendiagramm in Abb. 116 zeigen, muß das Leistungsvermögen eines bestimmten

Stromrichter-Gefäßes demnach durch ein Kennlinien-Feld definiert werden, welches die zeitliche Wiederkehr der Spannungsfestigkeit für verschieden hohe vorausgegangene Ionisationen ausdrückt. Mit

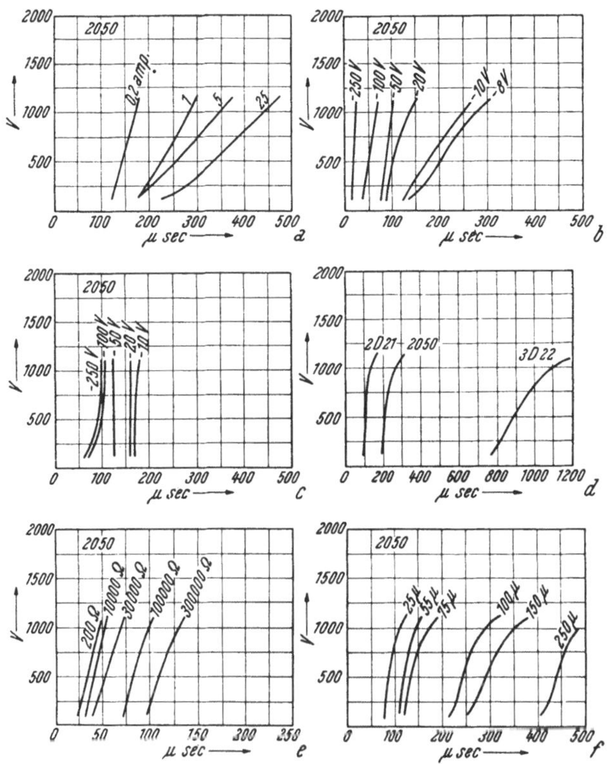

Abb. 126. Einfluß verschiedener Arbeitsbedingungen und konstruktiver Varianten auf den Verlauf der wiederkehrenden Spannung:
Ordinate = jeweilige Spannungsfestigkeit (Volt),
Abszisse = Zeit seit Strompulsende (μsec).

a der Höhe des Strompulses: Gitterspannung bis —8 V, Gitterwiderstand 200 Ohm, Schirm an Kathode; b der Gitterspannung: Pulsscheitel 1 Amp., Gitterwiderstand 200 Ohm, Schirm an Kathode; c der Schirmspannung: Pulsscheitel 1 Amp., Gitterspannung 175 V, Schirmwiderstand 200 Ohm zu Kathode; d der Rohrdimensionen: Pulsscheitel 1 Amp., mittlerer Anodenstrom 0,048, Gitterspannung —8 V, Gitterwiderstand 1200 Ohm, Schirm an Kathode; e des Schirm-Widerstands Ω in Ohm, Pulsscheitel 1 Amp., Gitterspannung 175 V, Schirm über Ω an Kathode; f des Gasdruckes in μ (Xenon): Pulsscheitel 1 Amp., Gitterspannung —15 V, Gitterwiderstand 200 Ohm, Schirm direkt an Kathode.

Hilfe eines solchen Feldes lassen sich für beliebige Anodenspannungen die jeweiligen Grenzströme und umgekehrt die Grenzspannungen für beliebige Ströme und Stromformen voraussagen. Die Ermittlung solcher Kennlinien-Felder kann entweder graphisch nach den Ausführungen von Kap. IV oder experimentell etwa mit einer Meßanordnung nach Abb. 116 vorgenommen werden.

In Abb. 126 sind von H. Wittenberg [103] bekanntgegebene Durchbruchsspannungs-Kennlinienfelder für bestimmte Thyratrons wiedergegeben. Entsprechend den verschiedenen untersuchten konstruktiven, schaltungs- und betriebsmäßigen Varianten ergibt sich eine Mehrzahl von Kennfeldern, die zum Teil der

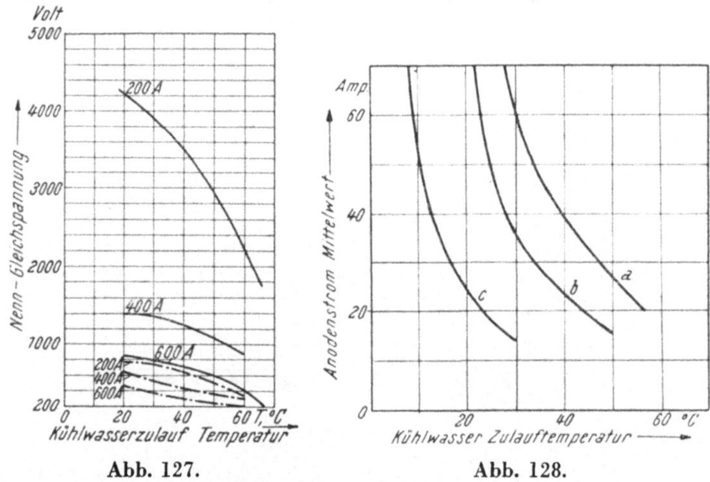

Abb. 127. Abb. 128.

Abb. 127. Grenzspannungsdiagramm (graphisch abgeleitet) für ein wassergegekühltes Einanoden-Stromrichtergefäß (Abb. 77). Parameter bedeuten Dauerströme: Aussteuerung ——— $\alpha = 0$, —·—· $\alpha = \pi/2$.

Abb. 128. Grenzstrom-Diagramm für wassergekühltes Hochspannungs-Einanoden-Gefäß (Abb. 79).
a ... Grenzlast für $V_\alpha/V_0 = 1{,}0$; b ... Grenzlast für $V_\alpha/V_0 = 0{,}7$; c ... Grenzlast für $V_\alpha/V_0 = 0{,}0$; V_α ... ausgesteuerte Spannung; V_0 ... maximale Spannung bei $\alpha = 0$.

Auffindung optimaler Arbeitsbedingungen — Wahl der Gitter-Spannungen und -Widerstände —, zum Teil der Feststellung der vorteilhaftesten Gefäßproportionen und des Fülldrucks dienen. Für die Kennzeichnung des Leistungsvermögens eines bestimmten Gefäßes aber sind jene Kennlinien-Felder wie Abb. 126a notwendig, die die Rückkehr der Spannungsfestigkeit in Abhängigkeit von der Stromhöhe zeigen.

Bei Thyratrons mit Edelgasfüllung reicht bereits ein solches Feld zur Bestimmung der Grenz-Ströme und -Spannungen auch für verschiedenartige Anodenstrom-Formen und Belastungsspiele (Stromunabhängigkeit der Gasdichte) aus. Bei Dampffüllungen hingegen variiert die Mediumsdichte in weiten Grenzen entsprechend der jeweiligen Gefäß-Temperatur. Die durch Dichteunterschiede bedingten Veränderungen illustriert Abb. 126f; jedes Druckniveau ergibt ein anderes Spannungs-Kennlinienfeld.

Man muß daher bei dampfgefüllten Gefäßen ausdrücklich das Temperaturniveau bei Leistungsangaben einbeziehen. Die verschieden langen Zeitkonstanten der einzelnen Konstruktionsteile größerer, mehranodiger Gefäße lassen keine gleich einfache, allgemeingültige Charakterisierung wie bei den edelgasgefüllten Thyratrons zu. Es wird sich somit bei dampfgefüllten Stromrichter-Gefäßen empfehlen, sich auf stationäre Kennlinien-Felder zu beschränken, derart, daß die einzelnen Spannungswerte den durch die jeweiligen Ströme bedingten Endtemperaturen entsprechen.

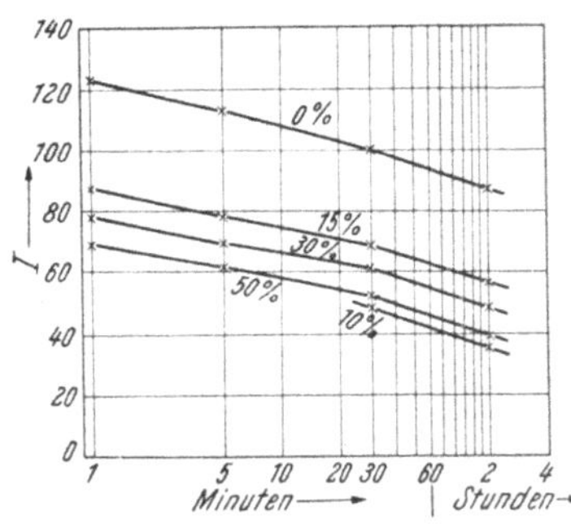

Abb. 129. Dauergrenzstrom I in $^0/_0$ des 30-min.-Stromes für abgeschmolzene Ignitrons als Funktion der Spannungsaussteuerung V_α/V_0 $^0/_0$.

(General Electric Co., Schenectady, NY.)

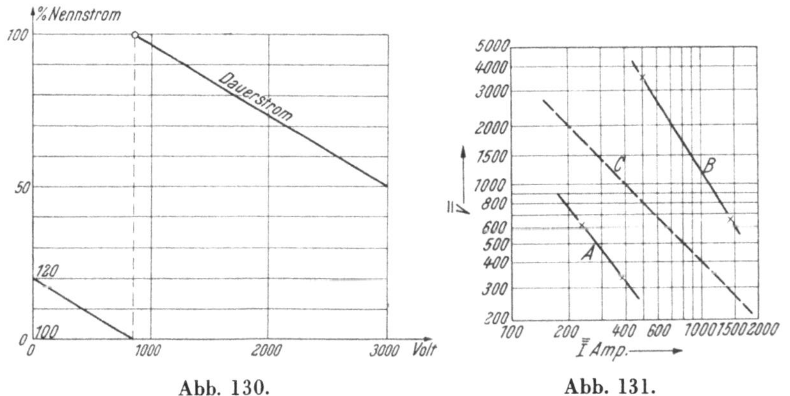

Abb. 130.

Abb. 131.

Abb. 130. Für verschiedene Betriebsspannungen (Volt) zugelassene Dauerströme für Glasgleichrichter-Gefäße.

(Elin-Gleichrichterliste, 1938.)

Abb. 131. Maximal zulässige Betriebsgleichspannung $\overline{\overline{V}}$ für: A abgeschmolzene bzw. B dauernd gepumptes Ignitrons als Funktion von Dauer-Nennstrom $\overline{\overline{I}}$. C ist eine Liniekonstante Leistung. Man erkennt, wie die erzielbaren KW bei höheren Spannungen für dasselbe Gefäß ansteigen.

(General Electric Co., Schenectady NY.)

Berücksichtigung des Temperaturganges der einzelnen Gefäßbestandteile läßt für bestimmte Fälle auch das Verhalten der Durchbruchsspannung bei nichtstationären Belastungen ermitteln, doch können hierfür keine allgemeingültigen Beziehungen zu den Grenzbelastungen des stationären Betriebes aufgestellt werden.

Abb. 127, 128 zeigen als Beispiele für solche graphisch abgeleitete stationäre Kennlinien-Felder je ein Grenzstrom- und Grenzspannungsdiagramm für die beiden Einanodengefäße Abb. 78 und 80. Ein gemeinsames Merkmal für alle mit Zündpunkt-Verspätung arbeitenden Steuerverfahren ist der starke Rückgang der Grenz-Strom- bzw. Spannungswerte bei zunehmender Aussteuerung. Dies läßt auch Abb. 129 für Ignitrons [105] erkennen, ein Kennlinienfeld, das

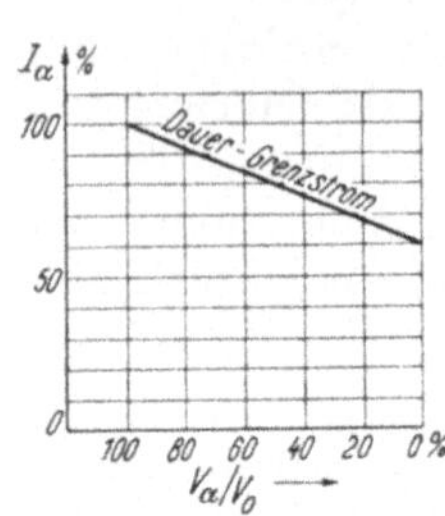

Abb. 132. Für verschiedene Daueraussteuerung α erfahrungsgemäß ratsame Reduktion des Dauer-Nennstromes I_α von Hg-Dampf-Stromrichter-Gefäßen.

ebenso wie die vorangegangenen zwei Diagramme für Anodenstrom-Impulse bei lückenlosem Gleichstrom (vgl. Abb. 3 e) aufgestellt worden ist.

Da die Belastung mit schwach überlappenden, angenähert rechteckigen Anodenströmen einem in der Stromrichter-Technik sich häufig wiederholenden Betriebsfall entspricht, wird diese Belastungsart bei den üblichen Gefäßbeschreibungen vielfach stillschweigend vorausgesetzt. Unter dieser Voraussetzung zeigen Abb. 130 und 131 die in ungesteuertem Gleichrichterbetrieb erforderliche Herab-

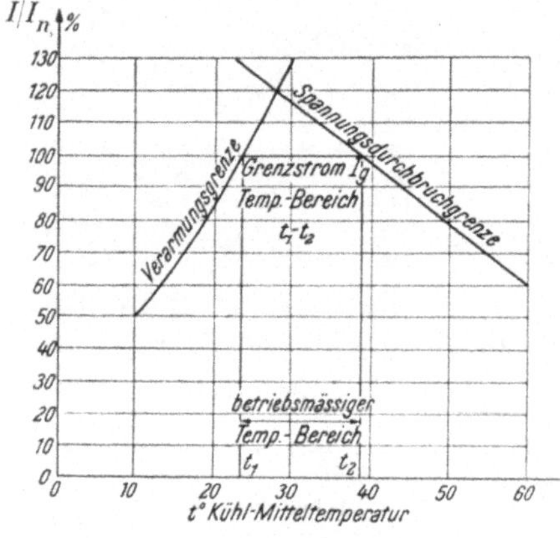

Abb. 133. Typisches Grenzstromdiagramm für Hg-Dampf-Stromrichter-Gefäße. Verarmungsgrenze (links) gibt höchstzulässige Anfahrstromspitze I an. Spannungsdurchbruchsgrenze gibt höchstzulässigen Dauerbetriebsstrom I an. Kühlmittelschwankungsbereich t_1 bis t_2 beschreibt die ausnutzbare Leistung und definiert Dauer-Nennstrom I_n.

setzung des Nennstromes von Glasgleichrichter-Gefäßen bzw. Ignitrons [105] mit zunehmender Betriebsspannung. In ähnlicher Weise gibt Abb. 132 für Glas-Stromrichter-Gefäße die erforderliche Stromreduktion bei lückenlosem Gleichstrom, wenn Spannungsregelung durch Zündpunktverspätung vorgenommen wird.

Einen guten Überblick über die das Leistungsvermögen eines Stromrichter-Gefäßes (Gleichrichterbetrieb) sehr stark beeinflußende Kühlmitteltemperatur vermittelt das Verarmungsgrenze (vgl. Kap. IV, 3, 1, 4, 1) und Spannungsdurchbruch im stationären

Betrieb beinhaltende Grenzleistungs-Diagramm Abb. 133. Darin ist — als Funktion der Kühlmitteltemperatur — die Verarmungsgrenze (links) eingetragen, die angibt, ein wie hoher Strom jeweils beim Einschalten des vorher unbelasteten Stromrichter-Gefäßes ohne Gefahr von Ionenverarmung zugelassen werden kann, während auf der rechten Seite die (hier nur eine) Spannungsgrenzen gezeichnet sind, die den im Dauerbetrieb für eine bestimmte Spannung höchstzulässigen Strom abgeben. Bei Zündpunktaussteuerung rücken die Spannungsgrenzen entsprechend Abb. 127 und 128 nach links, während sie für zeitlich begrenzte Überlastungen (nach vorangegangener schwächerer Belastung) sich nach rechts verschieben. Für kurze Zeiträume, innerhalb derer sich die Dampfdichte noch im Niveau der vor Überlast herrschenden Dichte befindet, weisen die Niederdruck-Stromrichter-Gefäße mit Fleckkathoden außerordentlich hohe Überlastfähigkeit auf. Als Beispiel hierfür gibt Abb. 134 nach den VDE-Vorschriften — VDE 0555/1936 — von Eisen-Großstromrichtern zu erwartende und zulässige Überlastfähigkeiten wieder. Bei Glasgleichrichtern ist der Verlauf der Überlastfähigkeit ähnlich, doch ist wegen der viel kleineren Wärmekapazität des Glasbehälters und des kleineren spezifischen Volumens die Grenzzeit nur sechs bis zehn Minuten.

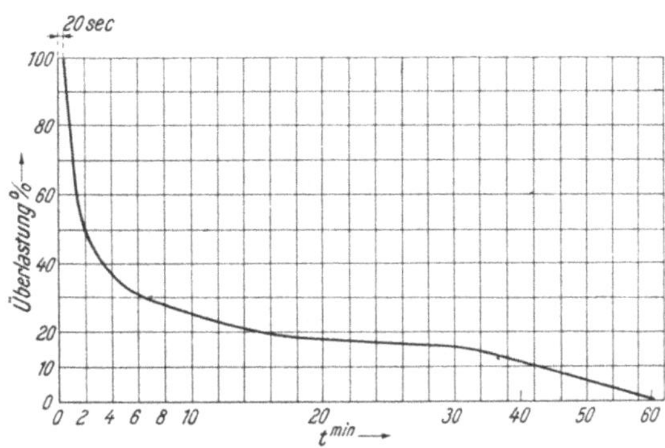

Abb. 134. Hg-Dampf-Eisen-Stromrichter-Überlastfähigkeit. Zulässige Überströme I als Funktion der Überlastungszeit nach vorhergegangenem Dauerbetrieb mit Nennlast I_n. (VDE 0555/1936.)

V, 2. Schalteigenschaften.

Bei der analytischen Behandlung der Strom- und Spannungs-Verhältnisse in Stromrichter-Kreisen wird allgemein stillschweigend angenommen, daß im ungesteuerten Gleichrichterbetrieb die Kommutierung, d. h. die Zündung der phasenfolgenden Anode, in dem Augenblick einsetzt, in welchem dieselbe die Spannung der gerade brennenden erreicht hat, während im gesteuerten Betrieb die phasenfolgende Anode verspätet, aber gleichzeitig mit dem Gitter- oder Ignitor-Impuls die Stromführung aufnimmt. Im praktischen Stromrichter-Betrieb aber ist diese Idealisierung nur angenähert erfüllt, da ein kleiner Zündspannungs-Überschuß zumindest unvermeidlich ist.

V, 2, 1. Zünden ungesteuerter Anoden.

Die Zündung bei ungesteuerten Gleichrichter-Anoden erfolgt nicht bei Spannungsgleichheit, sondern erst nach Erreichen einer gewissen Überspannung, der Zündspannung der betreffenden Anode, die in den Oszillogrammen von Abb. 96 als Spitze e_z scharf hervortritt. Die Höhe dieser Spitze ist nun einerseits selbst im stationären Gefäßbetrieb dauernden Schwankungen unterworfen, sie verändert aber auch, je nach den äußeren Belastungsverhältnissen, ihr Niveau nicht unbeträchtlich. Da erst die Höhe dieser Spitze den wirklichen Zündmoment festlegt, ergibt sich hierdurch eine ungewollte Zündverspätung, die eine entsprechende Spannungsabsenkung im Lastkreis und eine entsprechende Leistungsfaktor-Verschlechterung hervorruft. Bei Glühkathodengleichrichtern beträgt die Zündspitze meist nur wenige Volt und ist nur geringen Schwankungen unterworfen (vgl. Daten zu Abb. 48). Bei Hg-Dampf-Gleichrichtern mit Fleckkathoden hingegen liegen die Zündverhältnisse nicht immer so günstig. Besonders bei längeren Anodenarmen oder engen Anodenhülsen erreicht sowohl das lastbedingte Zündspitzen-Niveau als auch die laufend auftretenden momentanen Schwankungen nicht vernachlässigbare Werte. Mit einfachen Hilfsschaltungen zur Unterdrückung des negativen Teiles der Anodenspannung können diese Zündspannungswerte entweder als Spannungs-Zeit-Oszillogramme nach Abb. 96 oder nach einem Vorschlag von A. Siemens [91] als dynamische Brenncharakteristiken (Abb. 135) beobachtet werden. In beiden Fällen ist ein dauerndes Fluktuieren der Zündspitze e_z festzustellen. Bei Glasgleichrichtern zeigt sich außer diesen momentanen Fluktuationen und der Lastabhängigkeit des Niveaus mit zunehmender Betriebszeit eine allmähliche Steigerung des letzteren. Es handelt sich dabei um das bereits beschriebene Hartwerden (Pseudo-Hochvakuum).

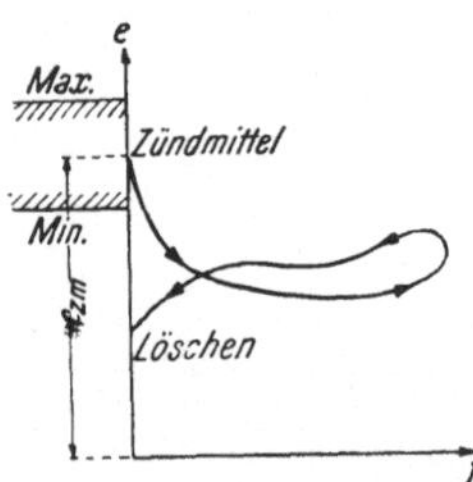

Abb. 135. Dynamische Spannungsabfall-Charakteristik.

Oszillographische Darstellung des e_0/I-Zusammenhanges. Die Zündspitze e_z ist auch bei stationärer Belastung nicht fest. Sie schwankt dauernd zwischen „Max." und „Min." ohne Gesetzmäßigkeit und deutet dadurch von Puls zu Puls schwankende Zündbedingungen an.

V, 2, 2. Zünden von gesteuerten Anoden.

Die Zündverspätung gesteuerter Anodensysteme wird durch willkürliches Zurückhalten der notwendigen Vorionisation in dem Anodenraum bewirkt. Zwei voneinander unabhängige Momente ergeben das Zeitintervall zwischen Zündsignal und dem Einsetzen der Hauptentladung. Einerseits handelt es sich um die Zeitverzögerung, mit der das Steuerorgan (Gitter, Ignitor) auf das Signal reagiert, und anderseits um die Übertragungszeit, die verstreicht, bis die Vorionisation vom Steuerorgan zur Anode gelangt.

Stromtore mit Glühkathoden weisen dank der Elektroden-Nähe (vgl. Abb. 47 oder 49) günstige Zündverhältnisse auf. Das vor der Anode im Entladungspfad liegende Steuergitter verhindert das Eintreten von Vorionisation zur Anode, solange es selber ausreichend negativ ist, um das Anodenfeld nicht in den Raum vor das Gitter durchgreifen zu lassen. Wird aber das Gitterpotential unter einen gewissen Schwellwert gebracht, dann kann Vorionisation in den Raum vor der Anode eintreten und Zündung der Hauptanode erfolgen. Der für die Zündung erforderliche Gitterspannungs-Schwellwert ist anodenspannungsabhängig — vgl. Abb. 136 — und verläuft in einem weiten Anodenspannungs-Bereich im Negativen [78 e]. Diese „negative Gitterzündung“ ist für Thyratrons typisch und zeichnet sich dadurch aus, daß extrem kleine Gitterströme zum sicheren Zünden der Anode ausreichen. (Die Kapazität zwischen Gitter und Anode koppelt besonders bei höheren Arbeitsfrequenzen oder Spannungssprüngen in der Anodenspannungskurve Steuer- und Arbeitskreis und kann unter Umständen störenden Einfluß auf die Zündgenauigkeit der Stromrichter-Anordnung nehmen, wenn sie nicht entsprechend durch Gitter-Kathodenableitungen kompensiert wird.)

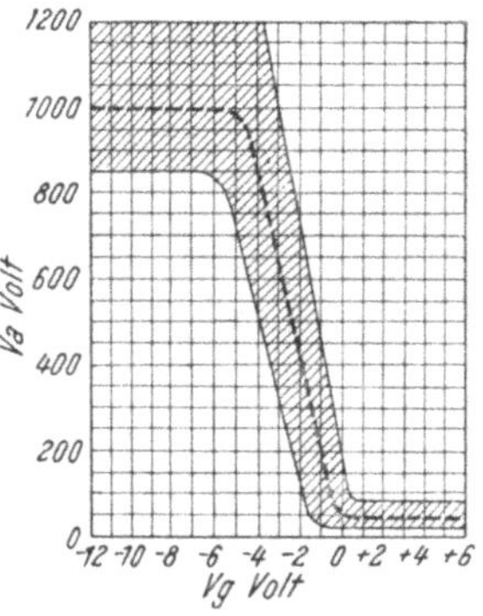

Abb. 136. Zündcharakteristik eines xenongefüllten Stromtores (ELC6J) gibt den Steuerbereich in Abhängigkeit von Anoden- und Gitterspannung an. Über der schraffierten Fläche erfolgt die Zündung, darunter die Sperrung sicher; dazwischen liegt ein Unsicherheitsgebiet.

V_a . . . Anodenspannung (Scheitel); V_g . . . Gitterspannung.

(Electrons, Inc; Newark N. J.)

Es sind vor allem die gut definierten ruhigen Gas- bzw. Dampf-Verhältnisse in solchen Glühkathodensystemen, die die einfachen, kurzen Gitteranordnungen ermöglichen und sich in sauber reproduzierbaren Gitter-Zündcharakteristiken mit engem Streubereich widerspiegeln, wo, wie z. B. in Abb. 136, die Rückwirkung der Anodenspannung in dem Abfallen der Zündcharakteristik bei abnehmender Anodenspannung deutlich erkennbar ist.

Unterhalb gewisser konstruktionsbedingter Anodenspannungswerte aber tritt Zündung der Anode erst ein, wenn das Steuergitter selbst positiv geworden ist — positive Gitterzündung. Hier reicht der Anodendurchgriff nicht mehr aus, um die durch Diffusion in dem Raum vor dem Gitter befindliche Vorionisation in den Anodenraum zu bringen und damit zu zünden. Jetzt muß das Gitter erst selbst als Anode zünden und damit die lokale Ionisation an seiner Vorderseite beträchtlich verstärken. Erst diese verstärkte Ionisation, die teils durch Diffusion, teils zufolge des Anodendurchgriffs in den Anodenraum gelangt, reicht nun für die endgültige Zündung aus. Hierzu ist begreiflicherweise ein viel höherer Gitterstrom erforderlich, wie es z. B. der linke steile Ast der Gitterstrom-Charakteristik (Abb. 137a) für das vorbeschriebene Stromtor ELC6J zeigt. Bei positiv werdender Gitterspannung verhält sich das Gitter dabei zuerst wie eine zündende Anode, wie Abb. 137 b erkennen läßt, wirkt aber, sobald die Hauptanode gezündet hat, nur mehr als Sonde.

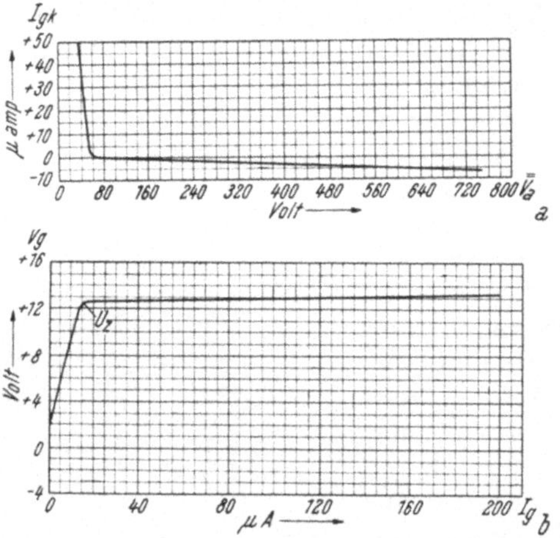

Abb. 137. Gitterstromverhalten von Stromtoren.

a) Kritischer Gitterstrom I_{gk}. Je nach der Höhe der an der Anode liegenden Spannung $\overline{V}_a$ (als Gleichspannung gemessen) ist ein höherer oder niederer Mindestgitterstrom I_{gk} zum Zünden der Röhre erforderlich.

b) Gittereinstrom I_g. Je nach der Höhe der angelegten, positiven Spannung V_g fließt ein bestimmter Strom zum Gitter. Die angegebenen Werte gelten ohne Spannung an Hauptanode. Oberhalb einer von der Röhrenkonstruktion abhängenden Spannung U_z (10 — 19 V) setzt eine Bogenentladung ein. Das Gitter verhält sich dann wie eine Anode. Bei arbeitender Hauptentladung wirkt das Gitter als Sonde und nimmt ein Potential etwa 2 V über Kathode an.

(Electrons, Inc; N. J.) [78 e]

Bei gesteuerten Stromrichter-Gefäßen mit Fleckkathoden hat es sich als notwendig erwiesen, den Steuergittern beträchtliche axiale Erstreckungen zu geben, eine Anordnung, die man als Schachtgitter bezeichnet. Die Schachtgitter ergeben für die Anode selbst besser definierte Zündbedingungen, als sie in gitterlosen Gleichrichter-Anodensystemen zufolge der unruhigen Dampfverhältnisse herrschen. Die beträchtliche Gitterkanallänge aber schaltet den Anodendurchgriff praktisch aus, so daß Anodensysteme mit solchen Schachtgittern nur bei positiven Gitterspannungen zünden können. Zur Schaffung ausreichender Vorionisation müssen auch wirklich, je nach der Gitterquerschnittsfläche und -höhe Ströme von mehreren mAmp. bei kleinen Glasgleichrichtern, bis zu Hunderten von mAmp. und darüber bei großen Eisengleichrichtern dem Gitter zugeführt werden, um sichere Zündung der Anode zu erreichen. Da das Gitter zuerst selber als Anode zündet, ist es nunmehr als solche den im vorangegangenen geschilderten Unregelmäßigkeiten in der Zündung ausgesetzt. Um den angestrebten Zündmoment daher mit ausreichender Genauigkeit einzuhalten, sind Gitterspannungen mit entsprechend steilen Flanken vorzusehen. Speziell bei weiten Entladungspfad-Querschnitten, wie sie für Eisenstromrichter größerer Leistung Verwendung finden, würden sich trotzdem untragbar weite Zündspannungsschwankungen ergeben. Man hat daher schon seit langem den oben für die Anode

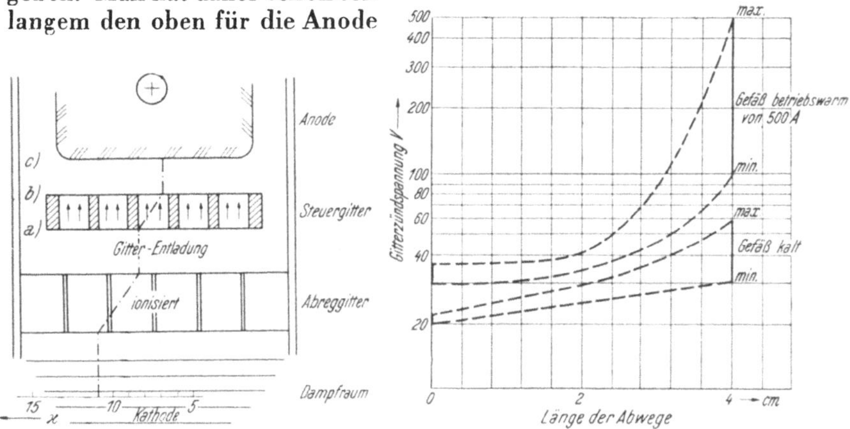

Abb. 138. Abb. 139.

Abb. 138. Ionisationsverteilung im Anodenraum vor dem Zünden —·—·. Das Steuergitter muß im Zündmoment genügend Energie erhalten, um den Raum darüber bis zu der Anode so weit zu ionisieren, daß die Anode die Entladung übernehmen kann.

Abb. 139. Schwankungsbereich der Gitterzündspannungen eines luftgekühlten Eisenstromrichter-Gefäßes, gemessen an Kleineisenstromrichtern nach Abb. 67 mit verschieden langen Abregegittern.

beschriebenen Ionisationsschwankungsausgleich durch das Steuergitter auch für letzteres durch ein weiteres, demselben vorgelagertes neutrales Abregegitter ausgenützt. Abb. 138 veranschaulicht das entsprechende Anordnungsschema und deutet das dadurch bewirkte mittlere Ionisationsgefälle an. Selbst mit einem solchen zusätzlichen Abregegitter sind die Zündspannungsschwankungen des Steuergitters noch immer beträchtlich (Abb. 139). Hier sind Extremwerte der zur Zündung der Gitter notwendigen Spannungen für Eisen-Stromrichter-Anoden mit verschieden langen Abregegittern dargestellt. Der Einfluß der Länge derselben auf die Höhe der Zündspannung ist ohne weiteres durch die hiervon bedingte Höhe der Vorionisation erklärlich; die auffallende Erhöhung der Zündspannung bei betriebswarmem Gefäß aber ist nur zum Teil auf die hierbei geringere Kondensations-Einschleppung, zum Teil aber auch auf die im nächsten Abschnitt beim Erstzünden näherbehandelte thermische Diffusionsbehinderung zurückzuführen. Der zwischen „min“ und „max“ liegende Streubereich illustriert anschaulich den Umfang, den selbst im normalen Betrieb die in Abb. 135 angedeuteten Zündspitzenfluktuationen annehmen.

Die derzeitigen Kenntnisse der Übertragung der Zündung vom Gitter zur Anode selbst sind nur bescheiden. Man hat empirisch festgestellt, daß Gitterströme unter einer gewissen Größe zur Zündung der Hauptanode nicht ausreichen, so daß das Gitter allein zündet, ohne die Anode nachfolgen zu lassen. Die für das sichere Übernehmen der Anode erforderlichen Mindestströme schwanken stark nach der jeweiligen Konstruktion des Anodensystems. Kurze Abstände zwischen Anode und Gitter sowie geringe Schachthöhen verringern die Mindestströme und umgekehrt.

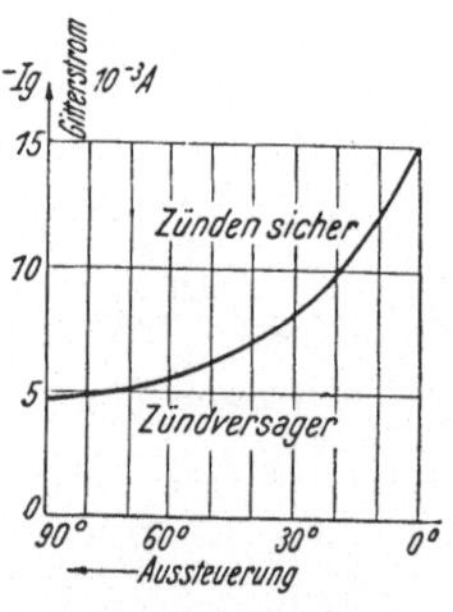

Abb. 140. Mindestgitterstromcharakteristik bei rechteckigem Spannungspuls (gemessen an 500-A-Glasstromrichter) (Ig-Gitterstromscheitel.

Im Gegensatz zu den Thyratrons, wo die Gitterdaten heute eine selbstverständliche Charakteristik für jede Rohrtype vorstellen, sind Zahlenangaben über das Steuergitterverhalten von Stromrichtergefäßen mit Fleckkathoden wegen der großen Schwankungen und der schlechten Reproduzierbarkeit jedweder Grenzmessungen kaum zu finden. Zur Andeutung des Gitterstrom-Niveaus mag Abb. 140 dienen, wo für einen großen Glasstromrichter-Kolben die Gitterstromscheitel in Abhängigkeit vom Aussteuerungswinkel aufgetragen sind, die notwendig waren, um bei Vollast aussetzungsfrei die Anoden zu zünden. Der Mindestgitterstrom ist aber auch von dem Anodenspannungs-Scheitelwert und insbesondere von der Höhe der Gefäßbelastung abhängig. Durch Bereitstellung empirisch festgestellter reichlicher Gitterstromintensitäten hat man es seit langem erreicht, daß gittergesteuerte Stromrichtergefäße unter allen vorkommenden Betriebsmöglichkeiten verläßlich zünden. Der hiefür erforderliche Leistungsaufwand ist aber, bezogen auf Arbeits-Strom und -Spannung, mehrere Größenordnungen höher als bei Thyratronsystemen für gleichwertige Steueraufgaben.

Bei den größeren Ignitrons sind die Vorgänge beim Zünden noch komplizierter als bei dauererregten Gefäßen, da die Zündkaskade mehr Stufen und längere Pfade umfaßt. Zuerst zündet der Zündstift, dann folgt die Zündung der Hilfselektrode, hierauf tritt Übertragung von derselben zum Hauptgitter ein, und schließlich erst setzt die Anode ein. Jede dieser Stufen braucht einen Mindeststrom und eine Mindestzeit. Allerdings sind die einzelnen Zeiten sehr kurz. Detaillierte Untersuchungen über die einzelnen Zündstufen sind auch hier nicht bekannt, wohingegen die Zeitverzögerung des Zündstifts selber gut erforscht ist (vgl. Abb. 37).

Bessere Kenntnis des Zündmechanismus und der Zündbedingungen allgemein ist sowohl für die Konstruktion von Stromrichter-Gefäßen als auch die Festlegung der richtigen Betriebsbedingungen sehr erwünscht. Beobachtung der Zündspannungsschwankungen von Stromrichter-Elektroden (sowohl Anoden als auch Gitter) in weitem Variationsbereich der Arbeitsbedingungen erscheint zur Aufstellung der Ursachen und Einflüsse, denen die Zündspitzen unterworfen sind, unvermeidlich. Da Zündspitzenschwankungen von Stromrichter-Gefäßen bisher in der Literatur kaum behandelt wurden, erscheint eine eingehende Beschreibung einer besonderen Zündanomalie am Platze, die bestimmte Einwirkungen der äußeren Umstände sehr deutlich erkennen läßt.

V, 3. Erstzündanomalie.

Es handelt sich hierbei um die in Stromrichter-Anlagen mit mehreren parallel arbeitenden Gefäßen gelegentlich beobachtete Erscheinung, daß einzelne betriebswarme Stromrichter-Gefäße unmittelbar nach einer kurzen Stromunterbrechung einige Zeit hindurch schwer oder gar nicht Last übernehmen wollen, eine Erscheinung, die man als Erstzündanomalie warmer Gefäße bezeichnet und mit der man sich im allgemeinen ohne besondere Schwierigkeiten abfinden kann, da sich diese Erscheinung nur bei Parallelspeisung mehrerer Gefäße von einem Transformator aus zeigt, nur an einem Bruchteil der vorhandenen Gefäße auftritt und sich durch Wiederingangkommen der bzw. des betroffenen Gefäßes im Verlauf von einigen Minuten von selber wieder bereinigt. Die Erstzündanomalie steht aber im Widerspruch zu der häufig geäußerten Ansicht, daß Parallelarbeiten mehrerer Anoden, die von ein und demselben Transformator gespeist werden, dann gesichert ist, wenn die Brennspannungscharakteristiken der fraglichen Anoden den gleichen Verlauf aufweisen. Auf dieser Basis ist die Erstzündungsanomalie warmer Anoden nicht zu verstehen, da man sich leicht überzeugen kann, daß solche Anoden, sobald sie durch irgend eine Maßnahme einmal zum Brennen gebracht worden waren, immer ohne feststellbare Abweichungen der Brennspannung richtig weiterarbeiten. Eine nähere Untersuchung der Zündspitzen im Siemens-Stromrichter-Werks-Prüffeld führte aber auf die innere Ursache der beobachteten Schwierigkeiten. Im Hinblick auf die allgemeine Bedeutung dieser Ergebnisse, die bisher nur in einer Habilitierungsschrift [106] beschrieben worden sind, sollen die einzelnen Etappen der Messungen chronologisch aufgeführt werden.

Bei einem ersten informativen Vorversuch wurden die Zündspitzen einer beliebigen Anode eines Stromrichter-Gefäßes der oszillographischen dynamischen Lichtbogencharakteristik einerseits im stationären Betrieb und anderseits beim Wiedereinschalten nach einer kurzen Betriebspause visuell entnommen und diese Spannungswerte in Abhängigkeit von der Belastung aufgezeichnet.

Es zeigte sich hiebei, daß je nach der Höhe der vorangegangenen Belastung die Zündspiţe beim Erstzünden, d. h. nach kurzer Unterbrechung des Belastungsstromes, mehr oder weniger über der Zündspiţe im stationären Betrieb liegt. In Abb. 141 sind die so gefundenen Zündspannungsspiţen durch die Kurven β den mittleren Zündspannungsspiţen α im stationären Betrieb als Funktion der Belastung gegenübergestellt. Die Messungen wurden je an einem Glas- und an einem Eisenstromrichter-Gefäß von 500 Amp. Nennstrom unter normalen Betriebsbedingungen vorgenommen. Der Unterschied zwischen normaler und Erstzündspannungsspiţe wurde in der geschilderten Weise bei größeren Belastungen mit Werten zwischen fünf und acht Volt festgestellt, wobei das Glas-Stromrichter-Gefäß die niedrigeren Werte aufwies.

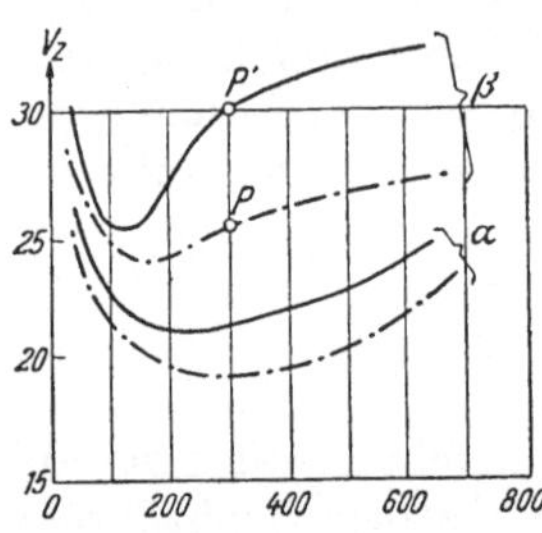

Abb. 141. Zündspannungscharakteristiken von 500-A-Stromrichter-Gefäßen

α bei Dauerbetrieb, β einige sec nach Wiedereinschalten folgend auf Betriebsunterbrechung.

—·—·— Glasstromrichter,
——— Eisengefäß.

Stromwerte auf der Abszisse sind Dauerstrom bzw. Vorbelastungsstrom.

Da die visuelle Bestimmung der in Abb. 141 angegebenen Zündspannungsspiţen aber wegen des offensichtlichen, schnellen Abklingens derselben Zweifel hervorrief, ob die abgelesenen Spiţen tatsächlich die Erstzündungsspannung wiedergaben, wurden zwei weitere genauere Meßverfahren entwickelt. Diese erlaubten, die Höhe der Zündspannung exakt im Moment der ersten Zündung festzustellen, was unerläßlich war, um Näheres über die Art der Ursache des Erstzündens zu erkennen.

Das eine Verfahren besteht darin, daß bei festgehaltener Höhe der an die Anoden des zu untersuchenden Gefäßes gelegten Spannung und Betrieb auf eine Gegenspannung (Motor oder Batterie) der Hauptstromkreis kurzzeitig unterbrochen und darauf sofort wieder geschlossen wird. Ist das Gefäß ausreichend warm, dann seţt tatsächlich das Stromrichter-Gefäß die unterbrochene Stromführung nicht wieder fort. Wird hierauf die Gegenspannung so lange gesenkt, daß das Gefäß wieder zündet, so erhält man auf diese Weise ohne Unterscheidung der als erste zündenden Anode sofort die Spannungsdifferenz, die zum Erstzünden gegenüber dem stationären Betrieb notwendig ist; diese entspricht im wesentlichen der Zündspiţendifferenz.

Bereits die ersten Messungen nach dieser Methode ließen erkennen, daß die so gefundenen Erstzündspannungen ein Mehrfaches der in Abb. 141 angegebenen, visuell gemachten Beobachtungen betragen und unter ungünstigen Umständen die Größenordnung von mehreren hundert Volt erreichen können, wie die Ergebnisse einer solchen Gegenspannungsmessung an einem luftgekühlten 500-Amp.-Eisen-Stromrichter-Gefäß zeigen (Abb. 142). Dabei ist als Parameter die jeweilige Gleichstrom-Vorbelastung vor der Messung eingetragen, was im Hinblick auf den erreichten Dauerzustand ein gutes Maß für die Anodenerwärmung bildet, während als Abszisse die relative Phasenlage zwischen Erregersystem und Hauptanodenspannung verwendet wurde. Die räumliche Zuordnung zwischen Erregungs- und Hauptanodensystem ist aus der Skizze rechts oben ebenso zu entnehmen wie die zeitliche Lage der Hauptanoden zu der Erregungsphasenlage Null.

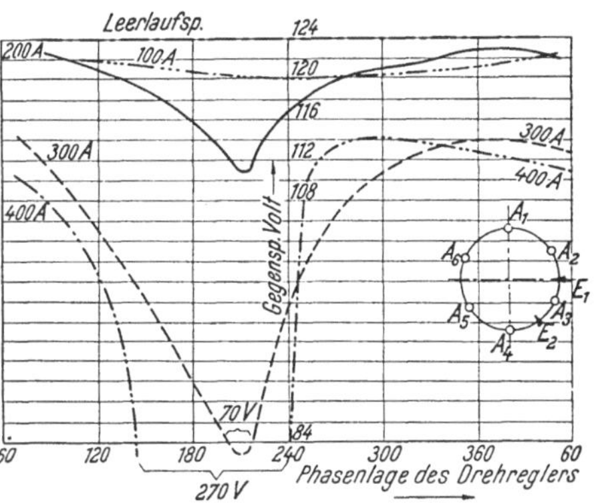

Abb. 142. Erstzündspannung eines 500-A-Eisenstromrichter-Gefäßes wie Abb. 67 dargestellt in Abhängigkeit von der Vorbelastung und der relativen Phasenlage zwischen Hauptanoden und Erregerspeisespannungen.

Die Abhängigkeit der Erstzündspannung von der gegenseitigen Phasenlage von Hauptanoden- und Erregerspannung zeigt eine Rückwirkung der Welligkeit des Erregerstromes (100 per/sec) und der damit proportionalen Ionisation vor der Anode. Die bei Induktionsreglerstellungen zwischen 150° und 240° auftretenden, besonders hohen Erstzündspannungen deuten auf einen komplexen Einfluß von Welligkeit des Erregerstromes und völlig unsymmetrischer Erregeranordnung in bezug auf die Anoden. Immerhin vermitteln aber die auf diese Weise gefundenen Abhängigkeiten der Erstzündspannungsspitzen Kenntnis der einflußnehmenden Faktoren. Es ist Höhe des Vorbelastungsstroms und Lage der Erregersäulen in bezug auf die verschiedenen Anodenspannungen.

Nach einer Vorbelastung von 300 Amp. hatte eine Reduktion der Gegenspannung auf 70 Volt entsprechend einer Zündspannungsspitze von etwa 54 Volt zu erfolgen. Bei einer vorhergegangenen Belastung von 400 Amp. jedoch mußte im kritischen Phasenlagegebiet sogar eine Zusatzspannung von 270 Volt hinzugefügt werden, um überhaupt eine Erstzündung zu ermöglichen, was einer Erstzündspannungsspitze von fast 400 Volt entspricht.

Um nun den Einfluß der Erregerlage eindeutig klarzustellen, wurde mit besserer Erregersymmetrie jede Anode getrennt beobachtet. Hierzu wurde die zweite, etwas größeren Aufwand erfordernde Meßmethode verwendet. Hierbei dient als Belastung ein konstanter Ohmscher Widerstand, worauf der Stromrichter bis zum Erreichen einer stationären Temperatur arbeitet; zusammen mit dem Stromunterbrechen aber wird die Spannung des Transformators verschwinden und unmittelbar darauf stetig wieder hochfahren gelassen, wobei aber nur jeweils eine Anode allein angeschaltet ist. Das Zünden wird oszillographisch registriert. So kann man die jeder einzelnen Anode für die jeweils eingestellten Vorbelastungsbedingungen und Erregerlage zuzuordnende Erstzündspannung feststellen.

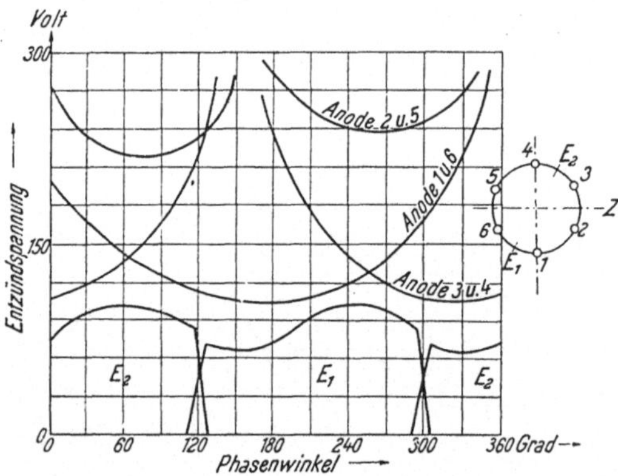

Abb. 143. Erstzündspannungen der verschiedenen Anoden eines 400-A-Eisenstromrichter-Gefäßes, gemessen für konstante Vollast, Anodenvorbelastung, aber für verschiedene relative Phasenlagen zwischen Anodenspannung und Erregung. E_1, E_2 Grundlage der Erregerströme für Phasenwinkel 0, räumliche Anordnung rechts oben.

In Abb. 143 sind auf diese Weise die für ein anderes 500-Amp.-Eisen-Stromrichter-Gefäß, ähnlich wie im vorangegangenen Fall, jedoch mit symmetrischer, zweiphasiger Erregung gefundenen Erstzündspannungen für eine konstante Belastung (angenähert Vollast) für verschiedene Phasenwinkel der Erregung aufgetragen. Die mit E_1 und E_2 bezeichneten Gebiete geben die Brennzeiten und die jeweils fließenden Momentanwerte der Erregerströme für die beiden Erregeranoden an. Die Erstzündspannungskurven sind dann so zu lesen, daß eine bestimmte Ordinate die Erstzündspannung der betreffenden Anode bei dem durch die Abszisse angegebenen Phasenverdrehungswinkel zwischen Erreger- und Hauptanodensystem bedeutet. Die Phasenwinkelwerte sind nur relativ in bezug auf die Induktionsreglerskalenteilung zu verstehen.

Die symmetrische Anordnung der Erregeranoden ergibt nun tatsächlich einen entsprechend symmetrischen Verlauf der Erstzündspannungskurven der einzelnen Anoden. Überdies erkennt man deutlich, wie ein höherer, räumlich der erstzündenden Anode näherliegender Erregerstrom-Momentanwert eine viel niedrigere Erstzündspitze ergibt als umgekehrt. Mit Berücksichtigung der im vorangegangenen gebrachten Zusammenhänge zwischen Dampfraum- bzw. Kathodengebiets-Ionisation und Vorionisation vor der Anode sind die Erstzündspannungskurven von Abb. 143 ein schlüssiger Beweis dafür, daß die Zündspitzenhöhe in der Vorwärtsrichtung von der Vorionisation vor der Anode (ebenso wie die negativen Durchbruchsspannungen) abhängig ist. Bei hohen Vorionisationswerten, z. B. zufolge eines nahe der Mündung gelegenen kräftigen Erregerstromes, ist die Zündspitze niedrig und umgekehrt.

Daß zwischen Zündspannung im stationären Betrieb und Erstzündspannung ein beachtlicher Größenunterschied auftritt, hat zwei Ursachen. Einerseits fehlt die durch das Atmen bewirkte *VI*-Einschleppung, und anderseits ist wegen des fehlenden Hauptbogens auch die Ionisation an der Anodenraummündung kleiner.

Um den Einfluß der Einschleppung zu überprüfen, wurden weitere Erstzündspannungsbeobachtungen im Zusammenhang mit Temperaturmessungen des Anodensystems vorgenommen. Hierzu wurde der zeitliche Verlauf der Erstzündspannung für eine bestimmte Anode unter verschiedenen Abkühlungsbedingungen untersucht, wobei sich die in Abb. 144 wiedergegebenen Zusammenhänge ergaben. Es sind die an einem kleinen Eisen-Stromrichter-Gefäß ähnlicher Bauform wie vorher an drei kennzeichnenden Stellen des Anodenarms gemessenen Temperaturen und der entsprechende zeitliche Verlauf der Erstzündspannung aufgetragen. Die Messungen wurden sowohl mit als auch ohne Ventilatorkühlung des Gefäßes durchgeführt. Ohne Ventilation steigt die Erstzündspannung unmittelbar nach dem Abschalten auf sehr hohe Werte von vielen hundert Volt an, fällt dann nach zwei Minuten auf 150 Volt und steigt dann nochmals bis auf 700 Volt, um erst nach einer Stunde den alten Wert von 150 Volt zu erreichen. Bei scharfer Ventilatorkühlung hingegen sinkt die hohe Erstzündspannung gleichmäßig ab und erreicht nach etwa einer Viertelstunde wieder das normale Niveau. Der zeitweilige Rückgang der Erstzündspannung ohne Ventilatorkühlung muß wohl durch sekundäre Dampfströmungserscheinungen zufolge ungleicher Abkühlungsgeschwindigkeiten erklärt werden. Die allgemeine Tendenz der Erstzündspannung folgt aber unzweifelhaft weitestgehend der Temperatur des Anodenraumes.

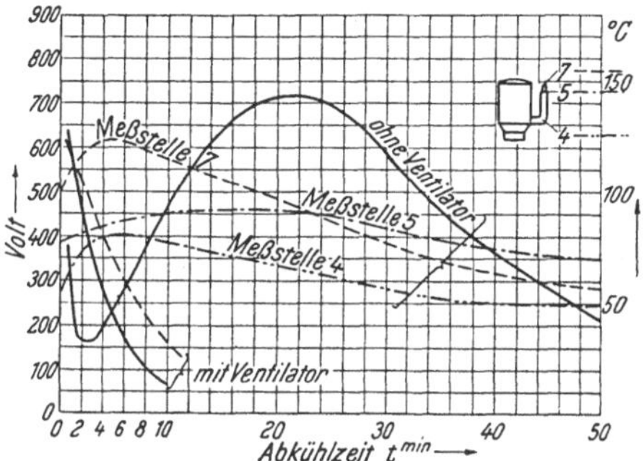

Abb. 144. Zeitlicher Verlauf der Erstzündspannung eines Eisenstromrichter-Gefäßes wie Abb. 66 und der dabei festgestellten Anodensystemtemperaturen.

Das Ausbleiben von Kondensationsströmungen (vgl. IV, 4, 2, 3, α) und der damit verbundenen Einschleppung hat zweifelsohne einen maßgeblichen Anteil an der Vorionisationsminderung bei warmen Anoden. Es kann aber schwer die mit der Temperaturabnahme gleichlaufende Abnahme der Zündspitzen damit völlig erklärt werden. Diese der Temperatur parallellaufende Abnahme der Erstzündspannung legt einen zusätzlichen Einfluß der warmen Anoden auf die Trägerdiffusion nahe. Die ersten Beobachtungen über eine solche Temperaturbehinderung auf die Trägereindiffusion bei heißen Anoden wurden bereits 1935 im Gleichrichter-Prüffeld der „Elin" in Wien gemacht und für die Entwicklung von Hochspannungsventilen ausgenutzt. Die eingehenderen Untersuchungen dieser Erscheinung wurden im Siemens-Stromrichter-Laboratorium 1939 und 1940 im Anschluß an die Erstzündspannungsbeobachtungen durchgeführt und die älteren Beobachtungen dahingehend bestätigt, daß tatsächlich die heißen Anoden gaskinetisch eine Behinderung der Trägerdiffusion hervorrufen. Es liegt hier der in Abschn. II, 6, 1, 2, beschriebene Sonderfall der Thermodiffusion vor, wo ein bestehender Konzentrationsunterschied sich zufolge des Temperaturgefälles langsamer ausgleicht als bei normaler Diffusion ohne Behinderung durch das Wärmefeld. Vergleich von Zündspitzen-Höhe und Niveau im stationären Betrieb und beim Erstzünden läßt Rückschlüsse auf die Einflüsse der einzelnen für die Ionisationszufuhr in den Anodenraum verantwortlichen Momente zu.

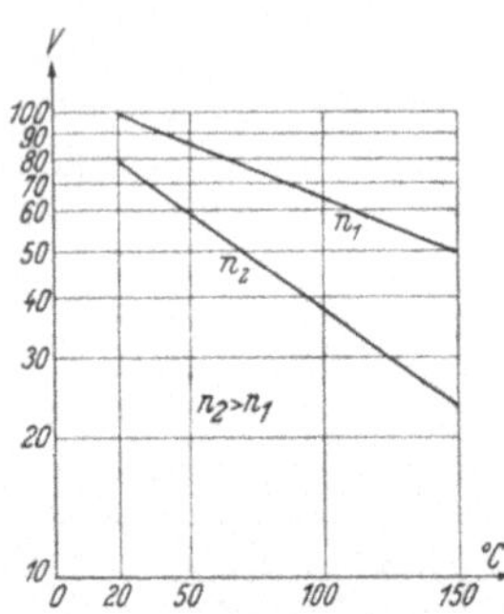

Abb. 145. Zündspannungsveränderung positiver Anoden als Funktion von Dampfdruck und Ionisation im Anodenraum (schematisch).

Bezeichnet man für einen bestimmten Strom die größte bzw. die niedrigste Zündspannung im stationären Betrieb mit e_{max} bzw. e_{min}, und die Erstzündspannung bei kalten bzw. warmen Anoden mit e_{warm} bzw. e_{kalt}, dann kennzeichnet $e_{max} - e_{min}$ den Anteil der Ionisation, der durch die statistisch nach Lage und Intensität wechselnden gerichteten Dampfstrahlen zugeführt wird, $e_{warm} - e_{kalt}$ den Anteil, der durch Kondensationsströmung und Diffusion herankommt, und $e_{warm} - \frac{e_{max} + e_{min}}{2}$ den Anteil des Atmens.

Durch derartige Beobachtungen müßte es möglich sein, den Vorionisationseinfluß auf die Vorwärtszündspitze sauber festzustellen. Das spärliche, bis jetzt zur Verfügung stehende Material ist aber noch nicht ausreichend, um ein Zündkennlinienfeld ähnlich wie das Rückzündungsfeld (Abb. 109) aufzustellen. Es ist aber anzunehmen, daß es einen Verlauf aufweisen wird wie in Abb. 145 skizziert.

V, 4. Gitter-Sperren.

Unter dem Begriff Sperren durch ein Gitter wird in der Stromrichter-Technik nicht die Löschung einer brennenden Entladung verstanden, sondern der Effekt, daß durch das Gitter ein Wiederzünden einer Anode in der nächsten Periode verhindert wird; Voraussetzung aber ist, daß der Strom vorher durch den Einfluß des äußeren Stromkreises auf Null gebracht worden war [107].

Da ein Wiederzünden der Anode nur dann stattfinden kann, wenn in dem Raum zwischen Gitter und Anode zumindest so viel Ladungsträger vorhanden sind, als für einen Zündvorgang benötigt werden, muß zur Verhinderung des Wiederzündens die Abregung der Restionisation entsprechend weit vorgeschritten sein und das Gitter das Eindringen neuer Ionisation aus dem Raum vor dem Gitter verhindern. Die Sperrwirkung eines Gitters kann mit Hilfe der Plasmatheorie unschwer geklärt werden. In Abb. 146 sollen die grobschraffierten Teile den Körper der Gitterplatte bedeuten; A—A ist die Achse je einer Gitterbohrung. Die Gitterplatte wird wie jeder in einem Plasma befindliche Körper je nach seinem Potential von einer stärkeren oder schwächeren Raumladungsschicht umgeben sein, in welchem der Übergang vom Potential des Plasmas zu dem des Körpers erfolgt, wobei der vom Körper abgelegene Rand der Schicht das Plasmapotential selber aufweist. In der Raumladungsschicht erfolgt eine überwiegend gegen die Wand gerichtete Trägerbewegung; im Gegensatz zu der im Plasma vorherrschend ungeordneten gaskinetischen Bewegung wird daher in der Raumladungsschicht Trägerdiffusion parallel zur Wand weitgehend zurücktreten.

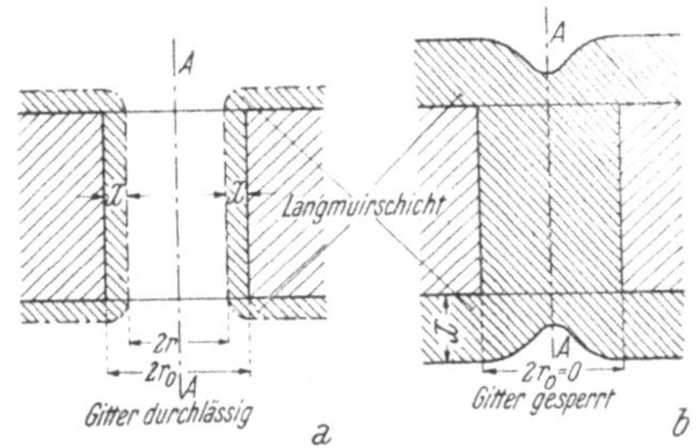

Abb. 146. Raumladungsschichten an Steuergittern.
a) Enge, getrennte Schichten.
b) Weite, die Gitterbohrungen verschließende Schichten.
r_0 ... Gitterbohrungsradius; r ... Kanalradius zwischen Schichten; x ... Langmuirschicht-Dicke.

Die Stärke der Raumladungsschicht hängt nach Gl. (II, 18) vom Potentialunterschied und Stromfluß durch die Schicht ab. Letzterer ist im wesentlichen durch die Ionisation des umgebenden Plasmas bestimmt, daher wächst die Stärke der Raumladungsschicht mit abnehmender Trägerdichte. Vergleich mit den Langmuir-Schichtdicken von Abb. 26 zeigt, daß bei entsprechend niederen Werten der Ionisation die Schichten so stark werden, daß die Gitteröffnungen völlig ausgefüllt sind (vgl. Abb. 146 b); dies tritt ein, sobald sich beide Schichten rechts und links vereinigt haben. In Abb. 146 a veranschaulicht die strichpunktierte Linie die Grenze der Raumladungsschicht für relativ hohe Ionisation. Durch den Kanal zwischen beiden Raumladungsgrenzen kann unbehindert sowohl Diffusion vor sich gehen als auch hierdurch Kraftlinien von der Anode in den Raum vor das Gitter durchgreifen, die dort somit eine gerichtete Trägerbewegung hervorrufen. Sind hingegen nach Abb. 146 b die beidseitigen Raumladungsgebiete der Gitterbohrungs-Begrenzungswände miteinander verschmolzen, dann können weder Kraftlinien von der Anode über das Gitter hinweggreifen noch kann Diffusion erfolgen, da sämtliche Träger beim Überschreiten der kathodenseitigen Randzone durch das Eigenfeld der Raumladung erfaßt worden sind. Das Gitter wird daher von jenem Moment an sperren, in dem die Gitteröffnungen voll durch die Raumladungen erfüllt werden. Die Berechnung der Gittersperrung ist somit auf die Verfolgung der Ionisation im Anodenraum zurückgeführt worden. Die zahlenmäßige Bestimmung der Ionisation im Gittergebiet unterscheidet sich in keiner Weise von den diesbezüglichen bei der Bestimmung der Anodensperrspannung beschriebenen Verfahren.

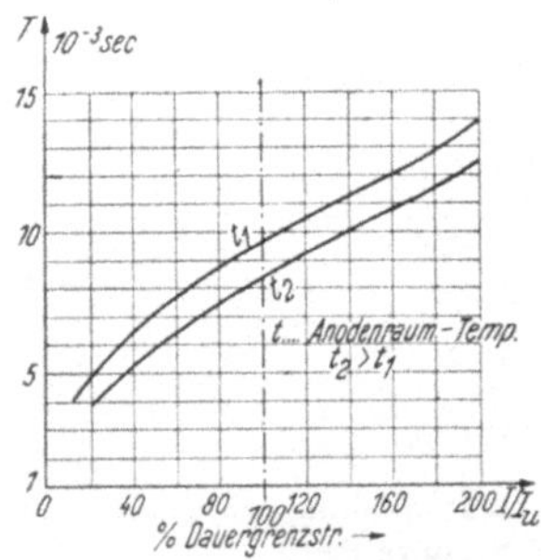

Abb. 147. Gitterfreiwerdezeiten eines Mehranoden-Eisenstromrichter-Gefäßes (750 V Arbeitsspannung).

Im Hinblick auf den die Schichtdicke bestimmenden Gitterstrom muß der Steuerkreis so bemessen sein, daß ein Strom entsprechender Intensität auch tatsächlich fließen kann. Die Zeit, die verstreicht, bis das Gitter wirklich geschlossen hat, wird öfters als Freiwerdezeit des Gefäßes bezeichnet. Dies ist ein leicht irreführender Begriff, da die Freiwerdezeit von mehreren äußeren Einflüssen abhängt. Es sind dies einerseits die Höhe der Restionisation, anderseits die Intensität der Abregung und schließlich die Größe der am Gitter aufrecht erhaltenen negativen Spannung. Die Abregung wird z. B. durch die Temperatur des Anodensystems, die Spannung am Gitter durch den gitterstrombedingten Spannungsabfall im Steuerkreis bestimmt. Da diese beiden Momente ebenso wie die Restionisation bei einer bestimmten Gefäßanordnung vor allem vom Belastungsstrom abhängig sind, ergibt sich die Freiwerdezeit eines gittergesteuerten Anodensystems als eine im wesentlichen belastungsstromabhängige Funktion. Bei steuergitterlosen Anodensystemen aber ist die Zeit, die bis zum Sperren verstreicht, nicht nur belastungsstrom-, sondern ebenso anodenspannungsabhängig (vgl. Abb. 116).

In Abb. 147 sind als Beispiel für ein gittergesteuertes Großgleichrichter-Gefäß älterer Ausführung solche Freiwerdezeiten in Abhängigkeit vom Dauerstrom aufgetragen; man sieht, wie die

Freiwerdezeiten mit zunehmender Belastung beträchtlich anwachsen. Man hat es in der Hand, durch Wahl der Steuerkreiskonstanten, vor allem aber durch konstruktive Maßnahmen, die Freiwerdezeit in gewissen Grenzen zu beeinflussen.

Abb. 148. Plasmaverstärkerröhre (Versuchsanordnung).

Die gleichstromgespeiste Entladungssäule dient als Quelle der Elektronen, die durch eine siebartige Elektrode zu einer Gegenelektrode austreten können. Durch Veränderungen des Potentials zwischen den beiden Elektroden läßt sich eine stetige Stromsteuerung zur Gegenelektrode erwirken. Bisher gelang es nicht, die Empfindlichkeit solcher Steuersysteme zu verringern, so daß noch keine praktischen Anwendungen vorliegen. (Siemens-Schuckert, ca. 1937.)

Unzureichende Abregung speziell als Folge hoher Belastungen, aber auch ungünstige Einschleppungen in den Anodenraum können ein momentanes Zusammenbrechen der Sperrschicht hervorrufen. Dies ist in Folge der beeinträchtigten Sperrwirkung mit einem starken Stromstoß der betreffenden Anode verbunden. Solche starke Stromstöße beim Versagen der Vorwärtssperrung bezeichnet man als Durchzünden.

Der in Abb. 146 gezeigte Effekt, daß mit zunehmendem negativem Gitterpotential die raumladungsfreien Kanäle enger werden und damit die Trägerdiffusion zurückgeht, legt den Gedanken einer stetigen Stromregelung durch Beeinflussung der Elektronendiffusion [108] nahe. Abb. 148 zeigt eine von mehreren zur Ausnützung dieses Effektes in großem Maßstab gebauten Versuchseinrichtungen, die den angestrebten Effekt wohl prinzipiell auszuführen erlaubten, für praktische Auswertung sich aber nicht ausreichend unempfindlich herausstellten. Man bezeichnete diese Anordnungen entweder als Wand- oder Kopfstrom-Verstärker, je nachdem ob der die Entladungssäule umgebende Mantel oder die Stirnseite derselben für den Austritt der Elektronen vorgesehen war. In beiden Fällen handelte es sich um die Entladungssäule als Emissions-System gegenüber einer inaktiven Anode, die dem gitterartig durchlöcherten Mantel oder der ebenso ausgebildeten Stirnseite der Säule in engem, gleichmäßigem Abstand zu folgen hat.

Es ist nicht von der Hand zu weisen, daß solche oder andere von der orthodoxen Stromrichter-Form abweichende Systeme auch technische Bedeutung erlangen können, was speziell dann möglich wird, wenn es gelingt, die Dampf- und Ionisationsverhältnisse in dem Säulengebiet in wesentlich engeren und niveaumäßigen tieferen Grenzen zu halten, als es die seinerzeit zur Verfügung stehenden Möglichkeiten gestattet haben.

V, 5. Lebensdauer von Stromrichter-Gefäßen.

Im Zuge der Ausführungen über Wirkungsweise der einzelnen Bestandteile der verschiedenen Stromrichter-Gefäßtypen und der durch die Belastungsarten ausgeübten Beanspruchungen wurde auch auf die dabei auftretenden Abnützungserscheinungen hingewiesen. Die Vielzahl dieser Momente läßt offensichtlich keine allgemeine Regel oder Gesetzmäßigkeit erwarten.

Bei Glühkathoden-Stromrichter-Gefäßen war früher nach wenigen tausend Arbeitsstunden ein starkes Nachlassen der Kathoden-Emission festzustellen, was einen Ersatz des Gefäßes erforderlich machte und einen gewissen betrieblichen Nachteil dieser sonst besonders handlichen und verläßlichen Stromrichter-Gefäße vorstellte. Diese Kathodenalterung ist daher seit je ein besonders sorgfältig gepflegtes Forschungsgebiet gewesen. Nun sind in den letzten Jahren, vor allem in den USA., hier beachtliche Fortschritte erzielt worden. Im allgemeinen wird angegeben, daß heute solche Röhren im Durchschnitt 6000 bis 8000 Stunden Lebensdauer erreichen; neueste Nachrichten aber deuten darauf hin, daß bereits wesentlich bessere Ergebnisse vorliegen.

Abgeschmolzene Glas-Stromrichter-Gefäße mit Fleckkathoden haben grundsätzlich viel höhere Lebensdauern als Glühkathoden, da die Kathodenaufzehrung und die Störung der Gitter durch Kathodenzerstäubungprodukte wegfällt. Der natürliche Abschluß der Lebenszeit ist bei Glas-Stromrichter-Gefäßen entweder das Hartwerden (zufolge Auftreten von Pseudo-Hochvakuum oder von starken Graphitzerstäubungen an den Anodenarm-Innenseiten) oder die Glasoberflächenzerstörung der Gefäß-Innenseite durch Überbeanspruchung, teils zufolge wirklichen Überlastens, teils wegen Überbeanspruchung der Gefäße zufolge ungünstiger Kühlverhältnisse in der Anlage. Die Vakuumdichtigkeit vom Glas selbst und von den Glas-Metall-Einschmelzungen sowie die gute Entgasung von Glas-Stromrichtern ermöglicht prinzipiell Betriebsbereitschaft über Jahrzehnte. Stromrichter-Gefäße aus Hartglas ohne starke Oberflächenzerstörung erlauben Regenerierung und damit eine weitere Erstreckung ihrer Verwendungszeit.

Auskünfte über Lebensdauer von Gefäßen kann man nur aus einer ausgedehnten Erfassung der praktischen Erfahrungen gewinnen. Das Aufstellen einer Lebensdauerstatistik[16] von Glas-

---

[16] Als Lebensdauer soll die zwischen Lieferung und Regenerierung aufgelaufene Zeit verstanden sein, während welcher das Gefäß an Spannung gelegen war.

Stromrichter-Gefäßen setzt das Bestehen einer jahrelangen Fertigungstradition voraus, um einigermaßen gleiche Voraussetzungen für Gefäß-Vergleiche aufstellen zu können. Darüber erfordert es eine mühsame Verbindungsaufnahme mit den Betriebsstellen, wo die Gefäße in Verwendung stehen, um die örtlichen Belastungsbedingungen entsprechend mitzuberücksichtigen. In Abb. 149 ist das Ergebnis einer diesbezüglichen, über Jahre erstreckten Gefäßevidenz dargestellt [99]. Danach spielt das Verhältnis: durchschnittliche Belastung zu Gefäß-Nennlast eine entscheidende Rolle auf die zu erwartende Lebensdauer. Ein derartiges Verhalten läßt zwar unmittelbar eine wirtschaftlichste mittlere Belastung ableiten, doch muß bei Folgerungen aus solchen Betrachtungen nachdrücklich davor gewarnt werden, Schlüsse auf Lebensdauer ohne genaue Berücksichtigung des zu erwartenden Belastungsspiels zu ziehen. Kurze, hohe Überlastungen z. B. wirken sich über gewissen Grenzen stark lebensdauerherabsetzend aus.

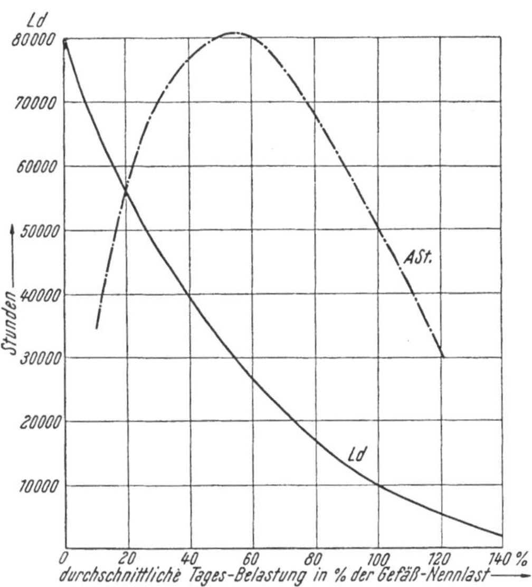

Abb. 149. Mittlere Glaskolben-Lebensdauern. Lebensdauerwahrscheinlichkeit für ungesteuerte Glasstromrichtergefäße als Funktion der durchschnittlichen Belastung. Statistische Ergebnisse einer um 1936 vorgenommenen Erfassungsprobe von leistungsgerecht gekühlten Glasstromrichtern. Inzwischen liegen mehrfach Lebensdauern von 100 000 bis 130 000 für schwach belastete Gefäße vor, so daß die linken Werte entsprechend erhöht werden können. Höchste Ökonomie ist bei etwa 55 bis 60% mittlerer Belastung zu erzielen.
(Nach Statistiken der Elin AG, Wien.)

Groß-Stromrichter mit Eisenbehälter und Vakuumpumpe sind Maschinen zu vergleichen, deren Betriebszeit bei entsprechender Wartung leicht ein Mehrfaches von zehn Jahren beträgt. Überholungen und Reinigungen speziell des Kathodengebietes in Zeiträumen von drei bis fünf Jahren sind lange Zeit nicht als unbillige und störende Belastung betrachtet worden, da alles in allem gesehen Wartungszeit und Wartungskosten wesentlich geringer als die von rotierenden Umformern sind.

Lebensdauererfahrungen mit pumpenlosen Eisen-Stromrichtern sind heute weniger abgeschlossen als mit Groß-Stromrichtern, da der breite Einsatz von solchen Gefäßen kaum erst vor etwas mehr als zehn Jahren begonnen hat. Immerhin steht der Großteil selbst der ersten Lieferungen noch anstandslos in Betrieb, so daß man dadurch einen Anhaltspunkt findet, was man als Mindestlebensdauer größenordnungsmäßig von dieser Type erwarten kann.

Bei Zündstiftgefäßen ist der Zündstift Alterserscheinungen unterworfen und fällt nach einer gewissen Zeit aus. Gepumpte Gefäße werden bei Zündversagern geöffnet und der Ignitor ersetzt, worauf sie normale Fortsetzung des Betriebes gestatten. Abgeschmolzene Gefäße erhalten seit einigen Jahren zwei Zündstifte eingebaut, so daß nach Versagen des zuerst in Betrieb genommenen Zündstiftes auf den zweiten übergegangen wird und damit die Gefäßlebensdauer doppelt so groß wie die eines Zündstiftes wird. Man erreicht damit auch Lebensdauern von mehreren 10000 Arbeitsstunden.

In den vorangegangenen Ausführungen wurde des öfteren mit Bedauern auf die Knappheit der verfügbaren Daten über Niederdruck-Stromrichter-Gefäße hingewiesen. Die große Anzahl von mehreren Millionen kW in Betrieb stehender Stromrichter-Anlagen zeigt aber, daß die Elektrowirtschaft und Industrie von den Stromrichter-Spezialisten trotz des beklagten Mangels nicht schlecht beraten worden ist und daß für die heutigen Ansprüche das Gefäß-Leistungsvermögen ausreichend bekannt und beherrscht ist.

Die Vielfältigkeit der Anwendungsmöglichkeiten, die den Stromrichter-Gefäßen innewohnt, ist aber heute bei weitem noch nicht erschöpft. Von einer besseren und allgemeineren Kenntnis der Eigenschaften der heutigen Gefäße werden vor allem die Erfolge von weiteren Entwicklungen abhängen. Fortschritte im Gefäßbau führen erfahrungsgemäß nicht nur zu einer Intensivierung der Stromrichter-Technik, sondern allgemein zu einer Erweiterung und neuen Befruchtung der Elektrotechnik. In diesem Sinne sollen letzten Endes die in diesem Buch aufgerollten und offengelassenen Fragen um das Leistungsvermögen der Stromrichter-Gefäße dienen.

Literaturverzeichnis.

1. W. Schottky, Wandströme und Theorie der positiven Säule. Physik. Z. XXV, 342 (1924).
2. W. Schottky, Diffusions-Theorie der positiven Säule. Physik. Z. XXV, 635 (1924).
3. a) W. Schottky und J. v. Issendorff, Quasineutrale Diffusion in ruhendem und strömendem Gas. Z. Physik. 31, 163 (1925).
   b) E. Spenke u. M. Steenbeck, Zur Theorie der positiven Säule bei beliebiger Querschnittsform. Wiss. Veröff. Siemens-Konz. XV, 2/19 (1936).
4. J. v. Issendorff, Über das betriebsmäßige Verhalten von Hg-Dampf-Gleichrichtern. ETZ 1929, 1079.
5. J. v. Issendorff, M. Schenkel u. R. Seeliger, Die Entstehung und Bekämpfung der Rückzündungen bei Großgleichrichtern. Wiss. Veröff. Siemens-Konz. 9, 73 (1930).
6. a) A. W. Hull and H. D. Brown, Solving the Mystery of Mercury Arc Rectifiers. Ber. b. d. Midwinter Convention d. A. I. E. E. 1931; ferner Trans. A. I. E. E. 50, 744, 788 (1931).
   b) A. W. Hull, Fundamental Electrical Properties of Mercury Vapor and Monatomic Gases. A. I. E. E. 1934, 1435.
7. Fachbücher und allgemeine Stromrichter-Literatur über die elektrischen Verhältnisse in Stromrichterkreisen:
   a) K. E. Müller-Lübeck, Der Quecksilberdampf-Gleichrichter:
      Bd. I: Theoretische Grundlagen. Berlin: Julius Springer. 1925.
      Bd. II: Konstruktive Grundlagen. Berlin: Julius Springer. 1929.
   b) D. Ch. Prince and F. B. Vodges, Principles of Mercury Arc Rectifiers and their Circuits. New York: McGraw Hill. 1927; Deutsche Übers. O. Gramisch, Quecksilber-Gleichrichter. Berlin-München: R. Oldenburg.
   c) O. K. Marti u. H. Vinograd, Mercury Arc Power Rectifiers — Theory and Practice. New York: McGraw Hill. 1930; Deutsche Übers. O. Gramisch. Stromrichter. Berlin-München: R. Oldenburg. 1933.
   d) W. Schilling, Die Gleichrichterschaltungen. Ihre Berechnung und Arbeitsweise. Berlin-München: R. Oldenburg. 1938.
      W. Schilling, Wechselrichter und Umrichter. Berlin-München: R. Oldenburg. 1940.
   e) Ch. Ehrensperger, Bericht No. 14, Conférence Internationale des Grands Réseaux Electriques à Haute Tension (CIGRE), 1933.
   f) H. Rissik, The Fundamental Theory of Arc Converters. London: Chapman a. Hall Ltd. 1939.
8. VDE-Vorschriften 0555/1936; vgl. ferner Swedish Electrotechnical Standards, SEN 28 — 1941 E.
9. P. C. Hewitt, 1904, DRP. 169041.
10. W. Daellenbach u. E. Gerecke, Die Strom- und Spannungsverhältnisse der Großgleichrichter. Arch. Elektrotechn. XVII, 171 (1924).
11. K. Müller-Lübeck, Die Strom- und Spannungsverhältnisse bei gesteuerten Gleichrichtern. Arch. Elektotechn. XXVII, 1347 (1933).

12. H. Jungmichel, Oberwellen in den Primärströmen von Gleichrichteranlagen. ETZ 1931, 17, und vom gleichen Verfasser: Oberwellen, Welligkeit und Störspannung bei Stromrichtern. ETZ 1937, 417.
13. U. Lamm, Forced Commutation in Mercury Arc Convertors. Techn. Achievements of the Asea Research. Västerås (Schweden): Eigenverlag Asea. 1946.
14. H. v. Bertele u. Th. Wasserrab, Parasitäre Oberschwingungen in Stromrichter-Anlagen. E. u. M. 1942. 332.
15. K. Baudisch, Umformer und Stromrichter. E. u. M. 1941, 349.
16. a) A. Güntherschulze, Elektrische Gleichrichter und Ventile. Berlin: Julius Springer. 1933.
    b) F. H. Hellmuth, Der Argonal-Gleichrichter. Leipzig: Hachmeister und Thal. 1933.
17. F. Koppelmann, ETZ 62, 3 (1941).
18. a) E. Marx, Lichtbogen-Stromrichter für sehr hohe Spannungen und Leistungen. Berlin: Julius Springer. 1932.
    b) E. Marx, Probebetrieb eines Lichtbogenventils für große Durchgangsleistung im Kraftwerk Zschornewitz der Elektrowerke A. G. ETZ 55, 861 (1934).
    c) E. Marx u. H. Buchwald, Weiterentwicklung der Lichtbogenventile. ETZ 55, 861 (1934).
    d) W. G. Tompson, The Application of a Gas-cooled Arc to current Conversion, with Special Reference to the Marx-Type Rectifier. J. Inst. Electr. Engr. 75, 603 (1934).
    e) E. Marx, Le Convertisseur à Arc à Courant Gazeux pour Hautes Tensions. CIGRE, 1935, Rapport 308.
19. Fachbücher über Hochvakuumröhren:
    a) H. Rothe u. W. Kleen, Grundlagen und Kennlinien der Elektronenröhren. Bücherei d. Hochfrequenztechnik. Bd. 2. Leipzig: Akad. Verlagsges. 1940.
    b) H. R. Spangenberg, Vacuum Tubes. New York: McGraw Hill. 1948.
    c) J. Deketh, Fundamentals of Radio Valve Technique. Philips Gloeilampenfabrieken. 1949.
20. W. C. White, Mercury Arc Rectifier, Brief Early History, General Electric, Rev. 1944.
21. Sammelveröffentlichungen und Fachbücher über Entladungsphysik:
    a) A. v. Engel u. M. Steenbeck, Elektrische Gasentladungen, ihre Physik und Technik. Bd. 1 u. 2. Berlin: Julius Springer. 1932 und 1934.
    b) R. Seeliger, Einführung in die Physik der Gasentladungen. Leipzig: A. Barth. 1934.
    c) K. K. Darrow. Electrical Phenomena in Gases. Baltimore: Williams & Wilkins. 1932.
    d) K. T. Compton u. I. Langmuir, Electrical Discharges in Gases. Rev. Mod. Phys. No. 2, 1930, Vol. 2 and 3.
    e) J. Dosse u. G. Mierdel, Der elektrische Strom im Hochvakuum und in Gasen. Aus Physik und Technik der Gegenwart. Leipzig: S. Hirzel. 1943.
    f) J. J. and G. P. Thomson, Conduction of Electricity through Gases. Cambridge University Press. 1933.
    g) L. B. Loeb, Fundamental Processes of Electrical Discharges in Gases. New York: J. Wiley & Sons, Inc. 1939.
    h) J. Townsend, Electrons in Gases. Hutchinson's Scientific and Technical Publications, London. 1947.
    i) K. G. Emeléus, The Conduction of Electricity through Gases. London: Methuen & Co. Ltd.
    k) R. Rompe u. M. Steenbeck, Der Plasmazustand der Gase. Ergebnisse der exakten Naturwissenschaften. XVIII, 27 (1939).

21. 1) Handbuch der Experimentalphysik. **13**, Teil 3, Leipzig: Akad. Verlagsges. 1929. R. Seeliger u. G. Mierdel, Selbständige Entladungen in Gasen. Allgemeine Eigenschaften der selbständigen Entladungen. Die Bogenentladung, Townsend-Entladungen, Die Glimmentladung.

22. R. W. Pohl, Einführung in die Physik. II. Bd. Einführung in die Elektrizitätslehre. Berlin: Julius Springer. 1940.

23. Fachbücher über die kinetische Gas-Theorie:
 a) R. W. Pohl, Einführung in die Physik. I. Bd. Einführung in die Mechanik, Akustik und Wärmelehre. Berlin: Julius Springer. 1941.
 b) G. Jaeger, Die Fortschritte der kinetischen Gastheorie. Braunschweig: Fr. Vieweg u. S. 1919.
 c) L. B. Loeb, The Kinetic Theory of Gases. New York-London: MacGraw Hill Book Co. 1943.
 d) Vorlesungen L. Boltzmann über Gastheorie. Leipzig: J. A. Berthe. 1896/98.
 e) J. H. Jeans, The Dynamical Theory of Gases. London: Cambridge University Press. 1925.

24. a) S. Enskog, Kinetische Theorie der Vorgänge in mäßig verdünnten Gasen. Diss. Upsala. 1917.
 b) S. Chapman, The Mathematical Theory of Non-Uniform Gases: London: Cambridge University Press. 1939.

25. a) I. Langmuir and H. M. Mott-Smith Jr. G. E. Rev. 1924.
 Teil I. Studies of Electric Discharges of Low Pressures. p. 449.
 Teil II. Typical Experimental Data Illustrating the Use of Plane Collectors. p. 538.
 Teil III. Typical Experimental Data Illustrating the Use of Cylindrical Collectors, p. 616.
 Teil IV. Data on Discharges in Mercury Vapor Obtained with Cylindrical Collectors. p. 762.
 Teil V. The Use of Spherical Collectors and the Effects of Magnetic Fields. p. 810.
 b) D. Gabor, Zur Theorie des Lichtsäulenplasmas. Z. techn. Physik. **1932**, 560.
 c) L. Tonks u. I. Langmuir, General Theory of the Plasma of an Arc. Physic. Rev. **34**, 876 (1929).

26. a) J. Stark, Über die Entstehung der elektrischen Gas-Spektra. Ann. Physik. **IV**, 14, 506 (1904).
 b) R. Seeliger, Der Mechanismus der positiven Säule in einatomigen Gasen. Physik. Z. **XXXIII**, 273 u. 313, (1932).

27. Lord Raleigh, Luminous Vapour from the Mercury Arc and the Progressive Changes in its Spectrum. Roy. Soc. Proc. A. **108**, 262 (1925).

28. P. Lennard, Originalarbeiten 1894 bis 1903, gesammelt in Wissenschaftliche Abhandlungen, Bd. 3. Leipzig: S. Hirzel. 1914.

29. a) J. Frank u. G. Hertz, Verh. dtsch. physik. Ges. **16**, 10 (1914).
 b) J. Frank u. G. Hertz, Über Kinetik von Elektronen und Ionen in Gasen. Physik. Z. **17**, 409 (1916).

30. a) F. L. Arnot, Collision Processes in Gases. London: Methuen & Co. Ltd. 1946.
Vgl. auch
 b) N. F. Mott and H. S. W. Massey, The Theory of Collisions. Oxford: Clarendon Press. 1933.

31. J. Frank u. P. Jordan, Anregung von Quantensprüngen durch Stöße. Berlin: Julius Springer. 1926.

32. H. A. Messenger. The Significance of Certain Critical Potentials of Mercury in Terms of Metastabile Atoms and Radiation. Physic. Rev. **28**, 962 (1926).

33. a) M. L. E. Oliphant, The Liberation of Electrons from Metal Surfaces by Positive Ions. Roy. Soc. Proc. **CXXVII A**, 373 (1930).
b) M. L. E. Oliphant, The Action of Metastabile Atoms of Helium on a Metal Surface. Roy. Soc. Proc. **CXXIV A**, 228 (1929).
34. Arbeiten über Niedervoltbogen:
a) K. T. Compton, Theory of Cumulative Action and the Low Voltage Arc. Physic. Rev. **20**, 283 (1922).
b) K. T. Compton, The Abnormal Low Voltage. Physic. Rev. **24**, 97 (1924).
c) K. T. Compton u. Carl Eckart, The Diffusion of Electrons against an Electric Field in the Non-oscillatory Abnormal Low Voltage Arc. Physic. Rev. **25**, 139 (1925).
d) M. J. Druyvesteyn, Der Niedervoltbogen. Z. Physik. **64**, 781 (1930).
35. R. Seeliger, Die Wiedervereinigung von positiven Ionen. Physik. Z. **XXX**, 329 (1929).
36. I. Langmuir, The Effect of Space Charge and Residual Gases on Thermionic Currents in High Vacuum. Physic. Rev. **2**, 450 (1913). Deutsche Übers. Thermionenströme im hohen Vakuum. Physik. Z. **15**, 348 (1914).
37. G. Ramsauer u. R. Kollath, Handb. d. Physik. **22**, Teil 2, S. 243. Berlin: Julius Springer. 1933.
38. a) J. S. Townsend, Philos. Mag. **3**, 557 (1902); **6**, 389, 598 (1903); oder Handb. d. Experimentalphysik. **XIII/3**, Kap. II: Die Townsendsche Theorie.
b) Bouwers, Elektrische Höchstspannungen aus: Technische Physik in Einzeldarstellungen. Berlin: Springer Verlag. 1941.
39. W. Krug, Über die Zündgeschwindigkeit bei Quecksilberdampf-Gleichrichtern. Z. techn. Physik. **1930**, 227.
40. Richardson, Emission of Electricity from Hot Bodies. Philos. Mag. **23**, 601, 619;
dortselbst **24**, 740 (1912); ferner **28**, 633 (1914).
41. Glühkathodenliteratur:
Z. B.:
a) A. L. Reimann, Thermionic Emission. New York: J. Wiley & Sons. 1934.
b) W. Espe, Über den Emissionsmechanismus von Oxydkathoden. Wiss. Veröff. Siemens-Konz. **5**, 29 (1916).
c) G. Hermann u. S. Wagener, Die Oxydkathode. Leipzig: J. A. Barth. 1943.
42. A. Güntherschulze, Die Vorgänge an der Kathode des Quecksilberlichtbogens. Z. Physik. **11**, 74 (1922).
43. K. T. Compton, On the Theory of the Mercury Arc. Physic. Rev. **37**, 1077 (1937).
44. I. Langmuir, Positive Ioncurrents in the Positive Column of the Mercury Arc. G. E. Rev. **26**, 731 (1923).
45. J. Slepian, Theory of Current Transference at the Cathode of an Arc. Physic. Rev. **27**, 407 (1926).
46. W. Weizel u. R. Rompe, Theorie elektrischer Lichtbogen und Funken. Leipzig: J. A. Barth. 1949.
47. F. Lüdi, Über den Mechanismus der Elektronenauslösung im Kathodenfleck einer Bogenentladung. Z. Physik. **11/12**, 82, 815 (1933).
48. C. G. Smith, The Mercury Arc Cathode. Physic. Rev. **62**, 48 (1942).
49. K. D. Froome, The Behaviour of the Cathode Spot on an Undisturbed Mercury Surface. Proc. Phys. Soc. **62**, 802 (1949).
50. K. D. Froome, The Behaviour of the Cathode Spot on an Undisturbed Liquid Surface of Low Work Function. Proc. Phys. Soc. **63**, 377 (1950).
51. J. Kömnick u. E. Lübke, Zur Messung des Kathodenfalls in Quecksilberdampfentladungen. Physik. Z. **XXXIII**, 215 (1932).

52. a) E. Kobel, Pressure and High Velocity Vapour Jets at Cathodes of a Mercury Vacuum Arc. Physic. Rev. 35, 1636 (1930).
b) W. Molthan, Die Ausbreitung eines Dampfstromes im Vakuum und deren Bedeutung für die Wirkung von Diffusionspumpen. Z. techn. Physik. 7, 377 (1926); 7, 452 (1928); 8, 80 (1927).
c) L. Tonks, The Lack of Sucking Action by the Cathode Blast of Mercury Vapour in a Pool Rectifier. J. Appl. Phys. 10, 654 (1939).
53. C. G. Smith, Cathode Dark Space and Negative Glow of a Mercury Arc. Physic. Rev. 69, 96 (1946).
54. E. Schmidt, Untersuchungen über die Bewegung des Brennflecks auf der Kathode eines Quecksilber-Niederdruckbogens. Ann. Phys. 6, Bd. 4, H. 5, 246 (1949).
55. C. J. Gallagher, Retrograde Motion of the Arc Spot. J. Appl. Phys. 21, 768 (1950).
56. J. D. Cobine and C. D. Gallagher, Current Density of the Arc Cathode Spot. Physic. Rev. 74, 1524 (1948).
57. a) R. Tanberg, On the Cathode of an Arc Drawn in Vacuum. Physic. Rev. 35, 1080 (1929).
b) R. Risch u. F. Lüdi, Die Entstehung des Strahls schneller Moleküle an der Kathode eines Lichtbogens. Z. Physik. 75, 11/12, 812, (1932).
58. R. H. Fowler and T. Nordheim. Proc. Roy. Soc. A. 118, 229 (1928).
59. P. L. Bridgeman, The Thermodynamics of Electrical Phenomena in Metals. London: Macmillan and Co. 1934.
60. A. Sommerfeld and N. H. Frank, Statistical Theory of Thermoelectric, Galvano- and Thermomagnetic Phenomena in Metals. Mod. Phys. 3, 1 (1931).
61. A. Gaudenzi, An Explanatory Contribution to the Comprehension of Grid Control. Brown-Bovery Rev. XXI, 207 (1934).
62. E. Kobel, Unterbrechung eines brennenden Anodenstroms mittels Gitter in Quecksilberdampf-Gleich- oder Wechselrichtern. Schweiz. El. techn. Bull. 1933, 41.
63. F. Lüdi, Theorie der Löschgittersteuerung in Gasentladungen. Hel. phys. Acta. IX, 656 (1937).
64. W. O. Schumann, Über die Beeinflussung von Entladungsplasmen durch elektrisch gesteuerte Gitter. Arch. Elektrotechn. XXXV, 433 (1941): Über die Stabilisierung von gesteuerten Vakuumbogen und über die Bogenkonstanten. Arch. Elektrotechn. XXXVI, 362 (1942); Über die Erzeugung von Wechselstromschwingungen mit gesteuerten Bogen. Arch. Elektrotechn. XXXVII, 59 (1943);
ferner: H. Fetz, Stabilitätsbetrachtungen an galvanisch gegengekoppelten Hg-Bogen. Arch. Elektrotechn. 1942, 378.
65. J. Slepian and L. R. Ludwig, A New Method for Initiating the Cathode of an Arc. Trans. A. I. E. E. 1933, 603.
66. N. Warmoltz, The Ignition Mechanism of Relay Tubes with Dielectric Igniter. Philips techn. Rev. 9, 105 (1947).
67. Österr. Patente 142104 u. 142105 (1932 u. 1933).
68. H. Vinograd, Development of Excitron Type Rectifier. Trans. A. I. E. E. 63, 969 (1944).
69. W. Daellenbach. Excitron und Ignitron. Beilage Technik Nr. 647 der Neuen Zürch. Zeitg. v. 30. 3. 1949.
70. Gabriel Marie Toulon, DRP. Nr. 415910 (1922).
71. A. W. Hull, Fundamental Processes in Gaseous Tube Rectifiers. Electr. Engng. 1950, 695.
72. A. W. Coolidge Jr., A New Line of Thyratrons. Trans. A. I. E. E. 67, 723 (1948).
73. a) W. Daellenbach, Großgleichrichter ohne Vakuumpumpe. ETZ 55, 85 (1934).

73. b) W. Daellenbach u. E. Gerecke, Großgleichrichter ohne Vakuumpumpe. ETZ 57, 937 (1936).
74. Fachbücher über Vakuumprobleme:
a) W. Espe u. M. Knoll, Werkstoffkunde der Hochvakuumtechnik. Berlin: Julius Springer. 1936.
b) S. Dushman, Scientific Foundations of Vacuum Technique. New York: J. Wiley & Sons. 1949.
75. A. L. Chilcot and F. G. Heymann, Potassium-activated Cold Cathodes Tubes. Brit. J. Sci. Instrum. 26, 289 (1949).
76. A. Wehnelt u. F. Jentsch, Über die Energie der Elektronenemission glühender Körper. Ann. Physik. (4), 28, 537 (1909).
77. A. W. Hull, Hot Cathode Thyratrons. G. E. Rev. 32, 213 (1929).
78. Glühkathoden-Stromtor-Fachliteratur:
a) A. W. Hull, Gasfilled Thermionic Tubes. Trans. A. I. E. E. 47, 753 (1928).
b) A. Glaser, Zur Physik der Entladungsgefäße. Jb. d. Forsch. Inst. d. Allg. Elektr. Ges. 3, 47 (1931/32) und 4, 135 (1933/35).
c) A. Glaser, Die physikalischen Grundlagen der Gittersteuerung von Gasentladungsgefäßen. Z. techn. Physik. 1932, 549.
d) W. Koch, Physikalische Grundlagen der Entionisierungsvorgänge in gittergesteuerten Entladungsgefäßen. Jb. d. Forsch. Inst. d. Allg. Elektr. Ges. 5, 141 (1936/37).
e) Gaseous Discharge Rectifier and Control Rectifier Tubes. Katalog d. „Electrons“ Inc., 127 Sussex Av., Newark 4, N. J., USA.
79. a) Bela Schäfer, Ein neuer Quecksilberdampf-Gleichrichter für große Leistungen. ETZ XXXII, 2 (1911).
b) Bela Schäfer, Neuerungen im Bau von Metalldampf-Gleichrichtern und ihre Erprobung in der Praxis. ETZ XXXIII, 1164 (1912).
80. a) J. v. Issendorff, Die Verdampfung an der Kathode des Hg-Bogens. Physik. Z. 1928, 857.
b) M. Wellauer, Über neue Konstruktionen und deren physikalische Grundlagen im Bau von Groß-Gleichrichtern. Schweiz. El. techn. Bull. XXIII, 85 (1932).
c) L. Tonks, The Rate of Vaporization of Mercury from an Anchored Cathode Spot. Phys. Rev. 54, 634 (1938).
81. Radar Systems and Components. Bell Laboratories Series. New York: D. van Nostrand Company. 1949.
82. W. Gauster, Neue Entwicklungsarbeiten und Erfahrungen über Glasgleichrichter. E. u. M. 53, 122 (1935).
83. H. v. Bertele u. F. Geyer, Die Gleichrichteranlage der elektrischen Straßenbahn Graz. E. u. M. 51, 141 (1933).
84. A. Siemens, Konstruktive Entwicklung von Großstromrichtern für hohe Stromstärken. V. D. I. 1936, 1040.
85. a) A. Amillac, Redresseurs à Vapeur de Mercure de grande puissance. Bull. de la Soc. Alsac. de Constr. Mec. 6, 16 u. 53 (1928).
b) A. Siemens, Siemens-Z. 8, 316 (1928).
c) AEG.-Mitt. A. Partzsch u. G. Dobke, Neuere Entwicklungen auf dem Gebiet der kleinen Eisenstromrichter. AEG.-Mitt. 1939, 108.
d) Elektrotechn. Anzeiger. 1939, 930.
e) A. Eßlinger, Stromrichter. Wien: Eigenverlag der Elin-Schorchwerke. 1942.
f) Aircooled Steel Tank Mercury Arc Rectifiers Type GB. Eigenverlag Asea Ludwika (Schweden): Nr. 7161 ER eg 1948.
86. A. I. E. E. Mercury Arc Power Converter in North America. Trans. Amer. Inst. Electr. Engr. 67, 1031 (1948).
87. L. Mandich u. H. v. Bertele, Umformerwerk und Triebwagen der Bahn Feldbach — Gleichenberg. E. u. M. 49, 277 (1931).

88. a) H. v. Bertele, The Continental Development of Single-Anode Mercury-Arc-Rectifier Valves of High Power. Proc. Inst. E. E. 97, II, 663 (1950).
b) B. Störsand, Le Development de la Construction du redresseur monoanodique par rapport au redresseur polyanodique. CIGRE 1946, Ber. 116.
89. J. Slepian and W. M. Brubecker, Condensation of Mercury in Mercury Arc Tubes. Electr. Eng. 59, 381 (1940).
90. G. Dobke, Dampfdichte und Dampfströmung in Hg-Dampf-Großgleichrichtern. Jb. d. A. E. G.-Forsch. 6, 124 (1936).
91. A. Siemens, Die Erhitzung, eine neue thermodynamische Kenngröße für Gleichrichtergefäße. Diss. Techn. Hochsch. Berlin, 1933.
92. a) W. Elenbaas, On the Excitation Temperature, the Gas Temperature, and the Electron Temperature in the High-Pressure Mercury Discharge. Philips Res. Rep. 2, 20 (1947).
b) A. Güntherschulze, Dissociation, Temperatur und Dampfdruck im Quecksilber-Lichtbogen. Z. Physik. XI, 260 (1922).
93. A. v. Engel u. M. Steenbeck, Eine Prüfung der Trägergesetze für den Quecksilberbogen. Wiss. Veröff. d. Siemens-Werke, 15, 3/42 (1936).
94. M. Schenkel u. W. Schottky, Die Beteiligung des metallenen Gehäuses an den Entladungsvorgängen in Großgleichrichtern. Wiss. Veröff. Siemens-Konz. 2, 252 (1922).
95. L. Tonks, Theory of Magnetic Effects in the Plasma of an Arc. Physic. Rev. 56, 360 (1939).
96. W. Rogowsky u. A. Walraff, Fremdionisierung und Durchschlagssenkung bei Gasen. Z. Physik. 97, 758 (1935) und Bestrahlung und Durchschlag. Z. Physik. 102, 183 (1936).
97. R. Schade, Über die stromdichtebegünstigte Entladung. Z. Physik. 108, 353 (1938); siehe auch
G. Mierdel, Die Zündungsdauer positiver Säulen in Edelgasen und Quecksilberdampf. Wiss. Veröff. Siemens-Konz. 18, 68 (1938).
98. Th. Wasserrab, Zur Beschreibung des Entionisierungsvorganges von Gasentladungen. Wiss. Veröff. Siemens-Konz. 19, 1 (1940).
99. H. v. Bertele, Die technischwirtschaftlichen Voraussetzungen für die Verwendung von Glasgleichrichtern. Weltkraft-Konferenz 1933, Ber. 154.
100. Dampfströmungen in den Anodenhülsen von Mutatoren, und ihre Einflüsse auf das Betriebsverhalten. BBC-Mitteilungen. 1941, 97.
101. F. H. Hellmuth, Metalldampfgleichrichter bei Raumtemperaturen bis 100° C. Helios. 42, 1305.
102. J. Slepian u. L. R. Ludwig, Backfires in Mercury Arc Rectifiers. Trans. A. I. E. E. 1932, 92.
103. H. H. Wittenberg, Pulse Measuring of Deionization Time. Electr. Engng. 1950, 823.
104. Höchstspannungs-Energieübertragungsberichte:
a) Brown-Boveri Rev. No. 10, Power Transmission over long distances, XXVIII (1941).
b) Brown-Boveri-Mitt. Sonderheft Nr. 9: Gleichstromübertragung. XXXII, 9 (1945).
c) S. Busemann, H. V. D. C. Transmission — Electr. Times, 1947, 9. und 23. Jan. und 6. Febr.
d) U. Lamm, Postes de Convertisseur a Vapeur de Mercure pour la Transmission de Courant Continu à Haute Tension. CIGREHT, 1946, Ber. 133.
e) Bios — final report — No. 1847, High Tension Direct Current Transmission Experiments in Germany. London: H. M. Stationary Office, SO Code N 51-8275-47.

104. f) U. Lamm, Progress in the Development of Power Transmission with High Voltage DC in Sweden. CIGREHT, 1948, Ber. 411.

g) K. Baudisch, Energieübertragung mit Gleichstrom hoher Spannung. Berlin-Göttingen-Heidelberg: Springer-Verlag. 1950.

105. C. C. Herskind and H. C. Steiner, Rectifier Capacity. Trans. A. I. E. E. 65, 66 (1946).

106. H. v. Bertele, Das technische Leistungsvermögen von Quecksilberdampfstromrichter-Gefäßen. Hab. Schrift T. H. Wien, 1946.

107. S. Widmer, Zweite Weltkraft-Konferenz, 1930, Ber. 221.

108. E. Lübke u. W. Schottky, Wandstromverstärker. Wiss. Veröff. Siemens-Konz. 9, 392 (1930).

Sachverzeichnis.